乡镇供电所实用技术问答丛书

配电线路施工与运行维护

刘宏新　主编

中国电力出版社
CHINA ELECTRIC POWER PRESS

内 容 提 要

《乡镇供电所实用技术问答丛书》是为了更好地配合国家各项农网改造升级工程的有效推进，进一步做好农村供电所人员培训工作，规范培训内容，提高培训质量，切实提高供电所人员综合素质和业务水平而策划出版的系列图书。本丛书共四册，分别为《农电人员基础知识》《配电线路施工与运行维护》《变配电设备安装与运行维护》和《营销管理》。本分册为《配电线路施工与运行维护》，共五章，分别为配电线路基础知识、10kV 及以下配电线路施工、配电线路运行维护与事故处理、电力电缆、带电作业。

本书可作为供配电专业技术人员的培训教材，可作为相关专业考核出题的参考用书，也可供专业技术和管理人员参考使用。

图书在版编目（CIP）数据

配电线路施工与运行维护/刘宏新主编．—北京：中国电力出版社，2017.12(2021.12重印)
（乡镇供电所实用技术问答丛书）
ISBN 978-7-5198-1165-5

Ⅰ．①配… Ⅱ．①刘… Ⅲ．①配电线路-架线施工-问题解答②配电线路-维修-问题解答 Ⅳ．①TM726-44

中国版本图书馆 CIP 数据核字（2017）第 228020 号

出版发行：中国电力出版社
地　　址：北京市东城区北京站西街 19 号（邮政编码 100005）
网　　址：http：//www.cepp.sgcc.com.cn
责任编辑：王杏芸（010-63412394）　刘　宇
责任校对：李　楠
装帧设计：张俊霞　左　铭
责任印制：杨晓东

印　　刷：北京天宇星印刷厂
版　　次：2017 年 12 月第一版
印　　次：2021 年 12 月北京第五次印刷
开　　本：787 毫米×1092 毫米　16 开本
印　　张：15
字　　数：308 千字
定　　价：60.00 元

乡镇供电所实用技术问答丛书
配电线路施工与运行维护

编　委　会

主　　编　刘宏新

副 主 编　刘永奇　安彦斌　武登峰　张　涛

编委会成员　刘建国　张冠昌　曹明德　栗国胜
潘力志　杨　澜　焦广旭　张　宇
陈　嘉　郭红颖　王　超

编　写　组

组　　长　胡月星

副 组 长　王红燕　杜　静

成　　员　张艳娟　田晓娟　徐　英

《乡镇供电所实用技术问答丛书》是为了更好地配合国家各项农网改造升级工程的有效推进，进一步做好农村供电所人员培训工作，规范培训内容，提高培训质量，切实提高供电所人员综合素质和业务水平，策划出版的系列图书。丛书分为四册，分别为《农电人员基础知识》《配电线路施工与运行维护》《变配电设备安装与运行维护》和《营销管理》。

丛书以问答形式编写，读者可以针对自己在现场中遇到的疑难问题，随时翻阅本书，从问题中寻求答案，寻找现场工作中的解决办法；问答的编写形式对供电所来说便于组织集中培训，也方便出题组卷。本套丛书的特点是：①专业全。专业覆盖了基础知识、线路、变电、配电及营销等各专业。②内容尽量反映最新技术。为了便于广大农电人员的使用，突出实用性，各分册在编写时针对各问题的回答短小简洁，对于专业操作的问题注重配以图表；介绍专业系统时，配以直观的图形；述及系统的设备参数、型号时尽量配以表格。书中没有介绍太多的专业理论、计算公式，这样对于文化水平有限、没有太多专业基础的读者来说，学习没有太多的障碍，保障学习和培训效果。本丛书可作为农电人员培训的辅助教材，也可用于电力企业专业技术人员拓展专业知识、提升专业素质，同时可作为农电人员上岗前学习教材和在职员工转岗、轮岗适应性培训教材及农电人员岗位知识和技能竞赛出题考核用书。

《配电线路施工与运行维护》主要内容包括：配电线路基础知识、10kV及以下配电线路施工、配电线路运行维护与事故处理、电力电缆、带电作业。

《配电线路施工与运行维护》内容的取舍主要取决于农电人员的现状和现场实际需求，全书共分五章，第一章由国网山西省电力公司技能培训中心徐英编写，第二章由国网山西省电力公司技能培训中心胡月星编写，第三章由国网山西省电力公司技能培训中心张艳娟编写，第四章第一节、第二节由国网山西省电力公司技能培训中心田晓娟编写，第四章第三节、第四节、第五节由国网山西省电力公司技能培训中心王红燕编写，第五章由国网山西省电力公司技能培训中心杜静编写，全书由国网山西省电力公司技能培训中心谭绍琼统稿。

本书由谭绍琼担任主审，提出宝贵意见，在此表示衷心感谢。

限于编者水平，书中疏漏和不足之处敬请广大读者批评指正。

编者

2017 年 12 月

目录

前言

第一章 配电线路基础知识 …… 1

第一节 配电线路的基本结构 …… 1

1 什么是动力系统、电力系统、电力网？ …… 1
2 按照不同的分类方法，配电网可以分为哪几种类型？ …… 1
3 什么是高压配电网？高压配电网有什么特点？ …… 2
4 什么是中压配电网？中压配电网有什么特点？ …… 2
5 什么是低压配电网？低压配电网有什么特点？ …… 2
6 按照配电线路设置形式，配电网如何分类？各有什么特点？ …… 2
7 配电网有什么特点？ …… 3
8 什么是配电网结构形式？配电网的结构形式可以分为哪几类？ …… 3
9 什么是放射式配电网？有什么特点？ …… 3
10 什么是多回路式配电网？有什么特点？ …… 3
11 什么是环式配电网？有什么特点？ …… 4
12 配电网的发展趋势主要表现在哪几个方面？ …… 4
13 对配电网有哪些安全技术要求？ …… 5
14 配电网的电能质量要求是什么？ …… 5
15 电力系统如何保证频率在允许范围？频率偏差过大有什么影响？ …… 5
16 对配电网的电压有什么要求？ …… 5
17 对配电网的波形有什么要求？ …… 6
18 对配电网经济运行有哪些要求？ …… 6
19 配电网络有几种供电形式？ …… 6
20 什么是单电源供电形式？它有什么特点？ …… 6
21 什么是双电源供电形式？它有什么特点？ …… 6
22 如何确定配电网络的供电形式和供电电压？ …… 7
23 为什么要考虑配电网络受电电压与装接容量的关系？ …… 8
24 配电网络中，配送功率、供电电压、供电距离有什么关系？ …… 8

25 简述架空配电网的结构形式。 …… 8
26 简述电缆配电网的结构形式。 …… 9
第二节 架空配电线路的基本组成及各元件的作用 …… 10
27 架空配电线路是由哪些元件组成的？ …… 10
28 杆塔有什么作用？ …… 10
29 按杆塔在架空线路中的用途，杆塔可以分为哪几类？用途分别是什么？ …… 10
30 按杆塔所用材料不同，杆塔可以分为哪几类？各有什么特点？ …… 11
31 简述钢筋混凝土电杆的分类。 …… 11
32 钢筋混凝土电杆对盘旋在主筋外的螺旋筋直径、螺距、布置有什么要求？ …… 11
33 钢筋混凝土电杆的出厂检验有哪些项目？外观和尺寸检验应符合哪些要求？ …… 12
34 对于预应力钢筋混凝土电杆有哪些特殊要求？ …… 13
35 钢筋混凝土电杆标志分为哪两类？分别包括哪些内容？ …… 14
36 钢筋混凝土电杆的运输与保管分别有什么要求？ …… 14
37 如何确定电杆的杆高？ …… 14
38 电杆杆高应由什么因素确定？ …… 15
39 如何确定电杆的埋深？ …… 15
40 简述钢管电杆的特点和分类。 …… 15
41 导线有什么作用？对导线有什么要求？ …… 15
42 简述导线的种类和性能。 …… 16
43 导线的排列方式有哪些？适用范围分别是什么？如何选择？ …… 16
44 简述架空绝缘配电线路的适用范围。 …… 16
45 架空配电线路绝缘导线有哪些类型？ …… 17
46 目前户外绝缘采用的绝缘材料有什么特点？ …… 17
47 简述绝缘导线结构和技术性能。 …… 17
48 简述绝缘拉线的作用和结构。 …… 17
49 绝缘子的作用是什么？为什么绝缘子的表面被做成波纹形？ …… 17
50 按照材质分，绝缘子分为哪几类？各有什么特点？ …… 18
51 架空配电线路常用的绝缘子按结构形式分有哪些？各有什么特点？ …… 18
52 绝缘子出厂检验有哪些项目？ …… 20
53 绝缘子现场检验有哪些项目？ …… 20
54 绝缘子有哪些技术质量要求？ …… 20
55 什么叫金具？常用金具分为哪些类型？ …… 20
56 什么是悬垂线夹？有什么作用？悬垂线夹有什么技术要求？ …… 21
57 列举常用的悬垂线夹及其特点。 …… 21
58 简述耐张线夹的用途及其种类。 …… 21

59　根据结构和安装条件的不同，耐张线夹如何分类？…………………… 22
60　耐张线夹必须满足哪些技术条件？ ……………………………………… 22
61　常用的耐张线夹有哪些？ ……………………………………………… 22
62　接触金具（设备线夹）的作用是什么？ ……………………………… 24
63　常用接触金具（设备线夹）有哪些？ ………………………………… 24
64　连接金具有什么作用？ ………………………………………………… 25
65　连接金具分为哪几类？各有什么作用？ ……………………………… 25
66　连接金具有何规定？ …………………………………………………… 25
67　常用的连接金具有哪些？各有什么特点？ …………………………… 25
68　接续金具的作用是什么？接续金具如何分类？ ……………………… 26
69　常用非承力接续金具有哪些？各有什么特点？ ……………………… 26
70　常用承力接续金具有哪些？各有什么特点？ ………………………… 27
71　常用防护金具有哪些？各有什么特点？ ……………………………… 28
72　金具检验有什么性能要求？ …………………………………………… 28
73　金具有什么质量要求？ ………………………………………………… 29
74　绝缘子串安装有什么注意事项？ ……………………………………… 29
75　横担有什么作用？ ……………………………………………………… 30
76　简述铁横担的规格。 …………………………………………………… 30
77　铁横担材料检验有哪些项目？ ………………………………………… 30
78　简述木横担按断面形状的分类及要求。 ……………………………… 31
79　瓷横担有什么特点？ …………………………………………………… 31
80　拉线有什么作用？ ……………………………………………………… 31
81　简述拉线的种类及其用途。 …………………………………………… 31
82　什么是拉线的经济夹角？ ……………………………………………… 32
83　如何设置外角拉线？ …………………………………………………… 32
84　简述拉线组成。 ………………………………………………………… 32
85　什么是基础？基础的作用是什么？ …………………………………… 33
86　基础分为哪几类？ ……………………………………………………… 33
87　钢筋混凝土电杆底盘承受的总下压力包括什么？…………………… 33
88　铁塔基础分为哪几类？分别适用于什么情况？ ……………………… 33
89　如何选择基础？对基础有什么要求？ ………………………………… 33
90　无拉线单柱或门形直线杆抵抗倾覆、保持稳定的方法有哪些？ …… 34
91　卡盘与底盘的作用分别是什么？ ……………………………………… 34
92　为什么要用卡盘替代人字拉线？ ……………………………………… 34
93　电杆基础采用卡盘时应符合哪些要求？ ……………………………… 34
94　卡盘安装有什么要求？ ………………………………………………… 35
95　对底盘安装有什么要求？ ……………………………………………… 35
96　拉线盘有什么作用？拉线盘外观检查应符合什么要求？…………… 35

第二章 10kV 及以下配电线路施工 …… 36

第一节 10kV 及以下配电线路施工组织设计 …… 36
1 施工组织设计的目的是什么？ …… 36
2 线路施工方案的编制、审核、执行有什么规定？ …… 36
3 编制人员在编制线路施工方案过程中应注意什么？ …… 36
4 施工组织设计的编制原则是什么？ …… 36
5 施工组织设计的编制流程及内容是什么？ …… 37
6 施工组织设计的编制为什么要制订合理的组织措施？应包含哪些内容？ …… 37
7 施工组织设计的编制应如何制订安全措施？ …… 37
8 安全措施应包含哪些内容？ …… 38
9 编制安全措施时要注意把握哪几方面的重点？ …… 38
10 农村配网工程施工前期现场勘察有哪些要点？ …… 38
11 现场勘察时，如何确定需要停电的范围？ …… 38
12 现场勘察时，对于施工现场保留的带电部位应注意什么？ …… 39
13 现场勘察时，对于施工现场的工况条件应注意什么？ …… 39
14 现场勘察时，对于施工区域周围环境应注意什么？ …… 39
15 在进行风险辨识和危险点分析时有什么注意事项？ …… 39
16 农村配电施工中制订安全措施应遵循的原则是什么？ …… 40
17 制订防止触电的安全措施时应注意什么？ …… 40
18 制订杆塔施工的安全措施时应注意什么？ …… 40
19 制订放线、紧线及撤线的安全措施时应注意什么？ …… 40
20 制订其他安全措施时应注意什么？ …… 40
21 编制技术措施时应考虑哪些内容？ …… 40
22 施工组织设计包括哪些内容？ …… 41

第二节 登杆操作 …… 41
23 简述登杆工具分类及作用。 …… 41
24 简述用脚扣登杆及下杆的步骤。 …… 42
25 简述用脚踏板登杆及下杆的步骤。 …… 43
26 使用脚扣登杆时有哪些注意事项？ …… 44
27 使用脚踏板登杆时有哪些注意事项？ …… 44
28 安全带的使用方法及注意事项有哪些？ …… 44
29 安全帽的作用是什么？对安全帽的性能有什么要求？ …… 45
30 传递绳的作用是什么？简述工程中常用绳结的打法及其用途。 …… 45

第三节 配电线路安装 …… 46
31 电杆的装配有什么要求？ …… 46
32 电杆装配有哪些检查项目？ …… 46
33 电杆的埋设深度有什么要求？ …… 47

34 如何确定电杆吊点？ …… 47
35 简述电杆的起立方法。 …… 47
36 立杆有哪些质量要求？ …… 48
37 立杆的安全注意事项有哪些？ …… 48
38 拉线的安装有什么要求？ …… 49
39 简述拉线的制作过程。 …… 49
40 简述拉线的工艺要求。 …… 50
41 简述放线的要求。 …… 50
42 简述紧线的方法及步骤。 …… 51
43 导线在针式及蝶式绝缘子上如何固定绑扎？ …… 51
44 简述颈扎法的方法及步骤。 …… 52
45 导线在终端杆上如何进行固定绑扎？ …… 52
46 导线绑扎固定有什么要求？ …… 53
第四节 接户线安装 …… 53
47 什么是接户线？接户线如何分类？ …… 53
48 简述低压架空接户线的安装要求。 …… 53
49 简述高压架空接户线的安装要求。 …… 54
50 接户线固定有哪些要求？ …… 55
第五节 配电线路的竣工验收 …… 55
51 配电线路的竣工验收有何意义？有什么依据？ …… 55
52 配电线路的竣工验收制度有哪些种类？ …… 55
53 什么是自检验收？ …… 56
54 什么是中间检查？ …… 56
55 什么是总体验收？ …… 56
56 什么是复查验收？ …… 57
57 竣工验收一般按照什么程序组织实施？ …… 57
58 验收方案一般包括哪些内容？ …… 57
59 验收方案中工程概况应包含什么内容？ …… 57
60 验收方案中完成本工作所采取的组织措施包含什么内容？ …… 58
61 10kV 架空线路工程验收时工程概况包含哪些内容？ …… 58
62 10kV 架空线路工程竣工验收资料包括哪些内容？ …… 58
63 10kV 架空线路工程对杆塔基础的要求是什么？ …… 58
64 10kV 架空线路工程验收时，对普通混凝土电杆、焊接电杆表面有什么要求？ …… 58
65 10kV 架空线路杆塔在横线路方向位移、埋深、倾斜度有什么要求？ …… 59
66 10kV 架空线路铁塔施工中，螺栓连接的构件应符合哪些规定？ …… 59
67 10kV 架空线路铁塔施工中，螺栓的穿入方向应符合哪些规定？ …… 59
68 10kV 架空线路施工过程中，铁塔组立有什么要求？ …… 59

69 10kV 架空线路施工中，对拉线有什么要求？ …… 60
70 10kV 架空线路施工中，对拉线柱有什么要求？ …… 60
71 10kV 架空线路施工中，对楔形线夹装配、UT 形线夹出口、线夹尾线有什么要求？ …… 60
72 10kV 架空线路施工工作中，对金具有什么要求？ …… 60
73 10kV 架空线路施工中，悬式绝缘子安装应符合哪些规定？ …… 61
74 10kV 架空线路验收对绝缘子安装有什么要求？ …… 61
75 10kV 架空线路验收对开口销、弹簧销有什么要求？ …… 61
76 10kV 架空线路横担安装偏差应符合哪些规定？ …… 61
77 10kV 架空线路验收对横担安装有什么要求？ …… 61
78 在什么情况下 10kV 导线在同一处损伤，应将损伤部分全部割去，重新以直线接续管连接？ …… 62
79 10kV 架空线路导线架设时，对导线外观有什么要求？ …… 62
80 在什么情况下 10kV 架空线路导线在同一处损伤可以以缠绕或修补预绞丝线修理？什么情况下可用相应型号的补修管补修？ …… 62
81 10kV 架空线路导线接续压接有什么要求？ …… 62
82 10kV 架空线路导线如何固定？ …… 62
83 10kV 架空线路导线弛度误差应符合什么标准？ …… 62
84 10kV 架空线路验收对引流线、引下线或拉线之间净空距离有什么要求？ …… 63
85 10kV 架空线路架设中，导线对地、对建筑物的最小距离应符合什么要求？ …… 63
86 10kV 架空线路导线架设对树木的距离应满足什么要求？ …… 63
87 10kV 架空线路架设中，导线对各电压等级线路距离应满足什么要求？与弱电线路交叉应符合什么规定？ …… 63
88 10kV 架空线路地下接地体（线）焊接采用哪种方式？应符合什么要求？与电气设备相连的接地线应采用什么方式连接？ …… 63
89 10kV 电缆线路工程验收时，工程概况包含哪些内容？ …… 64
90 10kV 电缆线路工程竣工验收资料包括哪些内容？ …… 64
91 10kV 电缆线路验收有什么一般要求？ …… 64
92 10kV 电缆施工对基础有什么要求？ …… 65
93 10kV 电缆施工对金属电缆支架有什么要求？ …… 65
94 10kV 电缆线路施工对电缆沟桥架安装有什么规定？ …… 65
95 10kV 电缆安装敷设时，对电力电缆之间、电力电缆与控制电缆支架、电力电缆与管道之间距离有什么要求？ …… 65
96 10kV 电力电缆与公路、铁路、城市道路路面、杆塔基础边线、建筑物基础边线、排水沟之间距离应满足什么要求？ …… 66
97 10kV 电缆敷设安装时，最小弯曲半径应符合什么要求？ …… 66

98　10kV 电缆埋设深度有什么要求？ …… 66
99　10kV 电缆头制作有什么要求？ …… 66
100　10kV 电缆支架、梯架、托盘或线槽位置应符合什么规定？ …… 66
101　10kV 电缆接头布置有什么要求？ …… 67
102　10kV 电缆敷设安装过程中，对标志有什么要求？ …… 67
103　10kV 电力电缆敷设中，电缆沟应满足什么要求？ …… 67
104　10kV 电力电缆保护管埋设要注意哪几方面？ …… 67
105　10kV 电力电缆敷设中，什么情况宜设置保护管？ …… 67
106　10kV 电力电缆引落装置应注意哪些方面？ …… 67
107　10kV 电缆分接箱外观有什么要求？ …… 68
108　10kV 电力电缆分接箱基础要满足什么要求？ …… 68
109　10kV 配电台区工程验收时工程概况包含哪些内容？ …… 68
110　10kV 配电台区工程竣工验收资料有哪些？ …… 68
111　10kV 配电台区配电变压器安装要达到什么标准？ …… 69
112　10kV 配电台区避雷器安装有什么要求？ …… 69
113　10kV 配电台区油浸式配电变压器技术规范性有哪些要求？ …… 70
114　10kV 配电台区油浸式配电变压器施工规范性有哪些要求？ …… 70
115　10kV 配电台区高压熔断器验收包括哪些内容？ …… 70
116　10kV 配电台区标志有什么要求？ …… 70
117　10kV 配电台区接地装置施工有什么要求？ …… 70
118　10kV 配电台区综合配电箱的验收标准是什么？ …… 71
119　低压线路工程验收时工程概况包含哪些内容？ …… 71
120　低压线路工程竣工验收资料包含哪些具体内容？ …… 71
121　竣工验收资料一般包含什么内容？ …… 72

第三章　配电线路运行维护与事故处理 …… 74

第一节　配电线路巡视 …… 74
1　配电线路巡视的目的是什么？ …… 74
2　配电线路巡视有什么要求？ …… 74
3　配电线路巡视有哪几种？ …… 74
4　配电线路的巡视周期是如何规定的？ …… 75
5　配电线路巡视的流程是什么？ …… 75
6　架空裸导线的巡视检查项目有哪些？ …… 75
7　绝缘导线的巡视检查项目有哪些？ …… 76
8　杆塔的巡视检查项目有哪些？ …… 76
9　横担和金具的巡视检查项目有哪些？ …… 76
10　绝缘子的巡视检查项目有哪些？ …… 76
11　拉线、顶（撑）杆、拉线柱的巡视检查项目有哪些？ …… 77

12 防雷设施的巡视检查项目有哪些？ …… 77
13 接地装置的巡视检查项目有哪些？ …… 77
14 接户线的巡视检查项目有哪些？ …… 77
15 线路防护区巡视检查项目有哪些？ …… 77
16 配电线路巡视有哪些危险点？其相应的安全控制措施有哪些？ …… 78
第二节 配电线路运行维护及故障抢修 …… 78
17 配电线路运行的标准是什么？ …… 78
18 导线最大计算弧垂情况下与地面最小距离有什么规定？ …… 79
19 导线最大计算弧垂情况下对永久建筑物之间最小垂直距离有什么规定？ …… 80
20 导线最大计算弧垂情况下对永久建筑物之间最小水平距离有何规定？ …… 80
21 架空配电线路与铁路、道路、河流、管道、索道及各种架空线路交叉有哪些基本要求？ …… 80
22 配电线路通过林区（树木）的安全距离有何规定？ …… 81
23 配电线路与其他物体的安全距离如何规定？ …… 81
24 跨越道路的拉线对地距离如何规定？ …… 82
25 接户线的限距如何规定？ …… 82
26 简述配电线路维护标准。 …… 82
27 什么是设备检修？设备检修的方针是什么？ …… 83
28 设备检修的两种制度是什么？ …… 83
29 设备检修应遵循什么原则？ …… 83
30 设备检修分为哪几类？ …… 84
31 配电线路故障处理的原则是什么？ …… 84
32 配电线路故障如何分类？ …… 84
33 简述倒杆故障原因、处理方法和步骤。 …… 84
34 简述断线故障原因、处理方法和步骤。 …… 85
35 简述绝缘子故障原因、处理方法和步骤。 …… 85
36 配电线路故障处理有哪些危险点？其相应的控制措施有哪些？ …… 86
37 简述电杆安全隐患及防范措施。 …… 86
38 什么是事故抢修？ …… 86
39 故障抢修标准作业流程有哪些？ …… 86
40 简述配电线路事故处理流程。 …… 87
41 为什么事故抢修可以不使用工作票？ …… 87
42 什么情况下可将事故抢修转为事故检修？ …… 87
43 10kV 线路（设备）故障抢修标准作业流程中，接受抢修任务和填写事故抢修单应注意什么？ …… 87
44 10kV 线路（设备）故障抢修标准作业流程中，班前会的主要内容是什么？ …… 87

45 10kV 线路（设备）故障抢修标准作业流程中，准备材料工器具时应注意什么？…… 88
46 10kV 线路（设备）故障抢修标准作业流程中，出发前检查应注意什么？…… 88
47 10kV 线路（设备）故障抢修标准作业流程中，停电操作与许可工作应注意什么？…… 89
48 10kV 线路（设备）故障抢修标准作业流程中，宣读电力线路事故应急抢修单应注意什么？…… 90
49 10kV 线路（设备）故障抢修标准作业流程中，抢修排除故障应注意什么？…… 90
50 10kV 线路（设备）故障抢修标准作业流程中，工作终结与恢复送电应注意什么？…… 91
51 10kV 线路（设备）故障抢修标准作业流程中，召开班后会、资料归档应注意什么？…… 92
52 供电所备品备件分为哪几类？…… 92
53 备品备件的范围是什么？…… 92
54 备品备件管理有什么原则？…… 92
55 备品备件如何收发？…… 92
第三节 配电线路缺陷查找及处理 …… 92
56 配电线路缺陷如何分类？…… 92
57 缺陷处理的时限是如何规定的？…… 93
58 缺陷管理的内容和流程是什么？…… 93
59 架空配电线路导线有哪些常见缺陷？…… 94
60 架空配电线路杆塔有哪些常见缺陷？…… 94
61 架空配电线路横担和金具有哪些常见缺陷？…… 94
62 架空配电线路绝缘子有哪些常见缺陷？…… 94
63 架空配电线路电力电缆有哪些常见缺陷？…… 95
64 架空配电线路拉线、顶（撑）杆、拉线柱有哪些常见缺陷？…… 95
65 架空配电线路防雷设施有哪些常见缺陷？…… 95
66 架空配电线路接地装置有哪些常见缺陷？…… 95
67 架空配电线路接户线有哪些常见缺陷？…… 96
68 架空配电线路保护区有哪些常见缺陷？…… 96
69 配电线路导线的缺陷如何进行分类？…… 96
70 配电线路杆塔的缺陷如何进行分类？…… 97
71 配电线路拉线的缺陷如何进行分类？…… 97
72 配电线路绝缘子的缺陷如何进行分类？…… 98
73 横担、金具及变压器台的缺陷如何进行分类？…… 98
74 线路安全距离缺陷如何分类？…… 98

75 架空配电线路导线常见缺陷是如何处理的？ …………………………… 98
76 架空配电线路杆塔常见缺陷是如何处理的？ …………………………… 99
77 架空配电线路横担、金具、绝缘子常见缺陷是如何处理的？ ………… 100
78 架空配电线路电力电缆常见缺陷是如何处理的？ ……………………… 100
79 架空配电线路拉线、顶（撑）杆、拉线柱常见缺陷是如何处理的？ …… 101
80 架空配电线路防雷设施、接地装置常见缺陷是如何处理的？ ………… 101
81 架空配电线路接户线常见缺陷是如何处理的？ ………………………… 101
82 架空配电线路保护区常见缺陷是如何处理的？ ………………………… 102
83 什么是配电线路缺陷？配电线路缺陷管理应做到哪些方面？ ………… 103
84 什么是设备完好率？ ……………………………………………………… 103
85 设备评级分类的基本原则是什么？ ……………………………………… 103
86 为什么要进行电气设备的预防性试验？什么是交接验收试验？ ……… 104
第四节 操作柱上断路器与跌落式熔断器 ……………………………………… 104
87 对柱上断路器操作有哪些要求？ ………………………………………… 104
88 简述柱上断路器操作顺序。 ……………………………………………… 104
89 简述柱上断路器的操作步骤。 …………………………………………… 104
90 操作柱上断路器有什么危险点预控及安全注意事项？ ………………… 105
91 操作跌落式熔断器有什么要求？ ………………………………………… 106
92 简述跌落式熔断器操作顺序。 …………………………………………… 106
93 操作跌落式熔断器有什么危险点？预控及安全注意事项有哪些？ …… 107
第五节 过电压与架空线路的防雷 ……………………………………………… 107
94 为什么在使用绝缘导线时应考虑采取相应的防雷措施？ ……………… 107
95 使用绝缘导线有哪些优缺点？ …………………………………………… 107
96 架空绝缘导线雷击断线机理是什么？ …………………………………… 108
97 架空绝缘导线有何防雷措施？ …………………………………………… 108
98 使用避雷线防雷有什么优缺点？ ………………………………………… 108
99 防雷支柱绝缘子防雷的基本原理是什么？ ……………………………… 108
100 防雷支柱绝缘子的安装有什么要求？ …………………………………… 109
101 安装放电线夹有哪些要求？ ……………………………………………… 109
102 带间隙的氧化锌避雷器防雷的基本原理是什么？ ……………………… 109
103 带间隙的氧化锌避雷器的安装有什么要求？ …………………………… 109
104 为使电弧容易熄灭，应采取的措施是什么？ …………………………… 109
105 局部剥离导线绝缘防雷的原理是什么？ ………………………………… 109
106 闪络保护悬垂线夹的防雷机理是什么？ ………………………………… 109
107 简述绝缘导线防雷的发展方向。 ………………………………………… 110
108 配电线路防雷的目的是什么？ …………………………………………… 110
109 配电网防雷现状如何？ …………………………………………………… 110
110 配电网雷害事故的原因有哪些？ ………………………………………… 110

111 架空裸导线的防雷措施有哪些？ …… 111
112 低压架空线路的防雷措施有哪些？ …… 111

第四章 电力电缆 …… 112

第一节 电缆基础知识 …… 112
1 电力电缆的用途及优缺点各是什么？ …… 112
2 简述电力电缆的基本构成及其各部分作用。 …… 112
3 电力电缆线芯采用什么材料？有哪些规格？ …… 112
4 电力电缆线芯按数目、截面形状可以分为哪几种？外护层的作用是什么？ …… 113
5 电力电缆绝缘层材料有什么要求？ …… 113
6 电力电缆导体屏蔽层、绝缘屏蔽层、金属屏蔽层的作用分别是什么？ …… 113
7 电力电缆屏蔽层一般采用什么材料？ …… 113
8 对电力电缆保护层的内护套有什么要求？ …… 113
9 什么是电缆终端和中间接头？ …… 113
10 电力电缆附件如何分类？ …… 114
11 农村低压电力电缆选用有哪些要求？ …… 114
12 聚氯乙烯电缆允许载流量及持续工作的缆芯工作温度有何规定？ …… 114
13 交联聚乙烯绝缘在交流电压下和直流电压下的电场分布有什么不同？ …… 115
14 按绝缘材料，电力电缆可以分为哪几类？ …… 115
15 油纸绝缘电缆根据浸渍剂的不同，可以分为哪几种类型？ …… 115
16 按绝缘结构不同，油纸绝缘电缆可以分为哪几种？它们的结构特点分别是什么？ …… 115
17 统包绝缘电缆有什么优缺点？一般适用于什么情况？ …… 115
18 分相屏蔽电缆为什么又叫作径向电场型电缆？一般多用于什么情况？ …… 116
19 什么是挤包绝缘电缆？主要有哪几种？ …… 116
20 交联聚乙烯电缆与油纸绝缘电缆相比，在加工制造和敷设应用方面有哪些优点？主要适用于什么情况？ …… 116
21 压力电缆如何抑制绝缘层中形成气隙？适用于什么电压等级？ …… 116
22 压力电缆如何填充绝缘？根据填充措施不同，压力电缆可分为哪几种？ …… 116
23 单芯电缆和多芯电缆各适用于什么情况？ …… 116
24 电缆的额定电压如何表示？ …… 117
25 按电压等级，电缆可以分为哪几类？ …… 117
26 电力电缆如何命名？ …… 117
27 额定电压 1kV（U_m=1.2kV）~35kV（U_m=40.5kV）的挤包绝缘电力电缆如何命名？ …… 117
28 聚氯乙烯绝缘聚氯乙烯护套电力电缆的用途及特点是什么？ …… 118

29　额定电压 35kV 及以下铜芯、铝芯纸绝缘电力电缆如何命名？ …………… 118
30　电缆型号为 ZQFD22-26/35 3×150、ZLL03-0.6/1 3×150+1×70 分别表示什么电缆类型？ …………… 119
31　简述电缆铜导体材料的性能。 …………… 119
32　简述电缆导铝导体材料的性能。 …………… 119
33　电缆导体一般由多根导线绞合而成，这样做有什么优点？ …………… 119
34　电缆导体绞合导体外形有哪几种？各适用于什么情况？ …………… 120
35　简述电缆内屏蔽层、外屏蔽层。 …………… 120
36　电缆制作中，选取什么材料作为屏蔽层？ …………… 120
37　挤包绝缘电缆金属屏蔽层有什么作用？ …………… 120
38　电缆绝缘层具有什么特性？可分为哪几种？ …………… 120
39　挤包绝缘材料主要是什么？ …………… 121
40　聚氯乙烯塑料如何制成？聚氯乙烯塑料有什么优缺点？ …………… 121
41　聚乙烯交联反应的基本机理是什么？其性能如何？ …………… 121
42　乙丙橡胶如何形成？有什么优缺点？ …………… 121
43　油纸绝缘电缆的绝缘层如何形成？ …………… 121
44　压力电缆绝缘如何消除气隙？按充油通道可以分为哪几种？ …………… 121
45　自容式充油电缆有什么优点？如何消除气隙，提高电缆工作场强？ …… 122
46　简述电缆护层的结构。 …………… 122
47　电缆护层各部分的作用什么？ …………… 122
48　什么是电缆附件？什么是电缆接头？ …………… 122
49　按照在电缆线路中安装位置，附件可以分为哪几类？各自的作用是什么？ …………… 122
50　电缆终端按使用场所不同可以分为哪几种？各适用于什么场合？ ……… 122
51　电缆接头可以分为哪几种类型？ …………… 123
52　按照制作原材料分类，附件可以分为哪几类？ …………… 123
53　对电缆备品如何管理？ …………… 123
54　对电力电缆的技术文件有哪些要求？ …………… 123
第二节　电缆接头制作 …………… 124
55　干包式电力电缆头制作安装的特点是什么？制作工程量如何计算？ …… 124
56　浇注式电力电缆头制作安装的特点是什么？制作工程量如何计算？ …… 124
57　热缩式电力电缆头制作安装的特点是什么？制作工程量如何计算？ …… 125
58　电力电缆头制作安装工程量如何计算？ …………… 125
59　常用的剥切工具有哪些？ …………… 125
60　制作电缆终端和中间接头的常用工具有哪些？ …………… 125
61　10kV 及以下交联聚乙烯电缆终端头和中间接头的制作需用哪些材料？ … 126
62　10kV 及以下交联聚乙烯电缆终端头和中间接头的制作中，雨罩的作用是什么？ …………… 126

63 10kV 及以下交联聚乙烯电缆终端头和中间接头的制作中，聚氯乙烯胶粘带和自粘性橡胶带各自的作用是什么？ …… 126
64 10kV 及以下交联聚乙烯电缆终端头和中间接头的制作中，黑色聚氯乙烯带的作用是什么？ …… 126
65 电缆终端和中间接头应满足的要求有哪些？ …… 126
66 电缆终端和中间接头制作中，如何保证导体连接良好？ …… 127
67 电缆终端和中间接头绝缘可靠指什么？有足够的机械强度指什么？ …… 127
68 电缆终端和中间接头密封良好指什么？ …… 127
69 如何制作 10kV 热缩型电缆终端头？ …… 127
70 热缩型电缆终端头有什么特点？适用于什么情况？ …… 127
71 制作 10kV 热缩型电缆终端头时，如何剥切电缆和焊地线？ …… 127
72 制作 10kV 热缩型电缆终端头时，如何包绕填充胶带，固定手套？ …… 127
73 热缩电缆头施工采用什么加热工具？加热时注意事项有哪些？ …… 128
74 简述交联电缆热缩型电缆中间接头制作过程。 …… 128
75 交联电缆热缩型电缆中间接头剥切电缆要注意什么？ …… 128
76 交联电缆热缩型电缆中间接头制作中，如何锯芯线导体，剥离屏蔽层及半导体层？ …… 128
77 交联电缆热缩型电缆中间接头制作中，如何固定应力管，套入管材？ …… 128
78 交联电缆热缩型电缆中间接头制作中，如何压接连接管？ …… 128
79 交联电缆热缩型电缆中间接头制作中，如何包绕填充胶带，固定内外绝缘套？ …… 128
80 交联电缆热缩型电缆中间接头制作中，如何固定半导管，安装屏蔽网及地线？ …… 129
81 交联电缆热缩型电缆中间接头制作中，如何固定护套？ …… 129
82 进口硅橡胶材料有什么特性？ …… 129
83 如何制作冷缩型交联电缆头？ …… 129
84 制作冷缩型交联电缆头中，如何剥钢铠和内衬层？如何固定地线？如何剥铜屏蔽和外半导层？ …… 129
85 制作冷缩型交联电缆头中，如何缠填充胶？如何缠绕自粘带？ …… 130
86 制作冷缩型交联电缆头中，如何固定铜屏蔽地线？如何固定冷缩指套？如何固定冷缩管？ …… 130
87 制作冷缩型铰链电缆头中，如何缠绕半导电带？ …… 130
88 制作冷缩型铰链电缆头中，如何固定冷缩终端？如何固定密封管？ …… 130
89 制作冷缩型铰链电缆头中，如何密封冷缩指套？ …… 130
90 电缆终端和接头制作的一般规定和准备工作有哪些？ …… 130
91 35kV 及以下电缆终端与接头应符合哪些要求？ …… 131
92 35kV 及以下电缆终端与接头制作中，采用的附加绝缘材料性能有什么要求？ …… 131

93　控制电缆在什么情况下可有接头，但必须连接牢固，
并不应受到机械拉力？ …… 131
94　制作电缆终端和接头前，制作现场应符合哪些要求？ …… 131
95　电缆终端和接头制作要求有哪些？ …… 131
96　电缆头的制作安装要求有哪些？ …… 132
97　1kV 及以下电力电缆终端头制作有哪些危险点分析与控制措施？ …… 133
98　作业前应准备的 1kV 热缩式电力电缆终端常用工器具有哪些？ …… 133
99　1kV 热缩式电力电缆终端安装所需材料有哪些？ …… 133
100　1kV 热缩式电力电缆终端附件安装作业条件有何要求？ …… 134
101　1kV 热缩式电力电缆终端安装操作步骤及要求分别是什么？ …… 134
102　1kV 热缩式电力电缆终端安装有什么注意事项？ …… 135
103　1kV 及以下电力电缆中间接头制作有哪些危险点与控制措施？ …… 135
104　1kV 热缩式电力电缆中间接头常用工器具有哪些？ …… 135
105　1kV 热缩式电力电缆中间接头所需材料有哪些？ …… 136
106　1kV 热缩式电力电缆中间接头电缆附件安装的作业条件是什么？ …… 137
107　简述 1kV 及以下热缩式电力电缆中间接头制作的操作步骤及要求。 …… 137
108　为了保证 1kV 热缩式电力电缆中间接头施工安全和施工质量，
应熟悉掌握哪些规程规范？ …… 138
第三节　电缆试验 …… 138
109　电力电缆线路试验安全措施有哪些？ …… 138
110　电缆试验中直流耐压测试的目的是什么？ …… 138
111　为什么直流耐压试验可以检验电缆的耐压强度？ …… 138
112　直流耐压试验是否对发现所有类型电缆缺陷均有效？为什么？ …… 139
113　电力电缆预防性试验有什么缺点？ …… 139
114　电缆泄漏电流与直流耐压试验有什么不同？ …… 139
115　交联电力电缆的预防性试验实施中，有哪些规定的试验项目？ …… 139
116　当绝缘电阻很低时，如何用万用表测量铜屏蔽层对钢铠的
绝缘电阻值？ …… 140
117　电力电缆预防性试验的周期如何规定？ …… 140
118　电力电缆预防性试验的标准是什么？ …… 140
119　什么是交联电力电缆的鉴定性试验？ …… 140
第四节　电缆敷设及工器具 …… 140
120　电缆敷设前应进行哪些方面的检查？ …… 140
121　电缆敷设时的一般注意事项有哪些？ …… 140
122　电缆各支持点间的距离应遵守哪些规定？ …… 141
123　电缆的最小弯曲半径应遵守的规定是什么？ …… 141
124　黏性油浸纸绝缘电缆最高点与最低点之间的最大位差有何规定？ …… 141
125　用机械敷设电缆时的最大牵引强度有何规定？ …… 142

126　用机械敷设电缆时的一般规定是什么？ …………………………… 142
127　敷设电缆时允许敷设的最低温度有何规定？ ……………………… 142
128　电力电缆接头布置应符合哪些要求？ ……………………………… 143
129　电力电缆标志牌的装设应符合哪些要求？ ………………………… 143
130　电力电缆敷设过程中，什么地方必须将电缆加以固定？ ………… 143
131　裸铅（铝）套电缆的固定处应如何处理？护层有绝缘要求的电缆固定处应如何处理？ ………………………………………………………… 143
132　电力电缆接地线应符合哪些要求？ ………………………………… 143
133　35kV 及以下电缆在剥切线芯绝缘、屏蔽、金属护套时，线芯沿绝缘表面至最近接地点（屏蔽或金属护套端部）的最小距离应符合什么要求？ …… 144
134　电缆敷设时，不同地区应采取什么敷设方式？ …………………… 144
135　如何选择质量好的电缆？ ………………………………………… 144
136　提高电缆施工质量，关键要注意哪几方面？ ……………………… 144
137　对地埋电力线路一般有什么要求？ ………………………………… 145
138　对地埋电力线的选择有什么要求？ ………………………………… 145
139　对地埋电力线的接续有什么要求？ ………………………………… 145
140　地埋线敷设的注意事项有哪些？ …………………………………… 145
141　地埋线与其他地下工程设施相互交叉、平行时，其最小距离应符合什么规定？ ……………………………………………………… 145
142　地埋线放线时外表检查有哪些项目？ ……………………………… 146
143　对地埋线的接线箱有何要求？ ……………………………………… 146
144　地埋线的填埋有什么注意事项？ …………………………………… 146
145　电缆敷设有什么要求？ ……………………………………………… 146
146　电缆敷设时电缆与各种设施接近及交叉的距离有什么要求？ …… 147
147　敷设电缆时，对敷设路径有什么要求？ …………………………… 147
148　充油电缆在切断后应符合的要求有哪些？ ………………………… 148
149　什么是电缆的直埋敷设？直埋敷设有什么特点？ ………………… 148
150　简述直埋敷设作业前的准备事项。 ………………………………… 148
151　什么是电缆排管敷设？电缆排管敷设有何特点？ ………………… 149
152　排管敷设作业前要做哪些准备？ …………………………………… 149
153　简述排管敷设的质量标准及注意事项。 …………………………… 149
154　什么是电缆沟敷设？电缆沟敷设有什么特点？ …………………… 150
155　电缆沟敷设前要做哪些准备工作？ ………………………………… 150
156　电缆沟敷设的质量标准及注意事项有哪些？ ……………………… 150
157　什么是电缆隧道敷设？电缆隧道敷设有什么特点？ ……………… 151
158　电缆隧道一般适用于什么场合？ …………………………………… 152
159　电缆隧道敷设前有哪些应做的准备工作？ ………………………… 152
160　简述电缆隧道敷设的质量标准及注意事项。 ……………………… 152

161 电缆隧道敷设方式选择应遵循哪些原则？ …… 152
162 什么是气镐？气镐的工作原理是什么？ …… 153
163 气镐使用时有哪些注意事项？ …… 153
164 气镐维护有什么要求？ …… 153
165 什么是水平导向钻机？水平导向钻机使用注意事项有哪些？ …… 153
166 如何使用水平导向钻机？ …… 153
167 起重运输机械包括哪些设备？有何用途？ …… 154
168 什么是电动卷扬机？简述电动卷扬机的工作原理。 …… 154
169 简述电动卷扬机的使用注意事项。 …… 154
170 电动卷扬机日常维护项目有哪些？ …… 154
171 什么是电缆输送机？简述电缆输送机工作原理。 …… 154
172 电缆输送机日常维护项目有哪些？ …… 154
173 电缆盘支承架、液压千斤顶和电缆盘制动装置有什么作用？ …… 155
174 什么是防捻器？防捻器的作用是什么？ …… 155
175 电缆牵引端的作用是什么？ …… 155
176 牵引网套的作用是什么？ …… 155
177 电缆滚轮有什么作用？ …… 156
178 电缆外护套防护用具有什么作用？ …… 156
179 钢丝绳有哪些使用及注意事项？ …… 156
180 钢丝绳有哪些日常维护项目？ …… 156
181 什么是导体压接机具？ …… 156
182 导体压接机具有什么要求？ …… 156
183 电缆的防火阻燃应采取哪些措施？ …… 157
184 对电缆线芯连接金具有什么要求？ …… 157
185 充油电缆供油系统的安装应符合哪些要求？ …… 157
186 电力电缆工作使用携带型火炉或喷灯时，火焰与带电部分的距离有什么规定？ …… 157
187 电力电缆工作非开挖施工的安全措施有哪些？ …… 158
188 电力电缆作业时，对进入电缆隧道、电缆井、电缆沟作业时的规定是什么？ …… 158
189 电力生产中，电力电缆工作的基本要求是什么？ …… 158
190 农村低压电缆敷设有哪些注意事项？ …… 158
191 电缆施工的安全措施有哪些？ …… 159
192 电缆埋地敷设在沟内应如何施工？ …… 160
193 电缆在排管内的敷设时有何要求？ …… 160
194 简述直埋敷设作业质量标准及注意事项。 …… 161
第五节 电缆故障原因及故障测寻 …… 162
195 电力电缆预防性试验如何测寻故障点？ …… 162

196　电力电缆发生故障的原因有哪些？ …… 163
197　电力电缆绝缘水平下降的原因有哪些？ …… 163
198　电缆过热的内因是什么？外因是什么？ …… 163
199　造成电力电缆机械损伤的原因主要有哪些？ …… 163
200　针对电力电缆故障的原因维修对策有哪些？ …… 163
201　电力电缆施工中，如何防止电缆因外力受损？ …… 164
202　查询电缆故障点时，首先要进行什么诊断？ …… 164
203　为便于故障测寻，一般将电缆故障分为哪几类？ …… 164
204　什么是开放性闪络故障？什么是封闭性闪络故障？ …… 164
205　电缆故障发生后，为什么首先要准确地确定电缆故障的性质？ …… 164
206　按发生原因，电缆故障可分为哪几种？ …… 164
207　试验中电缆故障有什么特点？ …… 165
208　试验中电缆发生故障，如何判断其故障类型？ …… 165
209　如何确定电力电缆运行故障性质？ …… 165
210　如何用仪表确定电缆故障的性质？ …… 165
211　如何确定电缆低阻、高阻故障？ …… 165
212　电缆线路的故障寻测分为哪两部分？ …… 166
213　电缆故障初测分为几大类？ …… 166
214　简述电桥法测量电缆单相接地故障原理。 …… 166
215　简述电桥法测量电缆两相短路故障原理。 …… 166
216　什么是脉冲法？简述脉冲法测量电缆故障的原理。 …… 167
217　电磁波在电缆中传播速度与哪些因素有关？ …… 167
218　简述低压脉冲法适用范围。 …… 167
219　什么是电缆开路故障的反射脉冲波形？ …… 167
220　什么是电缆近距离开路时的反射脉冲波形图？ …… 167
221　什么是短路或低阻接地故障波形？ …… 168
222　电缆近距离短路或低阻接地故障波形有何特点？ …… 168
223　闪络法测量电缆故障有何优点？ …… 168
224　简述闪络法测量故障的基本原理。 …… 168
225　电缆故障闪络测试仪具有哪些测试功能？ …… 169
226　电缆故障精确定点常用哪几种方法？ …… 169
227　什么是冲击放电声测法？ …… 169
228　请画出冲击放电声测法接线图。 …… 169
229　声测试验主要设备有哪些？设备容量是多少？ …… 170
230　简述声磁信号同步接收定点法的工作原理。 …… 170
231　声磁同步检测法如何估计故障点位置？优点是什么？ …… 170
232　音频信号法如何探测电缆敷设路径？ …… 170
233　电缆中间发生金属性短路故障时，用音频信号法如何查找故障点？ …… 170

234 什么是跨步电压法？跨步电压法有什么优缺点？ …………………………… 170
235 电桥法测寻电缆故障需要哪些仪器设备？ ……………………………… 171
236 电桥法测寻电缆故障需要哪些工具材料？ ……………………………… 171
237 简述电桥法测寻电缆故障步骤。 ……………………………………… 171
238 低压脉冲法测寻电缆故障需要准备哪些设备？…………………………… 172
239 低压脉冲法测寻电缆故障需要准备哪些工具材料？……………………… 172
240 简述低压脉冲法测寻电缆故障步骤。 ………………………………… 172
241 使用电桥法测寻电缆故障时，安全措施有哪些？………………………… 173
242 操作人员利用低压脉冲反射仪测量电缆故障距离
为什么会增大误差？ …………………………………………………… 173
243 低压脉冲法测试时，如何利用波形来确定反射脉冲的起始点？ ………… 173
244 低压脉冲比较测量法可用于什么情况下电缆故障的测量？……………… 174
245 什么是低压脉冲比较法测量单相低阻接地故障时的波形？……………… 174
246 微机化低压脉冲反射仪使用过程中，如何通过波形差异
寻找故障点？ ………………………………………………………… 174
247 利用波形比较法如何精确测定电缆长度或校正波速？…………………… 175
248 什么是二次脉冲法？简述二次脉冲法的基本原理。……………………… 175
249 使用二次脉冲法测试电缆故障距离需要满足什么条件？………………… 175
250 二次脉冲法测试电缆故障距离主要用来测量什么故障的距离？ ………… 176
251 如何用直流高压闪络法测量故障？ …………………………………… 176
252 如何用冲击高压闪络法测量故障？ …………………………………… 176

第五章 带电作业……………………………………………………………… 177

第一节 带电作业基本原理与作业方法 ………………………………… 177
1 什么是电场强度？ ……………………………………………………… 177
2 什么是静电感应？ ……………………………………………………… 177
3 什么是人体电阻？影响人体电阻大小的因素有哪些？…………………… 177
4 电击对人体的损伤主要可分为哪几种？ ………………………………… 178
5 人体对电场的感知水平是怎样的？ …………………………………… 178
6 带电作业如何规定人体体表场强的允许值？ ………………………… 179
7 要保证带电作业安全必须满足哪些条件？ …………………………… 179
8 带电作业中，电对人体的主要危害是什么？配网带电作业应着重防护
哪种危害？ ……………………………………………………………… 179
9 人体触电方式分为哪几种？触电时人体表现的特征是怎样的？ ………… 180
10 什么是暂态电击？暂态电击可以分为哪两种情况？ …………………… 180
11 触电伤害的程度和什么因素有关？……………………………………… 180
12 防止人身触电的原理是什么？…………………………………………… 181
13 按作业人员与带电体的相对位置来分，带电作业方式分为哪几种？ …… 182

14 按作业人员所处的电位来划分，带电作业方式分为哪几种？ …………… 182
15 带电作业对气象条件的要求是什么？带电作业为什么要研究和正确掌握空气绝缘特性？ …………………………………………………………… 182
16 空气放电的特点是什么？50%操作冲击放电电压的含义是什么？ ……… 183
17 空气湿度对带电作业有什么影响？ ………………………………………… 183
18 雷电对带电作业有什么影响？ ……………………………………………… 183
19 风力对带电作业有什么影响？ ……………………………………………… 183
20 温度对带电作业有什么影响？ ……………………………………………… 183
21 带电作业与停电作业比较有哪些优越性？ ………………………………… 184
22 带电作业有哪些特点？ ……………………………………………………… 184
23 带电作业的一般规定有哪些？ ……………………………………………… 185
24 带电作业可以取得哪些效益？是否可以计算？ …………………………… 186
25 带电作业能够完成哪些类型的工作？ ……………………………………… 186
26 按采用的绝缘工具来划分，带电作业方式分为哪几种？ ………………… 186
27 配电线路带电作业与高压送电线路带电作业在作业原理和安全防护方面有什么区别？ …………………………………………………………… 187
28 GB/T 18857—2008《配电线路带电作业技术导则》中对带电作业人员应具备的条件提出了哪些具体要求？ …………………………………… 187
29 为什么在配电线路带电作业中作业人员禁止穿屏蔽服进行作业？ ……… 187
30 采用绝缘杆作业法时，其绝缘防护是如何设置的？ ……………………… 187
31 在绝缘平台或绝缘梯上采用绝缘杆作业法时，绝缘防护是如何设置的？ …………………………………………………………… 188
32 在绝缘平台或绝缘梯上采用绝缘手套作业法时，绝缘防护是如何设置的？ …………………………………………………………… 188
33 在绝缘斗臂车上采用绝缘杆作业法时，绝缘防护是如何设置的？ ……… 188
34 在绝缘斗臂车上采用绝缘手套作业法时，绝缘防护是如何设置的？ …… 188
35 采用绝缘杆作业法时，泄漏电流对作业人员有何影响？ ………………… 188
36 采用绝缘杆作业法时有何注意事项？ ……………………………………… 189
37 高架绝缘斗臂车有什么特点？ ……………………………………………… 189
38 采用绝缘手套作业法时有哪些注意事项？ ………………………………… 189
39 地电位作业的基本工作原理是什么？ ……………………………………… 190
40 采用地电位作业时应注意什么？ …………………………………………… 190
41 中间电位作业的基本原理是什么？ ………………………………………… 190
42 采用中间电位作业时应注意什么事项？ …………………………………… 191
43 等电位作业的基本原理是什么？ …………………………………………… 191
44 采用等电位作业时，应注意什么事项？ …………………………………… 191
45 采用等电位方式或作业人员直接短接方式检修，均存在着安全隐患，原因是什么？ …………………………………………………………… 191

46　配电线路带电作业分为哪些基本方式？ …………………………………… 192
第二节　带电作业工器具及安全防护用具 ………………………………………… 192
47　为什么要提高绝缘材料的耐热性？绝缘材料的耐热等级分哪几级？ …… 192
48　带电作业中所使用的绝缘材料有哪些类型？ ……………………………… 192
49　绝缘材料的电气性能指标有哪些？ ………………………………………… 193
50　何谓绝缘材料的介质损耗？ ………………………………………………… 193
51　何谓绝缘材料的绝缘电阻？ ………………………………………………… 193
52　何谓绝缘材料的绝缘强度？ ………………………………………………… 193
53　何谓绝缘材料的闪络电压和耐受电压？ …………………………………… 193
54　何谓绝缘材料的机械性能？ ………………………………………………… 194
55　何谓绝缘材料的工艺性能？ ………………………………………………… 194
56　何谓绝缘材料的吸湿性能？ ………………………………………………… 194
57　何谓绝缘材料的吸水性及表面憎水性？ …………………………………… 194
58　如何进行带电作业用承力工具的选材？ …………………………………… 194
59　如何进行带电作业用载人器具的选材？ …………………………………… 195
60　如何进行带电作业用牵引机具的选材？ …………………………………… 195
61　带电作业用固定器具（卡具）的选材原则是什么？ ……………………… 195
62　如何进行带电作业用绝缘操作杆（含绝缘夹钳）的选材？ ……………… 195
63　如何进行带电作业用通用小工具的选材？ ………………………………… 196
64　如何进行带电作业用载流工具的选材？ …………………………………… 196
65　带电作业用消弧工具的选材原则是什么？ ………………………………… 196
66　如何进行带电作业用索具的选材？ ………………………………………… 196
67　带电作业用雨天作业工具的选材原则是什么？ …………………………… 196
68　如何进行带电作业用绝缘遮蔽用具的选材？ ……………………………… 196
69　绝缘工具如何分类？ ………………………………………………………… 196
70　绝缘杆如何分类？绝缘杆的制造方法有哪些？ …………………………… 197
71　在带电作业中，常用的绝缘管（棒、板）有哪几种？ …………………… 197
72　如何规定绝缘杆最小有效长度？ …………………………………………… 197
73　制造绝缘绳的材料有哪些？ ………………………………………………… 197
74　绝缘绳的结构与编织方法有哪几种？ ……………………………………… 197
75　对绝缘杆的尺寸与外径有何要求？ ………………………………………… 197
76　对绝缘杆的电气性能有何要求？ …………………………………………… 198
77　对绝缘杆的机械性能有什么要求？有哪些绝缘杆的试验内容？ ………… 198
78　对操作杆结构的一般要求是什么？ ………………………………………… 198
79　对操作杆的电气性能及外观检查要求分别是什么？ ……………………… 199
80　如何进行操作杆的工频耐压试验？操作杆的工频闪络击穿电压试验
如何进行？ ……………………………………………………………………… 199
81　对吊、拉、支杆结构的一般要求及电气性能要求分别是什么？ ………… 199

82　对支杆机械性能的要求是什么？ …… 199
83　对拉（吊）杆机械性能的要求是什么？ …… 200
84　对支、拉（吊）杆的外观有什么要求？如何对其进行电气试验、机械试验？ …… 200
85　对支、拉（吊）杆的预防性试验有什么要求？ …… 200
86　绝缘绳索不能受潮的原因是什么？ …… 200
87　对绝缘绳索类工具的材料要求是什么？ …… 200
88　对绝缘绳索类工具的技术要求是什么？ …… 200
89　绝缘绳索类工具的工艺应满足什么要求？预防性试验包括哪些？试验周期如何规定？ …… 201
90　绝缘绳索类工具的电气试验方法是什么？ …… 201
91　人身、导线绝缘保险绳及绝缘绳套的机械拉力试验如何进行？ …… 201
92　带电作业工具的保管有什么规定？ …… 201
93　带电作业工具的使用有什么要求？ …… 202
94　带电作业安全防护用具如何分类？ …… 202
95　加装绝缘隔离作为防护措施的原理是什么？ …… 202
96　简述绝缘遮蔽用具（罩）的适用范围。 …… 202
97　根据用途不同，绝缘遮蔽罩如何分类？ …… 203
98　硬质遮蔽罩的类别有哪些？ …… 203
99　导线软质遮蔽罩的类别有哪些？ …… 203
100　绝缘毯的类别有哪些？ …… 203
101　如何进行硬质遮蔽罩、导线软质遮蔽罩、绝缘毯的试验？ …… 203
102　对绝缘遮蔽罩的制作工艺有何要求？ …… 204
103　绝缘袖套的式样有哪几种？ …… 204
104　带电作业用绝缘袖套按电气性能要求分为哪几种？ …… 204
105　对带电作业用绝缘袖套的厚度有何要求？ …… 204
106　对带电作业用绝缘袖套的制作工艺有何要求？ …… 204
107　对带电作业用绝缘袖套的电气性能试验的环境要求是什么？ …… 205
108　带电作业用绝缘袖套的电气性能试验时，对电极间隙有什么要求？ …… 205
109　如何进行带电作业用绝缘袖套的交流耐压试验？ …… 205
110　如何进行带电作业用绝缘袖套的直流耐压试验？ …… 205
111　如何进行带电作业用绝缘袖套的预防性试验？ …… 205
112　绝缘手套的型号分为哪几种？ …… 205
113　简述绝缘手套的电气性能。 …… 206
114　对绝缘手套的外观、厚度的检查有何要求？ …… 206
115　绝缘手套的电气性能试验类型和对环境的要求分别是什么？ …… 206
116　如何进行绝缘手套的电气性能试验？ …… 206
117　如何进行绝缘手套的预防性试验？ …… 207

118　对绝缘安全帽的技术要求有哪些？ …… 207
119　如何进行绝缘安全帽的电气试验？ …… 207
120　如何进行绝缘安全帽的预防性试验？ …… 207
121　对绝缘服（披肩）的技术要求有哪些？ …… 207
122　如何进行绝缘服（披肩）的电气试验？ …… 208
123　对绝缘服（披肩）的预防性试验有哪些要求？ …… 208
124　对绝缘鞋（靴）的电气性能要求是什么？ …… 208
125　知何布置绝缘鞋（靴）的电气性能试验？ …… 208
126　如何进行绝缘鞋（靴）的电气性能试验？ …… 208
127　对绝缘鞋（靴）的预防性试验有什么规定？ …… 209
128　静电感应的人体安全防护可采用哪些措施？ …… 209
129　何谓屏蔽服？屏蔽服的防护原理是什么？ …… 209
130　屏蔽服有哪些防护功能？ …… 209
131　请列出配电线路带电作业绝缘防护用具的试验周期、交流耐压值及加压时间。 …… 209
132　何谓带电作业用绝缘斗臂车？ …… 210
133　绝缘斗臂车如何分类？ …… 210
134　绝缘斗臂车作业前的检查内容有哪些？ …… 210
135　绝缘斗臂车在作业前应注意哪些事项？ …… 211

配电线路基础知识

第一节　配电线路的基本结构

1 什么是动力系统、电力系统、电力网?

答：(1) 动力系统。由发电厂的动力部分（如火力发电厂的锅炉及汽轮机，水电厂的水库及水轮机，核电厂的核反应堆及汽轮机等）和发电、输电、变电、配电、用电组成的整体，如图 1-1 所示。

(2) 电力系统。由发电、输电、变电、配电、用电组成的整体，电力系统是动力系统的一部分。

(3) 电力网。简称电网，在电力系统中输送、变换和分配电能的部分。电力网包括各种电压等级的变压器和输配电线路。按电力网络作用不同，可将其分为输电网和配电网。输电网是以高电压（220、330kV）、超高电压（500、750kV）、特高压（1000kV）输电线路将发电厂和变电所连接起来的网络，是电力网中的主干网络；配电网是将电能分配到配电所后，再向用户供电的网络。

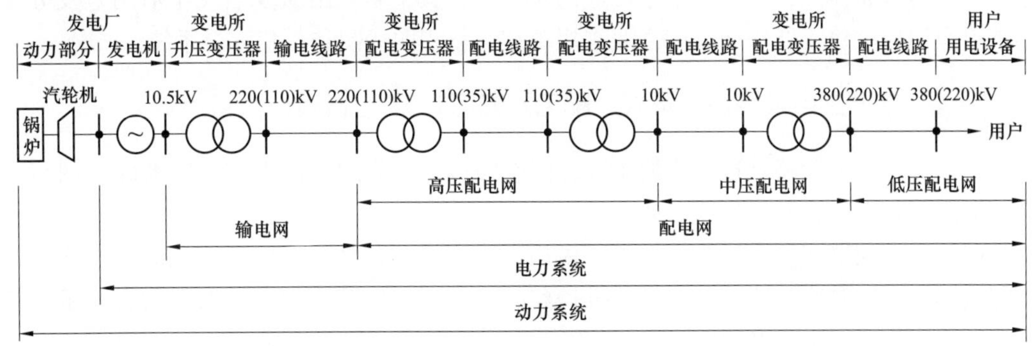

图 1-1　动力系统、电力系统、电力网示意图

2 按照不同的分类方法，配电网可以分为哪几种类型?

答：(1) 按供电地域不同，配电网可分为城市配电网（城网）和农村配电网（农

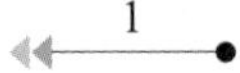

网）。

（2）按配电线路设置形式的不同，配电网可分为架空配电网、电缆配电网以及架空电缆混合配电网。

（3）按照电压等级的不同，配电网可分为高压配电网（110、35kV）、中压配电网（10、6、3kV）和低压配电网（220、380V）。

3 什么是高压配电网？ 高压配电网有什么特点？

答：高压配电网是指由高压配电线路和相应等级的变电配电所（站）组成的向用户提供电能的配电网。其功能是从上一级电源接受电能后，可以直接向高压用户供电，也可以通过变压器为下一级配电网提供电源。高压配电网分为110、60、35kV三个电压等级，城网一般采用110kV作为高压配电电压。

高压配电网具有容量大、负荷重、负荷节点少、供电可靠性要求高等特点。

4 什么是中压配电网？ 中压配电网有什么特点？

答：中压配电网是指由中压配电线路和配电变电所（站）组成的向中压或低压用户提供电能的配电网。中压配电网的功能是从高压配电网接受电能，向中压用户或向用户用电小区负荷中心的配电变电所供电，再经过降压后向下一级低压配电网提供电源。

中压配电网具有容量大、供电面广、配电点多等特点。

5 什么是低压配电网？ 低压配电网有什么特点？

答：低压配电网是指由低压配电线路及其附属设备组成的向低压用户提供电能的配电网。其功能是以低压配电变压器为电源，将电能通过低压配电线路（单相220V、三相380V）直接输送给用户。

低压配电网的特点是低压电源点较多，供电距离较近，一台配电变压器就可作为一个低压配电网的电源，两个电源点之间的距离通常不超过几百米。低压配电线路供电容量不大，但分布面广，除一些集中用电的用户外，大量是供给城乡居民生活用电及分散的街道照明用电等。低压配电网主要采用单相、三相四线制和三相混合系统。

6 按照配电线路设置形式，配电网如何分类？ 各有什么特点？

答：按照配电线路设置形式的不同，配电网可以分为架空配电网、电缆配电网和混合配电网三种形式，其各自特点如下。

（1）架空配电网。由导线、杆塔、横担、绝缘子、金具、拉线等组成的网络称为架空配电网，其结构比较简单，运行、维护和故障处理等比较方便，一般在农村、城市及郊区已普遍设置架空配电网。

（2）电缆配电网。由电缆、电缆终端头、电缆中间接头、电缆分支箱等组成的网络称为电缆配电网，其结构比较复杂，维护和故障处理比较困难；一般在主要城市中心等设置电缆配电网。

（3）混合配电网。由架空配电网和电缆配电网共同组合成的网络称为混合配电网。

混合配电网有架空配电网和电缆配电网共有的特点，主要用于穿越高压输电线路、变电所出线、穿越高速公路、进入用户配电所以及架空线路落地等场所使用电缆线路和设备，此外还适用于架空线路、变压器和设备等。

7 配电网有什么特点？

答：(1) 供电线路较长，分布面积广。

(2) 发展速度较快，用户对供电质量要求高。

(3) 对经济发展较快地区配电网设计标准较高，供电的可靠性要求较高。

(4) 农网负荷季节性强。

(5) 随着配电网自动化水平的提高，要求供电管理水平高。

(6) 配电网接线较复杂，必须保证调度上的灵活性、运行上的供电可靠性和经济性。

8 什么是配电网结构形式？ 配电网的结构形式可以分为哪几类？

答：配电网结构形式是指配电网中各主要电气元件的电气连接形式，基本上分为放射式和环网式两大类。环网式结构又可分为多回线式、环式和网络式等。

9 什么是放射式配电网？ 有什么特点？

答：放射式配电网是指一路配电线路自配电变电所引出，按照负荷的分布情况，呈放射式延伸出去，线路没有其他可连接的电源，所有用电负荷的电能只能通过单一的路径供给，如图 1-2 所示。

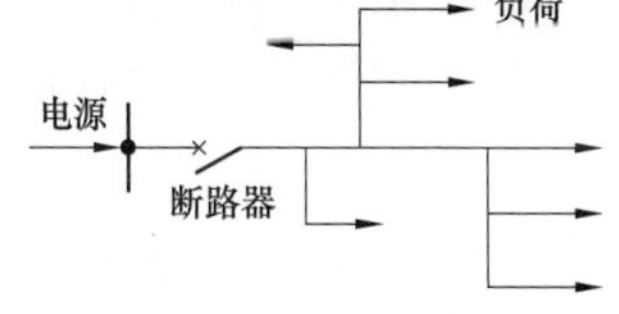

图 1-2　放射式配电网

放射式配电网的优点是设施简单，设备费用低，运行维护方便。缺点是配电设施有故障就会造成大量用户停电，供电可靠性低。部分用户可以视其对供电可靠性要求的不同，从邻近配电网取得适当容量的备用电源来弥补这一缺点。在中压和低压的放射式配电网中通常还装设分段断路器，将线路分成适当的区段，而且在适当的分段处与相邻线路之间装设联络断路器，使得放射式配电线路发生故障时的停电区段缩小，或将部分非故障区段切换到相邻线路，以保证继续供电。这种放射式结构在城市的中、低压配电网中使用较多。

10 什么是多回路式配电网？ 有什么特点？

答：配电线路自配电站引出接到负荷端，正常运行时各条配电线路平均分担全部负荷，并列运行。当一条配电线路有故障时，可自动将故障线路切断隔离，其余的配电线路承担全部负荷。多回线式配电网一般至少有 2 回配电线路，但通常为 2~4 回路或更多回路。

多回线式配电网的特点是比放射式配电网供电可靠性高，当有 1 回配电线路故障时，不会造成用户停电，有需要时还可达到在第二回配电线路故障时不使用户停电的要求。由于电缆配电网故障测寻和故障修复时间较长，常采用这种多回线的结构。多回线式配电网的主要缺点是比放射式配电网继电保护配置的要复杂。

11 什么是环式配电网？有什么特点？

答：环式配电网是指配电变电所引出的配电线路连接成环形，每个用电点自环上不同部位接出，如图 1-3 所示。

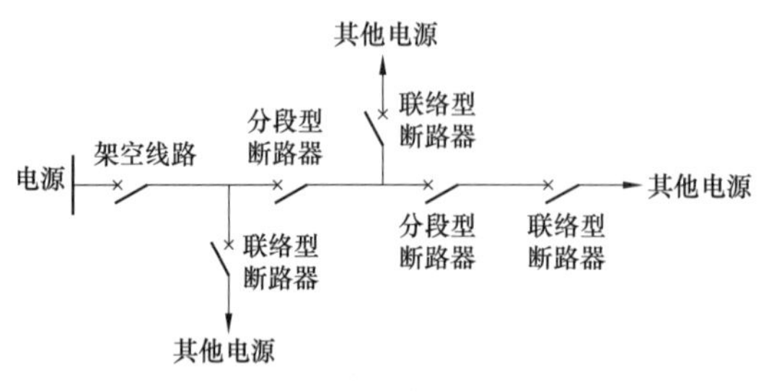

图 1-3 环式配电网

简单的环式配电网是 2 回配电线路自同一（或不同）配电变电所的母线引出，利用联络断路器（或分段断路器）连接成环。当环路上某区段发生故障时，利用分段断路器切换隔离后，其他区段上的负荷可继续供电，这是环式配电网的特点。将联络断路器经常闭合的运行方式称为常闭环路方式。将联络断路器经常断开，只有当某区段发生故障或停电作业时才倒换为闭合的运行方式，称为常开环路方式。闭环运行虽然增加装置的复杂性，但是可减少电压降和功率损耗，改善配电网内电流分布。

12 配电网的发展趋势主要表现在哪几个方面？

答：（1）有利于减小占地和线路走廊。随着城市的建设，配电网的占地矛盾日益突出，采用钢管塔、窄基铁塔、多回路线路可有效减小线路走廊，将配电装置向半地下和地下及小型成套发展。电缆隧道和公用事业管道共用将在城市建设中进一步推广。

（2）有利于减少降压层次，简化电压等级，有利于配电网的管理和经济运行。我国常用的降压层次有 220/110/35/10kV、220/110/10kV、220/63/10kV 三种，显然第三种比第一种经济，而第二种比第三种经济。随着负荷的发展，10kV 的容量逐渐饱和，供电半径越来越小，220/110/20kV 可能将是更好的电压层次。

（3）多采用节能型金具。在线路通过电流的情况下，不产生或只有非常少的电能损耗（相对于老的金具而言）的金具称为节能型金具。节能型金具并不只是在材料上以铝合金代替铸铁，而是从结构上完全改变，通用性强，结构上轻巧，表面不易氧化，使供电的连接可靠度大大提高。

（4）采用绝缘配电线路。采用绝缘架空线路可有效解决线路和树木之间安全距离的矛盾，减少事故率、触电伤亡和短路事故，同时架设空间可大大缩小，减少线路损耗。但架空绝缘导线也有许多缺点，比如雷击易断线、检修挂接地线困难、强度较低、缺乏运行经验等，这些问题在以后的发展中将逐渐得到改善。

（5）配网自动化。配网自动化是指利用现代电子、计算机、通信及网络技术，将配电网在线数据和离线数据、电网结构和地理图形、配电网数据和用户数据进行信息集成，构成完整的自动化系统，实现配电网及其设备正常运行及事故状态下的监测、控制、保护、用电和配电管理的现代化。配电网自动化可减少停电时间，提高供电质量，提高供电可靠性，降低电能损耗，提高设备的利用率，改善用户服务质量。

13 对配电网有哪些安全技术要求？

答：(1) 保证供电的持续性和可靠性。因为电能的生产、输送、分配和用电几乎是同时完成的，电能的中断或减少会直接影响国民经济生产各部门及人们的生活需要，因此，必须对配电设备和用户实施不间断供电。

(2) 快速隔离故障，最大限度地缩小停电范围，满足灵活供电需要。因为一旦发生故障（如短路，断线等），断路器就会跳闸，如果自动重合闸装置重合不成就会造成较大面积的停电，此时需要迅速发现并隔离故障，缩小停电范围，保证其他用户可以继续安全、可靠地用电。

(3) 及时发现配电网络的非正常运行情况和配电设备存在的缺陷情况。因为网络处于异常运行情况或设备存在某些缺陷时，配电网还可以继续运行一段时间，但是若不及时发现并处理这些问题，就会使运行环境的恶化，严重时可能导致发生电力事故。

14 配电网的电能质量要求是什么？

答：让用户接受合格的电能是对配电网提出的电能质量要求。衡量电能质量的指标通常是电压、频率和波形，配电网对电压和波形的要求更为严格。

15 电力系统如何保证频率在允许范围？ 频率偏差过大有什么影响？

答：配电网频率的额定值是 50Hz，频率的偏差一般允许值为±0.2Hz。维持电网频率的任务应该由发电厂的一次调频和二次调频系统来完成，但这是指电网在最大出力（即供应电能的能力）的情况下进行，一旦电网出现过载，超过调频系统的承受范围时，变电站内就会启动按频率自动减负荷装置，分级、有效地切除负荷以保证频率在额定值附近。因为频率偏差大，将影响电子设备工作的准确性，影响用户的产品产量和质量，增大变压器和异步电机励磁无功损耗，将影响发电厂的出力和电网稳定，甚至造成汽轮机叶片损伤或断落事故。

16 对配电网的电压有什么要求？

答：理想的供配电电压应该是幅值恒为额定值的三相对称正弦波电压。由于供配电系统存在阻抗、用电负荷变化和负荷性质差异等因素，实际电压总是与理想供配电电压之间存在着偏差，无论电压偏高还是偏低都将影响用电设备运行的经济指标和技术指标，甚至不能正常工作。因此电力系统运行中明确规定电压偏差应当适当调整和注意监视。各电压等级的允许偏差如下：

(1) 110~35kV 的高压配电网为±5%。

(2) 20~10kV 中压配电网和电力用户为±7%。

(3) 380V 低压配电网和电力用户为±7%。

(4) 220V 电力用户为−10%~+7%。

17 对配电网的波形有什么要求？

答： 三相电压和三相电流的波形应该是对称的正弦波形。但高频负荷、冲击负荷和晶闸整流装置的不断出现使得波形畸变产生高次谐波，因此要求对负荷性质进行掌控，对波形进行有效检测；从技术和管理上坚决抵制和有效治理电网的高次谐波，为用电设备提供一个合格、标准的能源。

18 对配电网经济运行有哪些要求？

答： 在保证可靠供电、用户接受合格电能的同时，要求配电网在较经济的状态下运行，这样可以使配电网的网损最小，不仅可以降低运行成本，还可以提高部分供电能力。故配电网经济运行的要求有以下几方面：

（1）根据负荷变化情况改变配电网络的供电方式。

（2）根据负荷变化情况改变变压器的运行方式，使之处于经济运行状态。

（3）降低变压器的铁芯损耗，使用节能型的变压器。

（4）结合工程改变供电路径，使用节能设备、器材，避免迂回供电。

总之，配电网络的经济运行要在符合实际需要和可能的基础上加以考虑，避免盲目将尚可使用的设备加以撤换。

19 配电网络有几种供电形式？

答： 根据电力负荷对供电可靠性的要求，供电形式一般分为单电源、双电源两种供电形式。

20 什么是单电源供电形式？ 它有什么特点？

答：（1）单电源供电形式主要是由变电所引出许多线路组成，电力用户由其中的一路供电（一般该线路沿线满足供电要求的电力用户都由该线路供电），图 1-4 所示为单电源供电形式。

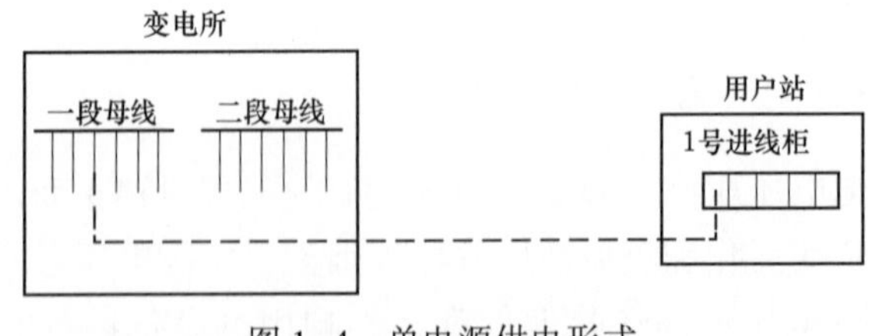

图 1-4　单电源供电形式

（2）单电源供电形式适用于无重要负荷的三级负荷。其特点是维护方便、保护简单、便于发展，但可靠性较差。

21 什么是双电源供电形式？ 它有什么特点？

答： 双电源供电形式可以分为不同母线供电形式和不同电源供电形式两种。图 1-5

所示为双电源供电形式。

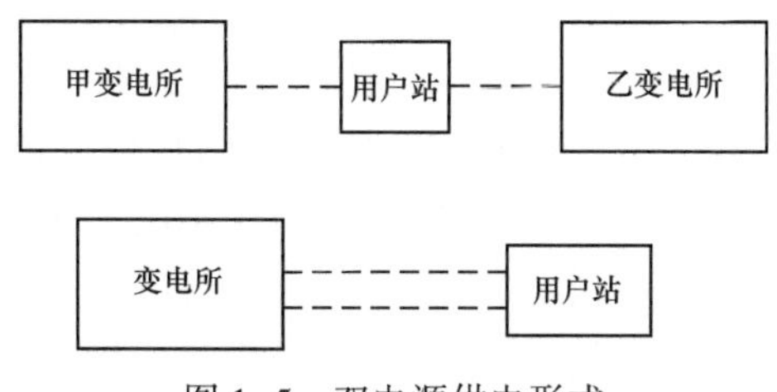

图 1-5　双电源供电形式

（1）不同母线供电形式。

1）不同母线供电形式主要是电力用户由同一降压变电所不同母线的两路线路供电，图 1-6 所示为不同母线供电形式。

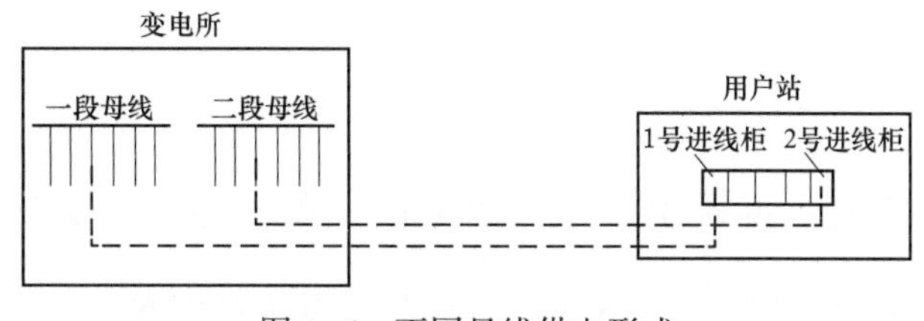

图 1-6　不同母线供电形式

2）这种供电形式适用于二级及以上的重要负荷。其特点是供电可靠性高。

（2）不同电源供电形式。

1）这种供电形式主要是电力用户由不属于同一降压变电所的两路线路供电，图 1-7 所示为不同电源供电形式。

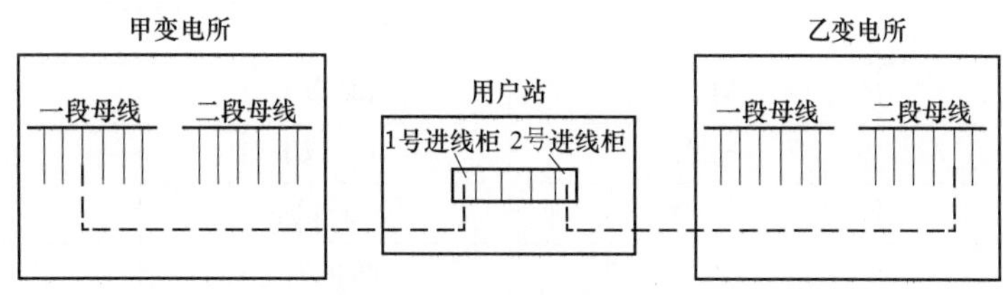

图 1-7　不同电源供电形式

2）这种供电形式适用于二级及以上的重要负荷。其特点是供电可靠性高。

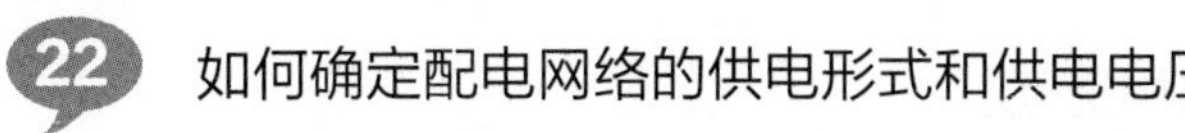

22 如何确定配电网络的供电形式和供电电压?

答：根据对供电可靠性的要求和负荷性质来确定供电形式，根据用户的最大实际使用容量和装接容量等情况来确定供电电压。用户的装接容量小、距离较近则选用低压或中压供电，容量大者则选用高压供电；也有些比较特殊的情况，如用户有高压试验设备、冲击负荷等，这些设备的装接容量并不大，一旦瞬间工作时就会对中压配电网构成电压波动的威胁，故有可能需要高压供电。

23 为什么要考虑配电网络受电电压与装接容量的关系？

答：一旦受电电压被确定以后，根据用户装接设备总容量、最大需量等确定10kV及以上变压器容量，此时用户的实际工作负荷在电网高峰时段不能超过规定的最大需量，在电网低谷时段不能超过变压器的额定容量。这是因为在高峰时段超过规定的最大需量时，配电线路就会过负荷运行，这对电缆、导线接续金具等都会构成威胁；在低谷时段超过变压器的额定容量运行时，就会造成变压器过载，当变压器处于长时间过载运行时，就会减少使用寿命。表1-1是受电电压与装接容量的对应关系。

表1-1　受电电压与装接容量的对应关系

受电电压（kV）	最大需量（kW）	用电设备装接容量（kW）	用户受电设备总容量（kVA）
10	大于150	大于350	250~6300（含6300）
35			6300~40000
110kV及以上			31500~63000

24 配电网络中，配送功率、供电电压、供电距离有什么关系？

答：在配电网络的供电形式中还需考虑负荷与电源点之间的距离，即使负荷不大，但是配送的距离很远时，还需考虑配送功率和配送距离的关系，表1-2是配送功率和供电电压的一般规定。

表1-2　配送功率和供电电压

供电电压（kV）	线路结构	输送功率（kW）	供电距离（km）
0.22	架空线	50以下	0.15以下
0.22	电缆线	100以下	0.20以下
0.38	架空线	100以下	0.25以下
0.38	电缆线	175以下	0.35以下
10	架空线	3000以下	8~15
10	电缆线	5000以下	10以下
35	架空线（电缆线）	2000~10000	20~50
110	架空线	10000~50000	50~150

25 简述架空配电网的结构形式。

答：由于比较分散、负荷密度不大且供电线路较长，一般地区中、低压架空配电线路采用树枝状放射式供电，并采用树枝状放射式结构形式，图1-8所示为树枝状放射式结构形式。

变电所

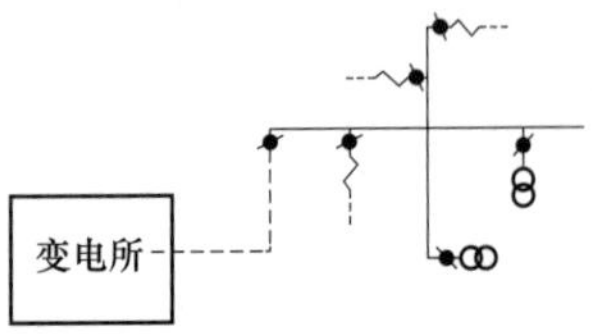

图1-8　树枝状放射式结构形式

城市及近郊区中压架空配电线路一般采用放射式环网架设，将线路分成三段左右，每段与其他变电所线路或与本变电所其他线路联络，俗称“手拉手”的连接方式，可实现当变电所设备及线路检修或故障下将非检修或非故障线路转由其他电源线路供电，提高供电可靠性及运行灵活性，图 1-9 所示为环网式架空配电线路接线方式。

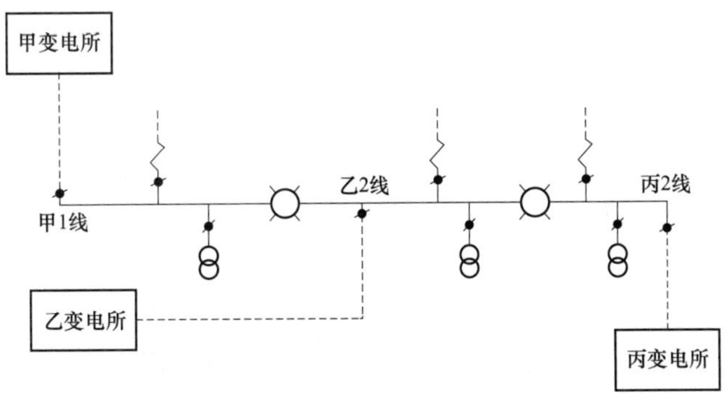

图 1-9　环网式架空配电线路接线方式

26 简述电缆配电网的结构形式。

答：依据城市规划，住宅小区、繁华地区、供电可靠性要求较高的地区、高负荷密度地区、街道狭窄架空线路走廊难以解决的地区、市容环境有特殊要求的地区宜采用电缆线路。

（1）负荷较为重要的中压用户及负荷容量较大的中压用户应采用双射式电缆线路供电，自一个变电所或开关站的中压双母线各引出一回线路供电，如图 1-10 所示。对于负荷特别重要的用户可采取来自不同变电所多条线路供电方式。

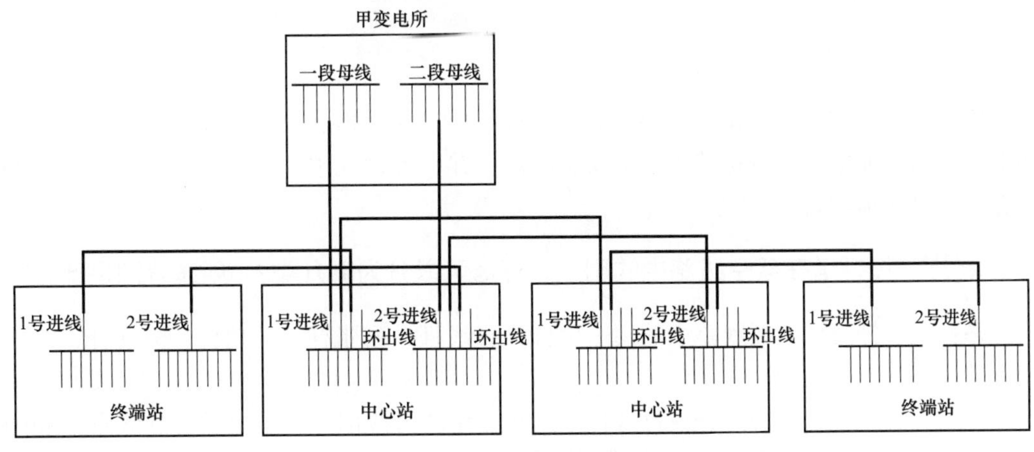

图 1-10　双射式电缆网

（2）对于中压架空线路入地改造的用户及负荷容量稍小的中压用户，宜采用电缆单环网方式供电，如图 1-11 所示，在环网中部开环运行。为有效利用变电所的出线间隔，宜采用环网单元形成多回路单环网方式，如图 1-12 所示。在单环网尚未形成前，可以架空线路暂时拉手，以满足供电可靠性要求。

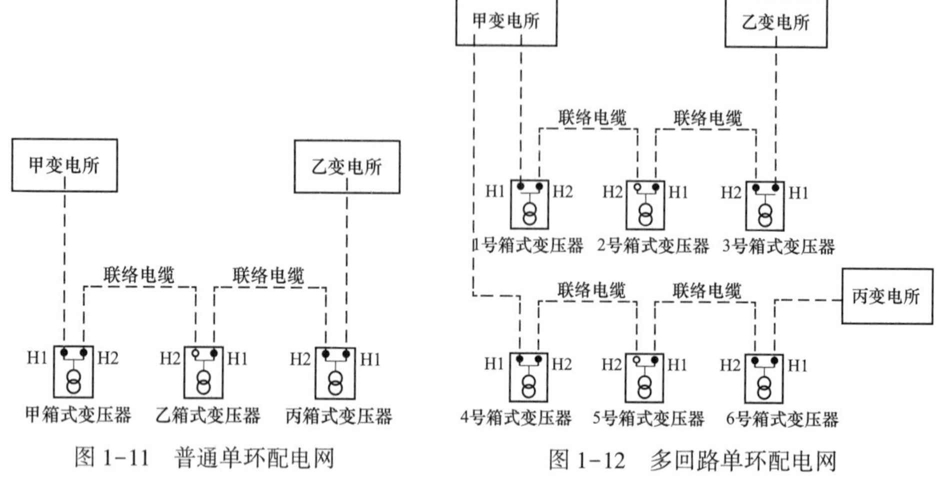

图 1-11　普通单环配电网

图 1-12　多回路单环配电网

第二节　架空配电线路的基本组成及各元件的作用

27 架空配电线路是由哪些元件组成的?

答: 架空配电线路是由导线经绝缘子串（或绝缘子）悬挂（或支撑固定）在杆塔上构成的，其主要由导线、杆塔、避雷线（也称架空地线或简称地线）、金具、绝缘子、拉线和基础等元件组成。

28 杆塔有什么作用?

答: 杆塔的主要作用是支撑导线和避雷线，使其对大地、树木、建筑物以及被跨越的电力线路、通信线路等保持足够的安全距离，并在各种气象条件下，保证输配电线路能够安全可靠地运行。

29 按杆塔在架空线路中的用途，杆塔可以分为哪几类？ 用途分别是什么?

答: 电力杆塔按其在线路中的用途可分为直线杆、耐张杆、转角杆、分支杆、终端杆五类。

（1）直线杆。又称中间杆或过线杆。用在线路的直线部分，主要承受导线重量和侧面风力，故杆顶结构较简单，一般不装拉线。

（2）耐张杆。为限制倒杆或断线的事故范围，需把线路的直线部分划分为若干耐张段，在耐张段的两侧安装耐张杆。耐张杆除承受导线质量和侧面风力外，还要承受邻档导线拉力差所引起的沿线路方面的拉力。为平衡此拉力，通常在其前后方各装一根拉线。

（3）转角杆。用在线路改变方向的地方。转角杆的结构随线路转角不同而不同：转角在15°以内时，可仍用原横担承担转角合力；转角在15°~30°时，可用两根横担，在转角合力的反方向装一根拉线；转角在 30°～45°时，除用双横担外，两侧导线应用跳线连接，在导线拉力反方向各装一根拉线；转角在 45°～90°时，用两对横担构成双层，两侧导线用跳线连接，同时在导线拉力反方向各装一根拉线。

（4）分支杆。设在分支线路连接处，在分支杆上应装拉线，用来平衡分支线拉力。分支杆结构可分为丁字分支和十字分支两种：丁字分支是在横担下方增设一层双横担，以耐张方式引出分支线；十字分支是在原横担下方设两根互成 90°的横担，然后引出分支线。

（5）终端杆。设在线路的起点和终点处，承受导线的单方向拉力，为平衡此拉力，需在导线的反方向装拉线。

30 按杆塔所用材料不同，杆塔可以分为哪几类？ 各有什么特点？

答：杆塔按其所用材料不同可分为为钢筋混凝土电杆、铁塔、钢管杆和木杆四类。

（1）钢筋混凝土电杆是配电线路中应用最为广泛的一种电杆，它由混凝土与钢筋浇注而成，具有造价低廉、美观、施工方便、使用寿命长、维护工作量小等优点。

（2）铁塔和钢管电杆根据结构可分为组装式铁塔和预制式钢管塔，其中组装式铁塔由各种角铁组装而成，应采用热镀锌防腐处理，组装费时；预制式钢管塔多为插接式钢管电杆，采用钢管预制而成，安装简便，但是比较笨重给运输和施工带来不便。

（3）木杆在配电线路中已较少采用。

31 简述钢筋混凝土电杆的分类。

答：钢筋混凝土电杆按其制造工艺可分为普通型钢筋混凝土电杆和预应力钢筋混凝土电杆两种。

按照杆的形状又可分为等径杆和锥形杆（又称拔梢杆）。等径杆的直径通常有 300、400、500mm 等，杆段长度一般有 4. 5、6、9m 三种。锥形杆的拔梢度（斜度）均为 1∶75。电杆分段制造时，端头可采用法兰盘、钢板圈或其他接头形式。

32 钢筋混凝土电杆对盘旋在主筋外的螺旋筋直径、螺距、布置有什么要求？

答：钢筋混凝土电杆的构造断面一般为环形，主筋的分布如图 1-13 所示，对盘旋在主筋外的螺旋筋直径、螺距、布置有如下要求：

（1）梢径不超过 190mm 的锥形杆，螺旋筋的直径采用 3. 0mm；梢径大于 190mm 的锥形杆或直径不小于 300mm 的等径杆，螺旋筋的直径采用 4. 0mm。

（2）螺旋筋必须沿杆段全长布置在主筋外围，对梢径不超过 150mm 的杆段，螺距不大于 150mm，梢径不小于 170mm 的杆段，螺距不大于 100mm，杆段无接头端的，螺旋筋应紧密缠绕 3～5 圈，且在端部 500mm 范围内螺距应控制在 50～60mm。

（3）固定主筋用的架立圈间距不宜大于 1m，杆端无接头端应设置两个架立圈，并将架立圈与主筋扎结牢固。

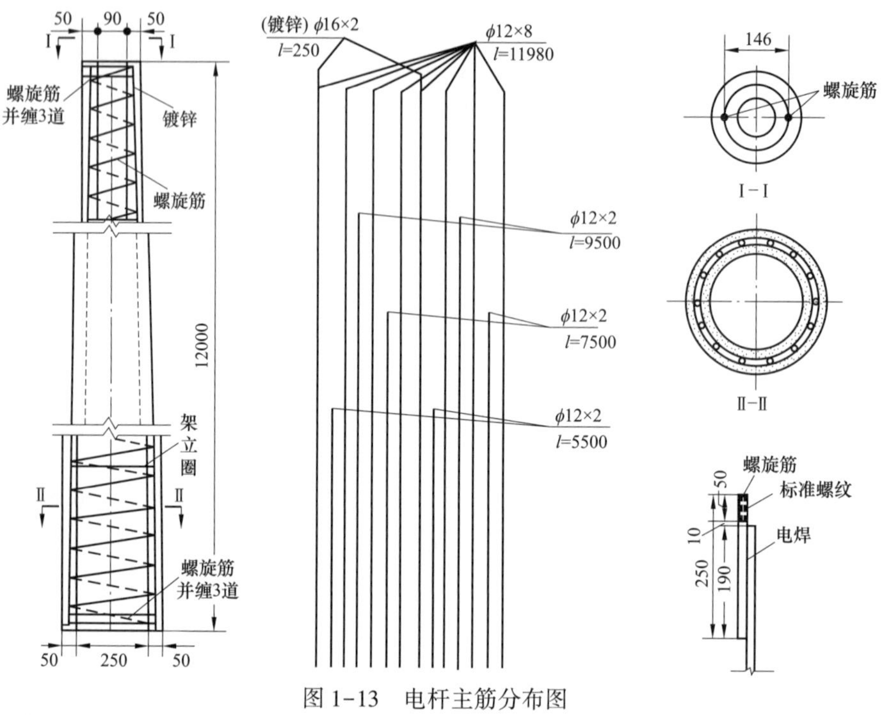

图 1-13　电杆主筋分布图

说明：图中单位为 mm。

33 钢筋混凝土电杆的出厂检验有哪些项目？ 外观和尺寸检验应符合哪些要求？

答：钢筋混凝土电杆出厂检验的项目有：外观质量、抗裂检验、尺寸偏差、混凝土强度检验、裂缝宽度检验和标准检验弯矩下的挠度等。

其外观和尺寸检验应符合以下要求：

（1）外表面应光洁平直。

（2）合缝处不应漏浆。

（3）钢板圈或法兰盘与杆身接合处不应漏浆；电杆的梢端及根端不应漏浆或碰伤。

（4）预留孔周围的混凝土不应损伤。

（5）对允许修补的电杆可采用环氧树脂膏或其他有效方法进行修补；禁止使用混凝土砂浆修补。环氧树脂修补膏配比见表 1-3。

表 1-3　　环氧树脂修补膏配比表

名称	环氧树脂	二甲苯	水泥	乙二胺
质量比	100	15	300	6

（6）内外表面不得露筋，内表面混凝土不应有塌落。

（7）钢板圈焊缝外内壁的混凝土端面与焊缝处的距离不得小于 10mm。

（8）外表面的环向裂缝宽度不得超过 0.05mm，不得有纵向裂缝，网状裂纹、龟裂、水纹等除外。

(9) 电杆出厂前，顶端应用混凝土和砂浆封实。

(10) 电杆各部的尺寸允许误差见表1-4。

表1-4　　普通钢筋混凝土电杆外观尺寸允许误差表　　(mm)

<table>
<tr><th colspan="4">名称</th><th>允许误差</th></tr>
<tr><td rowspan="2">杆长</td><td colspan="3">整根杆杆段</td><td>±10</td></tr>
<tr><td colspan="3">组装杆杆段</td><td>±5</td></tr>
<tr><td colspan="4">壁厚</td><td>+10，-2</td></tr>
<tr><td colspan="4">外径</td><td>+4，-2</td></tr>
<tr><td rowspan="2">弯曲度</td><td colspan="3">梢径≤190</td><td>$L/800$</td></tr>
<tr><td colspan="3">梢径或直径>190</td><td>$L/1000$</td></tr>
<tr><td rowspan="3">端部倾斜</td><td colspan="3">杆底</td><td>5</td></tr>
<tr><td colspan="3">钢板圈</td><td>3</td></tr>
<tr><td colspan="3">法兰盘</td><td>2</td></tr>
<tr><td rowspan="13">预埋件</td><td rowspan="4">预留孔</td><td colspan="2">对杆中心垂直误差（埋管式）</td><td>$D_e/100$</td></tr>
<tr><td colspan="2">纵向两孔间距</td><td>±4</td></tr>
<tr><td rowspan="2">横向误差</td><td>固定式</td><td>2</td></tr>
<tr><td>埋管式</td><td>3</td></tr>
<tr><td rowspan="3">钢板圈</td><td colspan="2">直径误差</td><td>±2</td></tr>
<tr><td rowspan="2">内径</td><td>≤400</td><td>±2</td></tr>
<tr><td>>400</td><td>±3</td></tr>
<tr><td rowspan="6">法兰盘</td><td colspan="2">内径</td><td>±2</td></tr>
<tr><td colspan="2">外径</td><td>±2</td></tr>
<tr><td colspan="2">螺孔中心距</td><td>±0.5</td></tr>
<tr><td colspan="2">高度</td><td>±2</td></tr>
<tr><td rowspan="2">厚度</td><td>铸造</td><td>+1.5，-0.5</td></tr>
<tr><td>焊接</td><td>±0.5</td></tr>
<tr><td colspan="4">钢板圈及法兰盘轴线与杆段轴线误差</td><td>2</td></tr>
</table>

注　D_e—埋管处电杆直径；L—杆段长度，当用一根钢模同时生产两根杆段时，其长度允许误差为10mm。

34 对于预应力钢筋混凝土电杆有哪些特殊要求？

答： 对于预应力钢筋混凝土电杆，除了应满足一般钢筋混凝土电杆的要求外，还应满足以下几点要求。

(1) 不应有纵向裂纹和环向裂纹，网状裂纹、水纹、龟裂等除外。

(2) 整根杆的杆长尺寸允许误差不作规定，组装杆杆段的杆长尺寸允许误差为±10%。

(3) 如果取得使用单位的同意，组装杆杆段按设计长度生产时，杆段长度误差为制造长度与设计长度的差数。

35 钢筋混凝土电杆标志分为哪两类？ 分别包括哪些内容？

答： 钢筋混凝土电杆标志有临时标志和永久标志两种。临时标志包括电杆类型、梢径（或直径）、杆长、标准检验弯矩（或代号）和制造年、月、日，用油漆写在电杆表面上，其位置略低于永久标志。永久标志是将制造厂名或商标标记在电杆表面上。

36 钢筋混凝土电杆的运输与保管分别有什么要求？

答：（1）钢筋混凝土电杆的运输。电杆在装卸运输时，必须捆绑固定牢固，以防止电杆在车上滚动；在装车和堆放时，支点处应套上草圈或捆扎草绳，以防碰伤，同时电杆两侧均需加斜木，上下层支点要在同一垂直线上。电杆在装卸运输中严禁相互碰撞、不正确的支吊和急剧坠落，以防止产生裂缝或使原有的裂缝扩大。

（2）钢筋混凝土电杆的保管。电杆应按规格、型号分别堆放，堆放的场地应平整夯实。当电杆长度不超过 12m 时应采用两支点支撑堆放，杆长超过 12m 时采用三支点支撑堆放。当锥形杆梢径不超过 270mm 和等径杆直径小于 400mm 时，其堆放层数一般不超过 6 层；否则，不超过 4 层。电杆层与层之间应用垫木隔开，每层垫木支撑点应在同一平面上，各层垫木位置应在同一垂直线上，如图 1-14 所示。

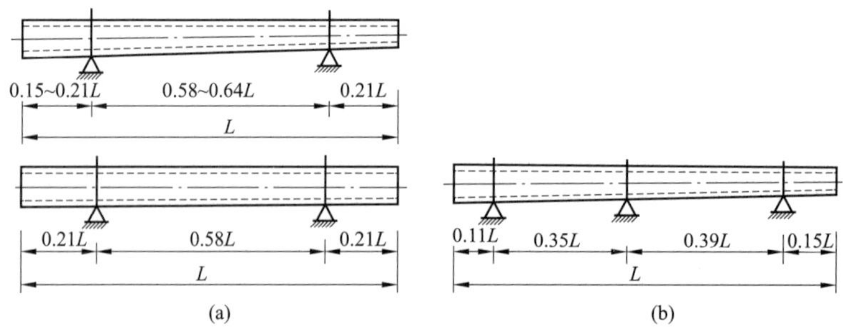

图 1-14 电杆堆放支撑图

（a）两支点位置；（b）三支点位置

37 如何确定电杆的杆高？

答： 选用电杆时要根据线路的导线荷载、电压等级、架设地点、被跨越物、环境要求（是否便于设承力拉线）、运输及组立电杆条件等因素，考虑所选用电杆的长度、材质、标准检验弯矩等，并根据架设导线截面的规划、同杆架设双回线路、架设不同电压等级线路以及弱电线路等的需求，对电杆的允许弯矩留有裕度。电杆杆高可按下式确定

$$H = t + f + D + h \pm d$$

式中 H——电杆高度，m；

t——横担至杆顶距离，m；

f——对应选定档距的导线最大弧垂，m；

D——导线对地安全距离，m；

h——电杆埋深，m；

d——绝缘子高度，针式绝缘子取“-”，悬式绝缘子取“+”。

38 电杆杆高应由什么因素确定?

答：(1) 导线的弧垂。导线两悬挂点的连线与导线最低点间的垂直距离称为弧垂。弧垂过大容易碰线，弧垂过小则会因为导线承受的拉力过大而可能被拉断。弧垂的大小与导线截面积、材料、杆距及周围温度等因素有关。在决定电杆高度时，应按最大弧垂考虑。

(2) 杆顶与横担所占的高度。最上层横担的中心距杆顶部距离与导线排列方式有关，水平排列时采用 0.3m；等腰三角形排列时为 0.6m；等边三角形排列时为 0.9m。同杆架设多回路时，各层横担间的垂直距离与线路电压有关。

(3) 导线与地面或跨越物最小允许距离。为保证线路安全运行，防止人身事故，导线最低点与地面或跨越物间应有一定距离。

39 如何确定电杆的埋深?

答：电杆的埋深 h 可利用以下公式进行计算

$$h = \frac{H}{10} + 0.7$$

式中　h——电杆埋深，m；

H——电杆高度，m。

40 简述钢管电杆的特点和分类。

答：钢管电杆（钢杆）由于其具有能承受较大应力、杆形美观等优点，特别适用于城市景观道路、狭窄道路和无法安装拉线的地方架设。架空配电线路使用的钢杆有椭圆形、圆形、六边或十二边等多边形，多为锥形。通常情况下，直线杆斜率一般为 1∶75~1∶70，30°转角杆斜率约为 1∶65，60°转角杆斜率约为 1∶45，90°转角杆斜率约为 1∶35。

钢杆按基础形式可分为法兰式和管桩式两种。法兰式钢杆长一般分为 11m 和 12.8m 两种，11m 钢杆可与 13m 钢筋混凝土电杆配合使用，12.8m 钢杆可与 15m 钢筋混凝土电杆配合使用。管桩式钢杆长一般为 12、13.8、14.2m 和 15m 等多种，可与 13m 或 15m 钢筋混凝土电杆配合使用，前三个长度的钢杆多用钢管桩基础，插埋深度为 1~1.4m；15m 钢杆可用于混凝土基础。钢杆的梢径一般为 200~260mm，常用的杆梢直径为 230mm。

41 导线有什么作用？ 对导线有什么要求?

答：导线的作用是输送电能、传导电流，导线通过绝缘子串悬挂在杆塔上。

导线常年在大气中运行，长期受风、冰、雪和温度变化等气象条件的影响，承受着变化拉力的作用，同时还受到空气中污物的侵蚀。因此，导线除应具有良好的导电性能外，还必须有足够的机械强度和防腐性能，并要质轻价廉。架空线路的导线采用导电性能良好的铜线、铝线、钢芯铝线来传导电能，而导电性能差但机械强度高的钢绞线则大量用作架空避雷线及作为平衡导线张力的拉线。

42 简述导线的种类和性能。

答：(1) 裸铝导线。铝的导电性仅次于银、铜，但由于铝的机械强度较低，铝线的耐腐蚀能力差，因此裸铝线不宜架设在化工区和沿海地区，一般用在中、低压配电线路中，而且档距一般不超过100m左右。

(2) 裸铜绞线。铜导线有很高的导电性能和足够的机械强度，但铜的资源少、价格高。

(3) 钢芯铝绞线。钢芯铝绞线是充分利用钢绞线机械强度高和铝导电性能好的特点，把这两种金属导线结合起来而形成。其结构特点是外部几层铝绞线包裹着内芯的1股或7股的钢丝或钢绞线，使钢芯不受大气中有害气体的侵蚀。钢芯铝绞线由钢芯承担主要的机械应力，由铝线承担输送电能的任务，而且因铝绞线分布在导线的外层可减小交流电流产生的集肤效应（也称趋肤效应、趋表效应），提高了铝绞线的利用率。钢芯铝线广泛地应用在高压输电线路或大跨越档距配电线路中。

(4) 镀锌钢绞线。镀锌钢绞线机械强度高，但是导电性能及抗腐蚀性能差，不宜用作电力线路导线。目前，镀锌钢绞线用来作避雷线、拉线以及集束低压绝缘导线和架空电缆的承力索用。

(5) 铝合金绞线。铝合金含有98%的铝和少量的镁、硅、铁、锌等元素，它的密度与铝基本相同，电导率与铝接近，与相同截面积的铝绞线相比，机械强度高，也是一种比较理想的导线材料。但铝合金线的耐振性能较差，不宜在大档距的架空线路上使用。铝合金线有热处理铝镁硅合金线（LHAJ）和热处理铝镁硅稀土合金线（LHBJ）两种。

43 导线的排列方式有哪些？ 适用范围分别是什么？ 如何选择？

答：导线在杆塔上的排列方式与杆塔的结构形式、电气回路数有关，其排列方式可分为单回路排列和双回路排列两种。单回路排列有水平排列和三角形排列；双回路排列有鼓形排列、正伞形排列和倒伞形排列。

从运行经验表明：水平排列方式的可靠性较垂直排列好，特别是在重雷区、重冰区和电晕严重地区效果更为突出。一般说来，对于重雷区、重冰区的单回路线路，导线应采用水平排列；对于其余地区可结合线路的具体情况，采用水平或三角形排列。从经济观点出发，电压在220kV及以下，导线规格不太大的单回路线路，采用三角形排列较为经济。双回路线路，宜采用鼓形排列，便于施工检修。

以上各种排列方式，基本上可归纳为垂直排列和水平排列两大类。导线排列究竟以何种方式为好，主要看线路安全运行是否可靠，带电作业和维护检修是否方便，是否能减轻杆塔结构而定。

44 简述架空绝缘配电线路的适用范围。

答：架空绝缘配电线路适用于城市人口密集地区，线路走廊狭窄，架设裸导线线路与建筑物的间距不能满足安全要求的地区，以及风景绿化区、林带区和污秽严重的地区等。随着城市的发展，实施架空配电线路绝缘化是配电网发展的必然趋势。

45 架空配电线路绝缘导线有哪些类型?

答: 架空配电线路绝缘导线按电压等级可分为中压绝缘导线、低压绝缘导线两类;按架设方式可分为分相架设、集束架设两类。绝缘导线的类型有中、低压单芯绝缘导线,低压集束型绝缘导线,中压集束型半导体屏蔽绝缘导线,中压集束型金属屏蔽绝缘导线等。

46 目前户外绝缘采用的绝缘材料有什么特点?

答: 目前,户外绝缘导线所采用的绝缘材料一般为黑色耐气候型的交联聚乙烯、聚乙烯、高密度聚乙烯、聚氯乙烯等。这些绝缘材料一般具有较好的电气性能、抗老化及耐磨性能等,暴露在户外的材料添加有1%左右的炭黑,以防日光老化。

47 简述绝缘导线结构和技术性能。

答: (1) 单芯中、低压绝缘导线。中低压架空绝缘线路一般采用单芯绝缘导线、分相式架设方式,其架设方法与裸导线的架设方法基本相同。中压线路比低压线路遭受雷击的概率要高,中压绝缘导线还需考虑采取防止雷击断线的措施。低压绝缘导线是直接在线芯上挤包绝缘层;中压绝缘导线是在线芯上挤包一层半导电屏蔽层,在半导电屏蔽层外挤包绝缘层,生产工艺为两层共挤同时完成。绝缘导线的线芯一般采用经紧压的圆形硬铝(LY8 型或 LY9 型)、硬铜(TY 型)或铝合金导线(LHA 型),如图 1-15 所示。

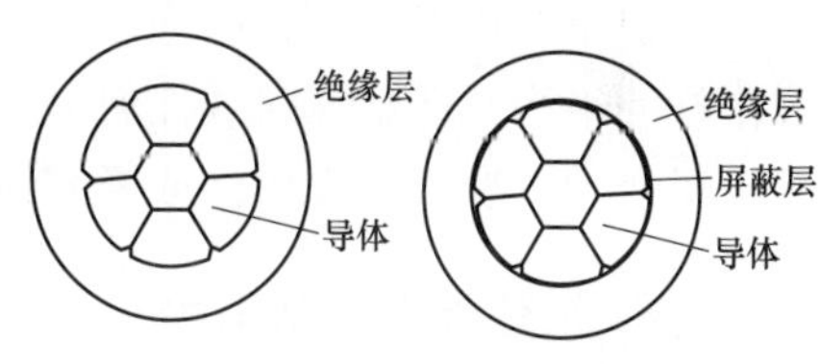

图 1-15 绝缘导线结构图

(2) 低压集束型绝缘导线(LV-ABC 型)。可分为承力束承载、中性线承载和整体自承载三种方式。整体自承载的低压集束型绝缘导线的线芯,应采用经紧压的硬铝、硬铜或铝合金导线做线芯。采用承力束或裸中性线承载的低压集束型绝缘导线,相线可以采用未经紧压的软铜芯做线芯。还有低压并行绝缘接户线,压板夹住导线后,挂钩勾在横担上,引接简便,适用于较小的用电负荷,可减少占用空间走廊,有利于布线整洁。

(3) 中压集束型绝缘导线(HV-ABC 型)。中压集束型绝缘导线可分为金属屏蔽绝缘导线、集束型半导体屏蔽两种类型。中压集束型金属屏蔽绝缘导线一般带承力束中压集束型半导体屏蔽绝缘导线,可分为承力束承载和自承载两种类型。

48 简述绝缘拉线的作用和结构。

答: 绝缘拉线主要用于穿越中低压线路导线。绝缘拉线的结构是直接在钢绞线上挤包绝缘层,一般采用黑色耐气候聚乙烯绝缘材料。

49 绝缘子的作用是什么? 为什么绝缘子的表面被做成波纹形?

答: 架空电力线路的导线,是利用绝缘子和金具连接固定在杆塔上的。用于导线与杆塔绝缘的绝缘子,在运行中不但要承受工作电压的作用,还要受到过电压的作用,同时还要承受机械力的作用及气温变化和周围环境的影响，所以绝缘子必须有良好的绝缘性能和一定的机械强度。

通常，绝缘子的表面被做成波纹形的。这是因为：①可以增加绝缘子的泄漏距离（又称爬电距离），同时每个波纹又能起到阻断电弧的作用；②当下雨时，从绝缘子上流下的污水不会直接从绝缘子上部流到下部，避免形成污水柱造成短路事故，起到阻断污水水流的作用；③当空气中的污秽物质落到绝缘子上时，由于绝缘子波纹的凹凸不平，污秽物质将不能均匀地附在绝缘子上，在一定程度上提高了绝缘子的抗污能力。

50 按照材质分，绝缘子分为哪几类？ 各有什么特点？

答：绝缘子按照材质可分为瓷绝缘子、玻璃绝缘子和合成绝缘子三种。

（1）瓷绝缘子。具有良好的绝缘性能、抗气候变化的性能、耐热性及组装灵活等优点，被广泛用于各种电压等级的线路。金属附件连接方式分球形和槽形两种。在球形连接构件中用弹簧销子锁紧；在槽形结构中用销钉加开口销锁紧。瓷绝缘子是属于可击穿型的绝缘子。

（2）玻璃绝缘子。用钢化玻璃制成，具有产品尺寸小、质量轻、机电强度高、电容大、热稳定性好、老化较慢、寿命长、“零值自破”、维护方便等特点。玻璃绝缘子由于自破而报废，一般多在运行的第一年发生，而瓷绝缘子的缺陷要在运行几年后才开始出现。

（3）合成绝缘子。又名复合绝缘子，它具有抗污闪性强、强度大、质量轻、抗老化性好、体积小等优点。但合成绝缘子承受的径向（垂直于中心线）应力很小，因此，用于耐张杆的绝缘子严禁踩踏或任何形式的径向荷重，否则将导致折断。运行数年后还会出现伞裙变硬、变脆的现象，或者容易引起鼠等动物咬噬而导致损坏。

51 架空配电线路常用的绝缘子按结构形式分有哪些？ 各有什么特点？

答：架空配电线路常用的绝缘子有针式瓷绝缘子、柱式瓷绝缘子、悬式瓷绝缘子、蝴蝶式瓷绝缘子、棒式瓷绝缘子、拉线瓷绝缘子、陶瓷横担绝缘子、放电钳位瓷绝缘子等。低压线路用的低压绝缘子有针式和蝴蝶式两种。

（1）针式瓷绝缘子。针式瓷绝缘子主要用于直线杆和角度较小的转角杆的导线支持，分为高压、低压两种。针式绝缘子的支持钢脚用混凝土浇装在瓷件内，形成“瓷包铁”内浇装结构，如图 1-16（a）所示。

（2）柱式瓷绝缘子。柱式绝缘子的用途与针式绝缘子基本相同。柱式绝缘子的绝缘瓷件浇装在底座铁靴内，形成“铁包瓷”外浇装结构。但采用柱式绝缘子时，架设直线杆导线转角不能过大，侧向力不能超过柱式绝缘子允许抗弯强度，如图 1-16（b）所示。

（3）悬式瓷绝缘子。悬式绝缘子俗称吊瓶，主要用于架空配电线路耐张杆，一般低压线路采用一片悬式绝缘子悬挂导线，10kV 线路采用两片组成绝缘子串悬挂导线。悬式绝缘子金属附件的连接方式有分球窝形和槽形两种，如图 1-16（c）所示。

（4）蝴蝶式瓷绝缘子。蝴蝶式绝缘子俗称茶台瓷瓶，分为高压、低压两种。在 10kV

线路上，蝴蝶式绝缘子与悬式绝缘子组成“茶吊”，用于小截面积导线耐张杆、终端杆或分支杆等；或在低压线路上，作为直线或耐张绝缘子，如图 1-16（d）所示。

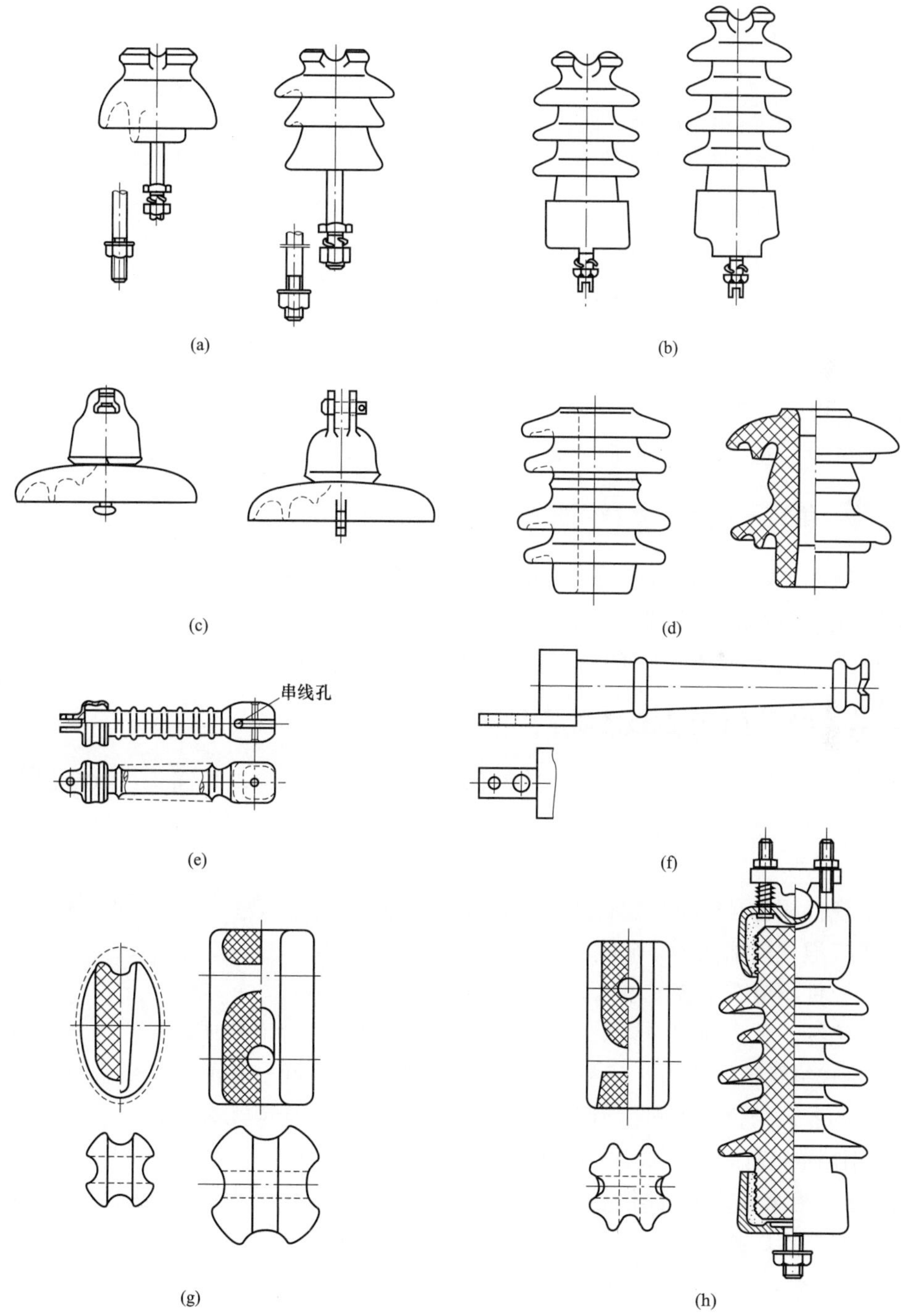

图 1-16　架空配电线路常用的绝缘子

（a）针式瓷绝缘子；（b）柱式瓷绝缘子；（c）悬式瓷绝缘子；（d）蝴蝶式瓷绝缘子；（e）棒式瓷绝缘子；（f）拉线瓷绝缘子；（g）瓷横担绝缘子；（h）放电钳位瓷绝缘子

（5）棒式瓷绝缘子。棒式瓷绝缘子又称瓷拉棒，是一端或两端外浇装钢帽的实心瓷体，或纯瓷拉棒，如图1-16（e）所示。

（6）拉线瓷绝缘子。拉紧瓷绝缘子又称拉线圆瓷，一般用于架空配电线路的终端、转角、断连杆等穿越导线的拉线上，使下部拉线与上部拉线绝缘，如图1-16（f）所示。

（7）瓷横担绝缘子。瓷横担绝缘子是一端外浇装金属附件的实心瓷件，一般用于10kV线路直线杆，如图1-16（g）所示。

（8）放电钳位瓷绝缘子。放电钳位绝缘子的底部与柱式绝缘子基本相同，绝缘瓷件浇装在底座铁靴内，形成“铁包瓷”外浇装结构，其顶部绝缘瓷件浇装在铁帽内，铁帽上安装有铝制压板，如图1-16（h）所示。

52 绝缘子出厂检验有哪些项目？

答：绝缘子出厂应逐个进行外观质量、尺寸偏差检查。此外，还应包含：高压绝缘子工频火花电压试验（外胶装式除外）、悬式绝缘子拉伸负荷试验、瓷横担绝缘子单向弯曲负荷试验、柱式绝缘子四向弯曲耐受负荷试验。试验负荷为额定破坏负荷的50%。

53 绝缘子现场检验有哪些项目？

答：绝缘子经过长途运输后，质量必定会受到影响，应在发运施工现场前，每批抽5%的数量进行工频耐压试验，试验值大约为制造厂规定的闪络电压值或耐受电压值的90%，持续1min不损坏。有条件的单位宜逐只进行工频耐压试验。

54 绝缘子有哪些技术质量要求？

答：（1）绝缘子的质量应符合GB/T 1001.1—2003《标称电压高于1000V的架空线路绝缘子　第1部分：交流系统用瓷或玻璃绝缘子元件定义、试验方法和判定准则》的规定。

（2）瓷件颜色必须符合设计要求，瓷件釉面应光滑，无裂纹、无缺釉、无斑点、无烧痕、无气泡或瓷釉烧坏等缺陷。

（3）瓷件不应有生烧、过火。

（4）绝缘子及瓷横担绝缘子应进行外观检查，且应符合下列规定：

1）悬式绝缘子的钢帽、球头与瓷件三者的轴心应在同一轴心上，不应有明显的歪斜，三者的胶装结合应牢固，不应有松动，浇结的水泥表面应无裂纹。

2）钢帽不得有裂纹、球头不得有裂纹和弯曲，镀锌应良好，无锌皮剥落、锈蚀现象。

3）悬式绝缘子的弹簧销子规格必须符合设计要求，销子表面应无生锈、裂纹等缺陷，并具有一定的弹性。

4）在起晕电压要求较高的绝缘子及其包装上，均应有制造厂家的特殊标志。

5）钢化玻璃件上不应有影响性能的折痕、气泡、杂质等缺陷。

55 什么叫金具？常用金具分为哪些类型？

答：在架空配电线路中，用于连接、紧固导线的金属器具，具备导电、承载、固定的金属构件，统称为金具。

金具按其性能和用途可分为悬垂线夹（悬吊金具）、耐张线夹（耐张金具）、接触金具（设备线夹）、接续金具、防护金具和连接金具等。

56　什么是悬垂线夹？有什么作用？悬垂线夹有什么技术要求？

答：悬垂线夹又称悬吊金具或支持金具。架空电力线路的悬垂线夹用于将导线固定在绝缘子串上或将避雷线悬挂在直线杆塔上，亦用于换位杆塔上支持换位导线，耐张、转角杆塔上固定跳线，如图 1-17 所示。

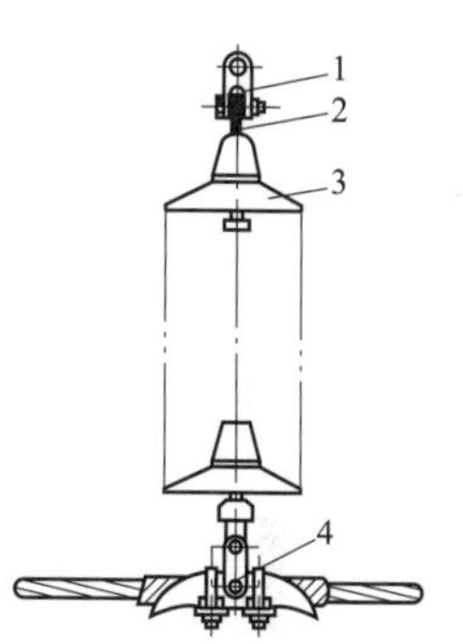

图 1-17　悬垂线夹的使用位置

1—直角挂板；2—延长环；3—绝缘子串；4—悬垂线夹

悬垂线夹的技术要求如下：

（1）悬垂线夹的悬垂角不小于 25°。

（2）悬垂线夹的曲率半径不小于被安装导线直径的 8 倍。

（3）悬垂线夹对不同导线的握力与导线额定抗拉力的百分比，应不小于规定数值，即正常型的钢芯铝绞线为 20%；加强型的为 18%；轻型的为 22%~24%，特轻型的为 26%~28%。

57　列举常用的悬垂线夹及其特点。

答：（1）U 形螺栓式悬垂线夹。其型号为 XGU 型，由可锻铸铁制造的线夹船体、压板及 U 形螺栓组成。其外挂板采用热镀锌钢板或不锈钢板制造。由于挂板有一定宽度，若挂板摆动过大，其边缘将碰到 U 形螺栓上，因此，挂板与船体间的摆动角应不大 45°。U 形螺栓式悬垂线夹握力较大，适用于安装中小截面积的铝绞线及钢芯铝绞线，如图 1-18 所示。

（2）低压绝缘集束线悬垂线夹。低压绝缘集束线悬垂线夹适用于悬吊四芯、两芯集束架空绝缘电缆，如图 1-19 所示。

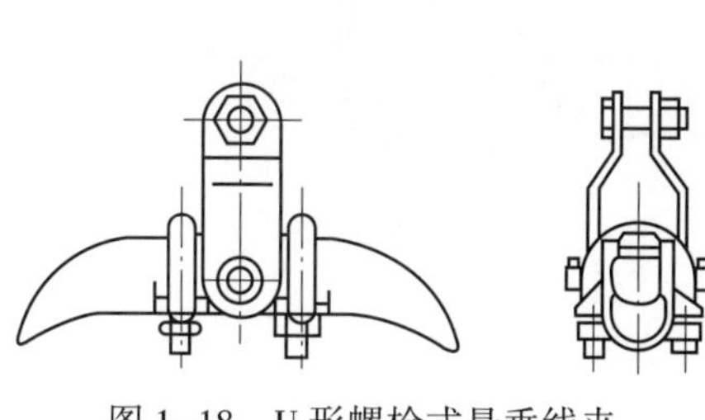

图 1-18　U 形螺栓式悬垂线夹

图 1-19　低压绝缘集束线悬垂线夹

58　简述耐张线夹的用途及其种类。

答：耐张线夹的用途是将导线或避雷线固定在非直线杆塔的耐张绝缘子串上，起锚固作用，亦用来固定拉线杆塔的拉线。耐张线夹主要有楔形、螺栓形、预绞丝（无螺栓）型等。

59 根据结构和安装条件的不同，耐张线夹如何分类?

答：(1) 耐张线夹要承受导线和避雷线（拉线）的全部拉力，线夹握力应不小于被安装导线或避雷线额定拉力的90%，但不作为导电体。这类线夹，在导线安装后还可以拆下，另行使用。该类线夹有螺栓形耐张线夹、楔形耐张线夹及压缩型耐张线夹等。

(2) 耐张线夹除承受导线或避雷线的全部拉力外，还作为导电体。因此这类线夹一旦安装后，就不能再行拆卸，又称为死线夹。由于是导电体，线夹的安装必须遵守有关安装操作规程的规定认真执行。

60 耐张线夹必须满足哪些技术条件?

答：(1) 变电所用耐张线夹对导线的握力应不小于被接续导线额定抗拉力的65%。

(2) 螺栓形耐张线夹的曲率半径应不小于被安装导线直径的8倍。

(3) 线夹的出口和接续管的出口均应做成圆滑的喇叭口状。

(4) 作为导电体的线夹，在额定电压下长期通过最大允许电流时，线夹的温升应不大于被安装导线的温升。

(5) 线夹的电阻应不大于被安装等长导线电阻的1.1倍。

(6) 线夹承受电气负荷时，其载流量应不小于被安装导线的载流量。

61 常用的耐张线夹有哪些?

答：(1) 开口楔形耐张线夹。开口楔形耐张线夹安装导线时较为便利，适用于绝缘线剥除绝缘层后安装（可防止雷击断线），并外加绝缘罩。用于铜绞线或绝缘铜绞线时，线夹一般采用可锻铸铁，楔子采用黄铜制造；用于铝绞线或绝缘铝绞线时，线夹及楔子采用高强度铝合金制造如图1-20所示。

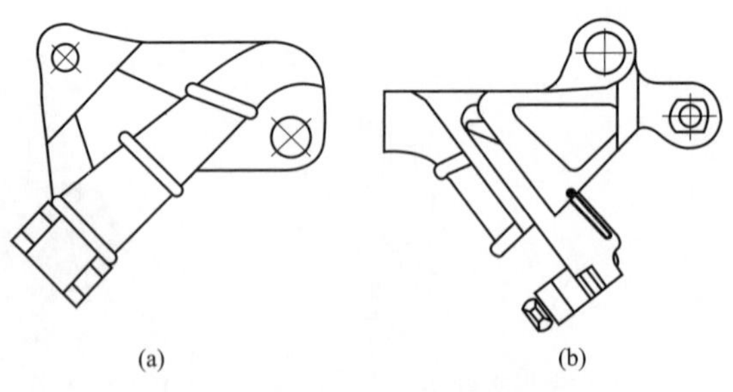

图1-20 开口楔形耐张线夹

(a) NET型；(b) NEL型

(2) 螺栓形耐张金具。螺栓形耐张金具的本体和压板由可锻铸铁制造，由于其造价较低，被广泛应用，适用于安装中小截面积铝绞线及钢芯铝绞线，线路终端或电流不流经线夹的场合。螺栓形铝合金耐张线夹系采用高强度铝合金制造，具有强度高、抗腐蚀性能好，并具有节能效果，如图1-21和图1-22所示。

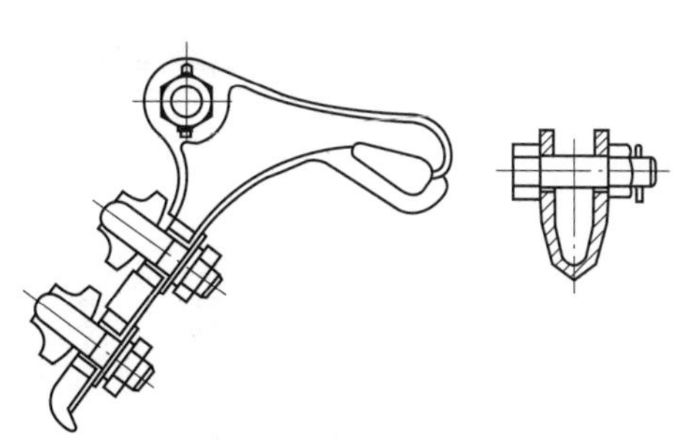
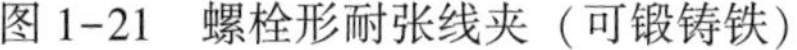

图 1-21　螺栓形耐张线夹（可锻铸铁）

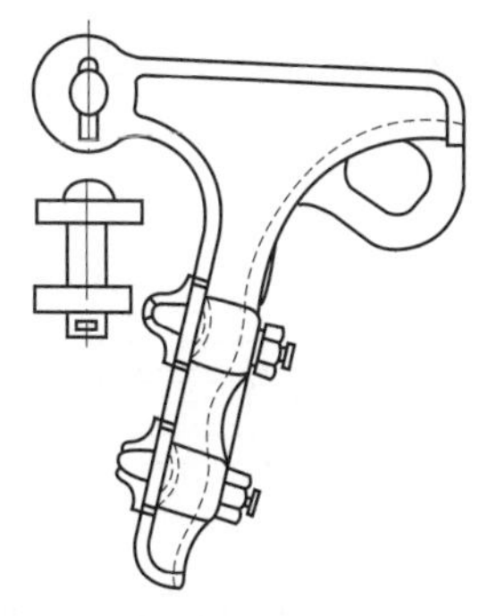

图 1-22　螺栓形铝合金耐张线夹

（3）绝缘线楔形耐张线夹。NEJ 系列楔形绝缘耐张线夹适用于额定电压 10kV 及以下架空绝缘导线的终端或耐张段两端将架空绝缘导线固定和拉紧在耐张绝缘子上，也适用于钢芯铝绞线绝缘架空电缆。其结构特点是对导线的握力与拉力成正比，具有自紧特点，运行可靠，免维护。线夹的壳体采用高强度、抗氧化铝合金压铸成型，无磁滞、涡流，为节能型金具，如图 1-23 所示。

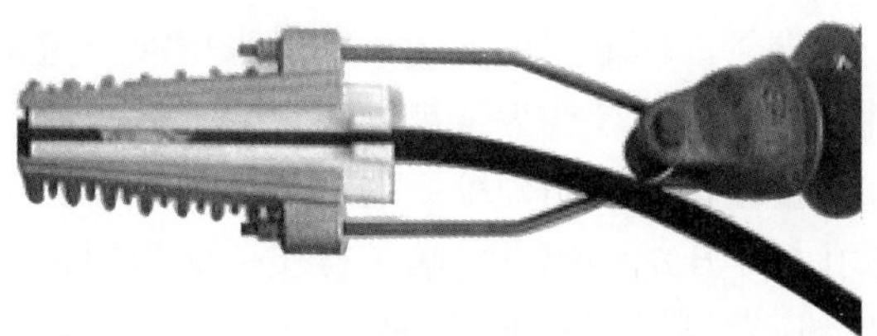

图 1-23　绝缘线楔形耐张线夹

（4）NXL 系列楔形铝合金耐张线夹及绝缘罩。NXL 系列楔形耐张线夹适用于 10kV 及以下配电线路中，将架空绝缘铝导线或裸铝导线固定在转角或终端耐张杆的绝缘子上，从而将架空导线固定或拉紧，绝缘罩与耐张线夹配套使用，起绝缘防护作用。

（5）预绞式耐张线夹。预绞式耐张线夹其结构为预绞丝双腿绞合形成空管，折弯部预成型绞环。预绞丝缠绕在导线上，借助于材料的弹性及收紧力，越拽越紧，不产生滑移。绞环套在心形环上，与悬式绝缘子连接。一般预绞式耐张线夹的旋向与绞线的旋向一致，为右旋，为增大摩擦力一般粘有石英砂，如图 1-24 所示。

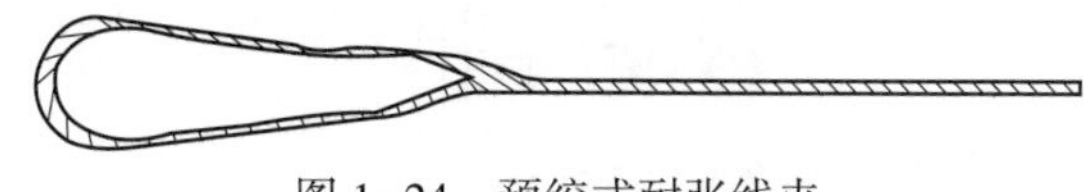

图 1-24　预绞式耐张线夹

（6）拉线楔形耐张金具、拉线楔形 UT 耐张金具（可调线夹）。拉线楔形耐张金具、拉线楔形 UT 耐张金具这两种线夹主要用于安装拉线、避雷线。楔体、楔子采用黑心可锻铸铁制造，U 形螺栓采用不低于 Q235 钢制造，全部热镀锌处理，如图 1-25 和图 1-26 所示。

（7）低压绝缘集束线楔形耐张金具。绝缘集束线由绝缘板夹紧，绝缘板用不饱和酚醛树脂制造，外夹板采用热镀锌钢板或不锈钢板制造。

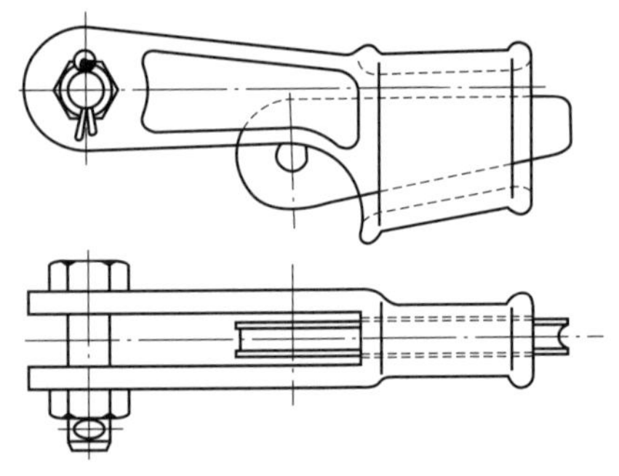
图 1-25　拉线楔形耐张线夹

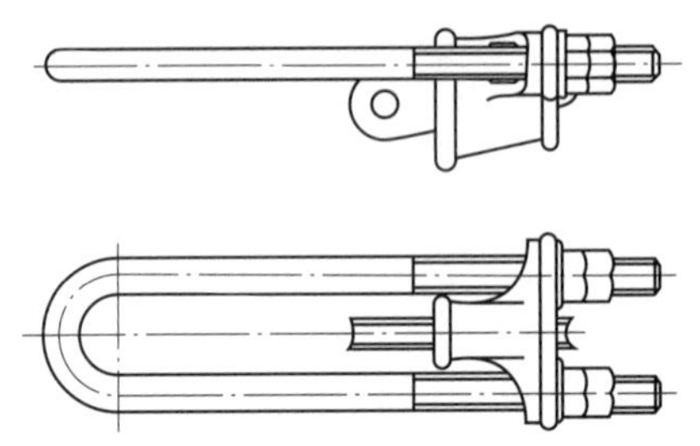
图 1-26　拉线楔形 UT 耐张线夹（可调线夹）

62 接触金具（设备线夹）的作用是什么？

答：接触金具用于硬母线、软母线与电气设备的出线端子相连接，导线的 T 接及不承力的并线连接等电气接触的连接。

63 常用接触金具（设备线夹）有哪些？

答：（1）压缩型设备端子。压缩型设备端子一般采用液压施工，应有良好的电气接触性能，适用于永久性接续，适用导线为常规导线。端子板一般在制造厂不钻孔，而是在安装时现场配钻，如果接续设备有明确统一的规定，可要求在工厂配钻，还可以根据需要将端子板配置成双孔板。压缩型铝设备端子材质一般采用铝管压制；压缩型铜设备端子一般采用纯铜制造。压缩型铜铝过渡设备端子，铜铝过渡采用摩擦焊、闪光焊接，如图 1-27 所示。

（2）螺栓形铜铝设备线夹。如图 1-28 所示。

（3）抱杆式（或称螺栓转换式）设备线夹。该线夹用于变压器二次出线螺杆或柱上开关螺杆转接导线，该线夹可抱紧螺杆，防止线夹发热。线夹一般采用 T1 纯铜制造，如图 1-29 所示。

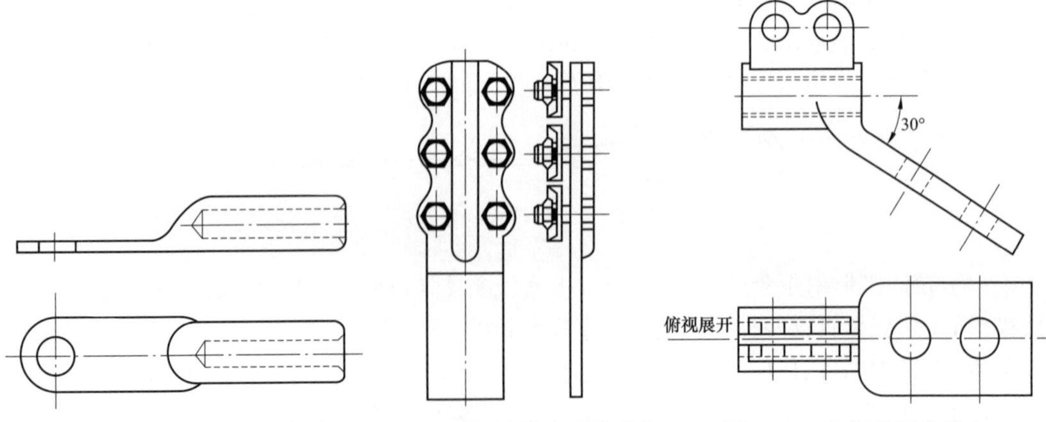

图 1-27　压缩型铝或铜设备端子　图 1-28　螺栓形铜铝设备线夹　图 1-29　抱杆式设备线夹

64 连接金具有什么作用?

答: 连接金具主要用于耐张线夹、悬式绝缘子（槽形和球窝形）、横担等之间的连接。

65 连接金具分为哪几类? 各有什么作用?

答: 连接金具一般分为专用连接金具和通用连接金具两种。

（1）专用连接金具主要用于配合绝缘子串的连接。与槽形悬式绝缘子配套的连接金具可由U形挂环、平行挂板等组合；与球窝形悬式绝缘子配套的连接金具可由直角挂板、球头挂环、碗头挂板等组合。

（2）通用连接金具如U形挂板、U形挂环、直角挂板、平行挂板、连板、延长环等主要用于绝缘子串之间相互连接，以及绝缘子与杆塔或其他金具间的连接。

66 连接金具有何规定?

答: 连接金具的破坏载荷均不应小于该金具型号的标称载荷值，7型不小于70kN；10型不小于100kN；12型不小于120kN等。每一种形式或相同载荷的绝缘子与相同载荷等级的金具配套。所有黑色金属制造的连接金具及紧固件均应热镀锌。

67 常用的连接金具有哪些? 各有什么特点?

答:（1）球头挂环。球头挂环的钢脚侧用来与球窝形悬式绝缘子上端钢帽的窝连接，球头挂环侧根据使用条件分为圆环接触和螺栓平面接触两种，与横担连接，如图1-30所示。在选用球头挂环时，应尽量采用面接触的组装方式，而避免点接触的组装方式。

（2）碗头挂板。碗头侧用来连接球窝形悬式绝缘子下端的钢脚（又称球头），挂板侧一般用来连接耐张线夹等，如图1-31所示。单联碗头挂板一般适用于连接螺栓形耐张线夹，为避免耐张线夹的跳线与绝缘子瓷裙相碰，可选用长尺寸的B型；单串悬垂绝缘子串连接耐张线夹时，应选用较短的单联碗头挂板，以减短绝缘子串长度。双联碗头挂板一般适用于连接开口楔形耐张线夹。

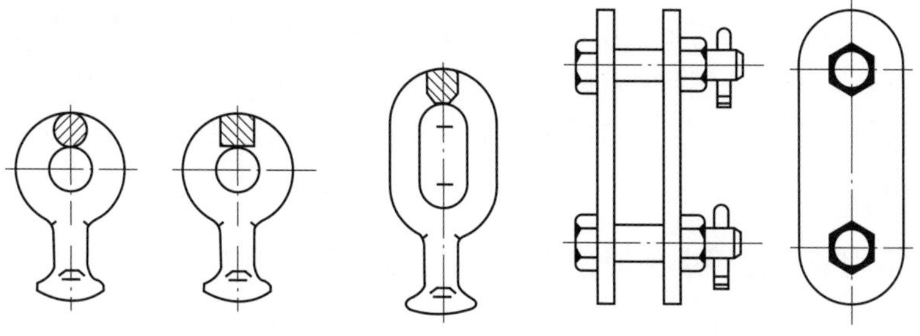

图1-30　球头挂环　　图1-31　P形平行挂板

（3）平行挂板。平行挂板用于连接槽形悬式绝缘子，以及单板与单板、单板与双板的连接，仅能改变组件的长度，而不能改变连接方向。单板平行挂板（PD型）多用于与槽形绝缘子配套组装或与楔形线夹配套组装，将楔形线夹固定在杆塔包箍法兰上或与双板平行挂板组装以增加连接长度。双板平行挂板（P 形）用于与槽形悬式绝缘子组装以及与其他金具连接。三腿平行挂板（PS 型）用于槽形悬式绝缘子与耐张线夹的连接、双板与单板的过渡连接等，如图 1-32 所示。

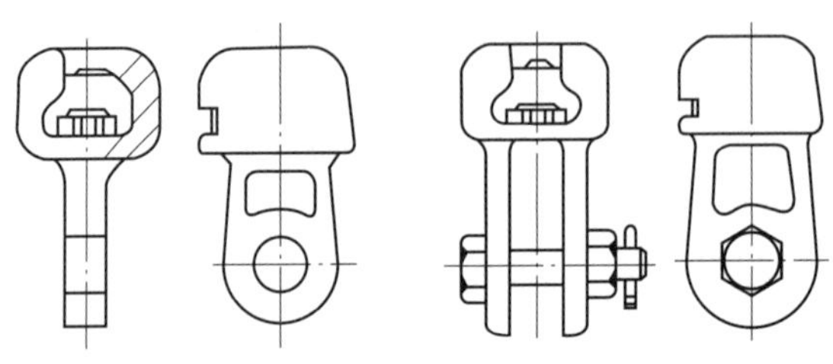

图 1-32　碗头挂板

（4）U 形挂环。U 形挂环是用圆钢锻制而成，一般采用 Q235A 钢材锻造而成。加长 U 形挂环的型号为 UL 型，主要用于与楔形线夹配套，如图 1-33 所示。

（5）Z 形直角挂板。Z 形直角挂板是一种改变连接方向的转向连接金具，由于其连接方向互成直角，因此变换灵活，适应性强。直角挂板一般采用中厚度钢板经冲压弯曲而成，如图 1-34 所示。

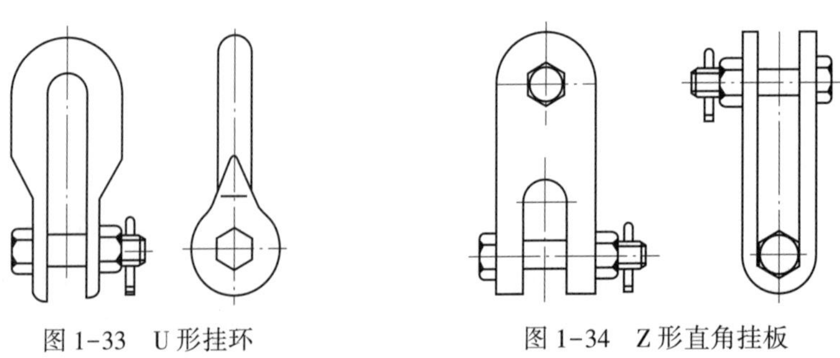

图 1-33　U 形挂环　　图 1-34　Z 形直角挂板

68　接续金具的作用是什么？ 接续金具如何分类？

答：接续金具专用于接续各种裸导线、避雷线，也用于导线、避雷线断股的修补。接续金具承担与导线相同的电气负荷，大部分接续金具承担导线或避雷线的全部张力。

接续金具按承力可分为非承力接续金具和承力接续金具两类；按施工方法又可分为液压、钳压、螺栓接续及预绞式螺旋接续金具等；按接续方法还可分为对接、搭接、铰接、插接、螺接等。

69　常用非承力接续金具有哪些？ 各有什么特点？

答：（1）C 形楔形线夹。C 形楔形线夹的弹性可使导线与楔块间产生恒定的压力，保证电气接触良好。一般采用铝合金制造，可用于主线为铝绞线、分支线为铝绞线或铜绞线的接续。该类型线夹可预制引流环作为中压架空绝缘线接地环用，除引流环裸露外，线夹其他部分可用绝缘自粘带包封。

（2）接续液压 H 形线夹。接续液压 H 形线夹一般采用 L3 热挤压型材制造，用作永久性接续等径或不等径的铝绞线，亦可用于主线为铝绞线、分支线为铜绞线的接续，接触面预先进行金属过渡处理。安装时使用液压机及专用配套模具，压缩成椭圆形。

（3）液压 C 形线夹。液压 C 形线夹一般采用 T1 铜热挤压型材制造，用作铜绞线主线与引下线的永久性的接续、铜绞线接户线与铜进户线的接续。安装时使用液压机及专用配套模具，压缩成椭圆形，为保证机械强度，也可制成“6”字形等。

（4）铝绞线、钢芯铝绞线用铝异径并沟线夹。铝绞线、钢芯铝绞线用铝异径并沟线夹适用于中小截面的铝绞线、钢芯铝绞线在不承受全张力的位置上连接，可接续等径或异径导线。线夹、压板、垫瓦均采用热挤压型材制成，紧固螺栓、弹簧垫圈等应热镀锌。根据材料的性能，铝压板应有足够的厚度，以保证压板的刚性。压板应单独配置螺栓。

（5）铜绞线用铜异径并沟线夹。铜绞线用铜异径并沟线夹一般采用 T1 铜热挤压型材制造，尺寸基本与铝绞线用异径并沟线夹相同。

（6）铜铝过渡异径并沟线夹。铜铝过渡采用摩擦焊接或闪光焊接，型号用 JBYG 表示，其中 J 表示接续，B 表示并沟，Y 表示异径，G 表示铜铝过渡。

（7）接户线过渡线夹。线夹由铜铝过渡板和铝压板组成，铜铝过渡板的上端为铝板、下端为铜板，铜铝过渡采用闪光焊接或摩擦焊接。铝压板应有足够的厚度，以保证压板的刚性。线夹适用于线路为铝绞线、接户线为小截面铜绞线的场所。型号用 JGH 表示，其中 J 表示接续，G 表示过渡，H 表示接户线。

（8）穿刺线夹。穿刺线夹适用于绝缘导线带电作业施工，有利于绝缘防护。型号用 JC-L 表示，其中 J 表示接续，C 表示穿刺线夹，L 表示铝芯绝缘导线。中压穿刺线夹一般配置扭力螺母，设计扭断螺母则紧固到位。

70　常用承力接续金具有哪些？各有什么特点？

答：（1）钢芯铝绞线用钳压接续管（椭圆形、搭接）。其型号用 JT-×/×（×为数字）表示，其中 J 表示接续管，T 表示椭圆形；型号中数字分子为铝绞线标称截面积，分母为钢芯标称截面积。钢芯铝绞线用的接续管内附有衬垫，钳压时从接续管的一端依次交替顺序钳压至另一端。

（2）铝绞线用钳压接续管（椭圆形、搭接）。其型号用 JT-×/×（×为数字）L 接续管以热挤压加工而成，其截面为薄壁椭圆形，将导线端头在管内搭接，以液压钳或机械钳进行钳压，从接续管的一端依次交替顺序钳压至另一端。

（3）铝绞线液压对接接续管（10kV 绝缘线用、铝合金制）。以液压方法接续导线，用一定吨位的液压机和规定尺寸的压缩钢模进行，接续管受压后产生塑性变形，使接续管与导线成为一个整体，液压接续有足够的机械强度和良好的电气接触性能。

（4）铜绞线液压对接接续管。接续管采用 Tl 纯铜制造。

（5）钢芯铝绞线液压对接接续管（含钢芯对接）。接续管由钢管和铝管组成。

（6）铝合金绞线液压对接接续管。铝合金绞线机械强度大，铝材硬度高，不适于用椭圆形接续管进行搭接钳压接续，必须使用圆形接续管进行液压对接。

（7）预绞式接续条。预绞式接续条用于导线损伤剪断重接，安装迅速、简便，一般接续条上粘有金属砂。

71 常用防护金具有哪些？ 各有什么特点？

答：（1）修补条与护线条。预绞丝修补条、护线条可用于大跨越线路导线抗震和导线断股的修补。利用具有弹性的高强度铝合金丝制成预绞丝，每组几根，紧缠在导线外层，装入悬挂点的线夹中，以增加导线的刚度，减少在线夹出口处导线的附加弯曲应力；亦可对断股或划伤的导线进行修补。预绞丝护线条、修补条一般护线条、修补条不粘金属砂，如图 1-35 所示。

图 1-35 预绞丝护线条、修补条

（2）多频防振锤。多频防振锤的钢绞线两端用不同质量的锤头，悬挂点距钢绞线的两端亦不等长，利用这种结构可获得四个固定频率，适应的频率较宽，如图 1-36 所示。

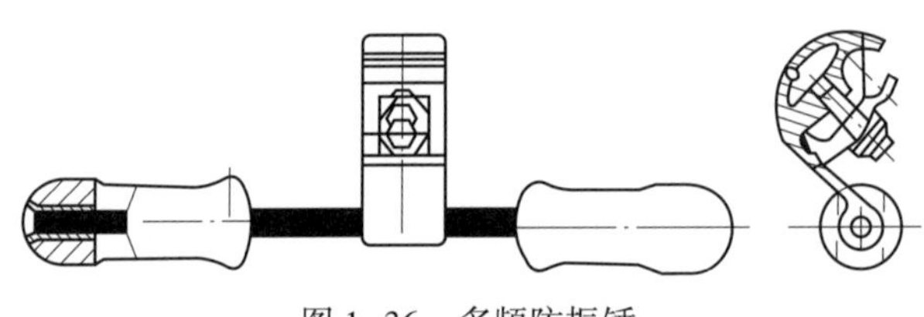

图 1-36 多频防振锤

（3）司脱客型防振锤。司脱客型防振锤是以一根高强度的钢绞线两端分别固定着一个空心筒形的铸铁重锤，在钢绞线中部铆紧一副夹板，以便将防振锤安装到导线上。根据其结构及尺寸，有两个固有频率，如图 1-37 所示。防振锤与导线截面配合：FD-1 型适合于 35~50mm^{2}导线；FD-2 型适合于 70~95mm^{2}导线；FD-3 型适合于 120~150mm^{2}导线；FD-4 型适合于 185~240mm^{2}导线。

（4）放电线夹。中压绝缘线防雷击断线放电线夹主要分剥除绝缘和不剥除绝缘两类，线夹为铝制，在直线杆安装，把绝缘子两侧绝缘导线的绝缘层各剥除 500mm 左右，将该线夹安装在两端，如图 1-38 所示。当雷击过电压放电时，使电弧烧灼线夹，从而避免烧断、烧伤导线。它利用穿刺技术将线夹固定在导线上，并加绝缘罩防护，可有效防止绝缘线进水。

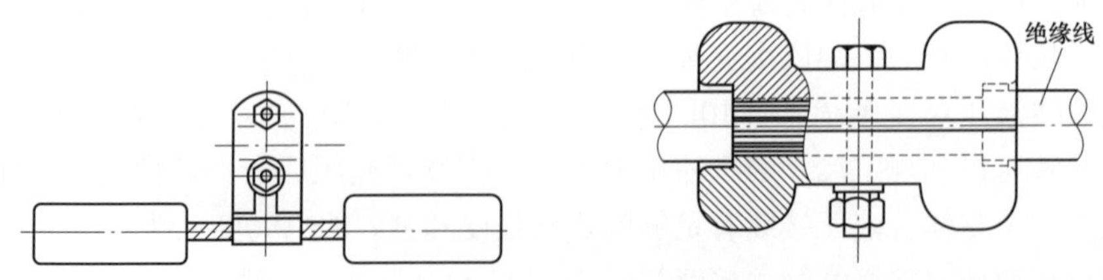

图 1-37 司脱客型防振锤　　图 1-38 中压绝缘线防雷击断线放电线夹（剥除绝缘）

72 金具检验有什么性能要求？

答：（1）承受全张力的线夹，握力应不小于导线计算拉断力的 65%。

（2）承受电气负荷的金具，接触两端之间的电阻不应大于等长导线电阻值的1.1倍；接触处的温升，不应大于导线的温升；其载流量应不小于导线的载流量。

（3）连接金具的螺栓最小直径不小于M12，线夹本体强度应不小于导线计算拉断力的1.2倍。

（4）绝缘导线所采用的绝缘罩、绝缘粘胶带等材料，应具有耐气候、耐日光老化的性能。

（5）以螺栓紧固的各种线夹，其螺栓的长度除确保紧固所需长度以外，应有一定裕度，以便在不分离部件的条件下即可安装。

73 金具有什么质量要求？

答：（1）线夹、压板、线槽和喇叭口不应有毛刺、锌刺等，各种线夹或接续管的导线出口，应有一定圆角或喇叭口。

（2）金具表面应无气孔、渣眼、砂眼、裂纹等缺陷，耐张线夹、接续线夹的引流板表面应光洁、平整，无凹坑缺陷，接触面应紧密。

（3）金具表面的镀锌层不得剥落、漏镀和锈蚀，以保证金具的使用寿命。

（4）金具的焊缝应牢固无裂纹、气孔、夹渣，咬边深度不应大于1.0mm，以保证金具的机械强度；铜铝过渡焊接处在弯曲180°时，焊缝不应断裂。

（5）各活动部位应灵活，无卡阻现象。

（6）作为导电体的金具，应在电气接触表面上涂以电力脂，需用塑料袋密封包装。

（7）电力金具应有清晰的永久性标志，含型号、厂标及适用导线截面积或导线外径等。预绞丝等无法压印标志的金具可用塑料标签胶纸标贴。

74 绝缘子串安装有什么注意事项？

答：（1）绝缘子在组装前应逐个以干布擦洗，检查并清除表面尘垢及不应有的附着物。

（2）绝缘子擦干后，应逐个用2500V绝缘电阻表进行绝缘测定，其绝缘电阻不得小于500MΩ。

（3）金具的镀锌层有局部碰损、剥落或缺陷时，应除锈后补刷防锈漆。

（4）挂线后及时进行附件安装，以防止导线或避雷线因振动受伤。

（5）悬垂绝缘子串应垂直于地面，否则应调整悬垂线夹的安装位置。

（6）绝缘子串所用的螺栓、销钉和弹簧销的穿向应统一，一般应符合以下规定：

1）横向穿时，对于单导线，两边线由线路侧向内穿，中线由左向右穿（面向受电侧）；对于分裂导线，由线束外侧向内穿。

2）垂直穿时，由上向下穿。

（7）螺栓或销钉端部的闭口销，均应插到底。闭口销R形脱背应露出销钉之外。如采用开口销，开口总角度应为60°~90°。不得用线材代替开口销。

（8）铝绞线、钢芯铝绞线、铝合金绞线及铝包钢绞线不得用钢制线夹直接接触。未使用预绞式护线条的导线，安装前须在导线表面紧密包缠一层（线槽大者两层）铝包带。铝包带的缠绕方向应向与外层线股的绞制方向一致，在线夹出口两端露出 10~30mm，并将断头折回到线夹内压紧。

75 横担有什么作用？

答： 横担用于支持绝缘子、导线及柱上配电设备，保护导线间有足够的安全距离，因此，横担要有一定的强度和长度。

76 简述铁横担的规格。

答： 铁横担一般采用等边角钢制成，要求热镀锌，推荐锌层不小于 60μm，因其为型钢，造价较低，便于加工，所以使用最为广泛。

（1）常用铁横担规格。10kV 架空线路上常用铁横担规格为 63mm×63mm×6mm 的角钢，在需要架设大跨越线路、双回线路或安装较重的开关时，宜采用 75mm×75mm×8mm 等规格的角钢。为统一规范，在低压架空线路上也常用 63mm×63mm×6mm 的角钢，亦可采用 50mm×50mm×5mm 的角钢。为便于施工管理，横担规格尺寸应统一并系列化。

（2）横担组合。根据受力情况，横担可分为直线形、耐张形和终端形等。直线形横担只承受导线的垂直荷载，耐张型横担主要承受两侧导线的拉力差，终端型横担主要承受导线的最大允许拉力。断连型横担、终端型横担根据导线的截面积，一般应为双担，当架设大截面导线或大跨越档距时，双担平面间应加斜撑板，或采用梭形双横担。当横担向一侧偏支架设导线、架设开关等设备或架设的导线有角度时，应加支撑斜戗（角戗）支撑。

（3）常用横担、抱箍及编号。横担的组装孔位主要是考虑导线的排列及线间距离、安装电杆的梢径、双担及与戗担的组合、锥形电杆的特点等。为便于统一规范管理，可对线路横担、抱箍等材料编制加工号。对角铁类可编为 1 系列，扁铁类可编 2 系列，圆铁类可编为 3 系列，在系列号后编码序号。

针对电杆有不同梢径，可以设定配置常用梢径 190mm 电杆的横担为基准号，而配置其他梢径电杆的横担在基准号后加支号，如配梢径 150mm 电杆为“-1”、配梢径 240mm 电杆为“-2”，配梢径 320mm 电杆为“-3”，配梢径 350mm 电杆为“-4”，配梢径 390mm 电杆为“-5”等。规范横担的长度为 850、1400、1700、1800、2100mm 等，保持支撑绝缘子或悬式绝缘子之间安装孔距固定，即导线的间距固定，随着电杆梢径的变化以及横担安装距杆梢的变化，调整横担上夹抱电杆螺栓的孔距及支撑斜戗担的孔距，构成横担、抱箍等系列材料。横担孔眼直径一般为 18mm，省略标注；特殊需要标注孔位 N 时，直径为 20mm。

77 铁横担材料检验有哪些项目？

答：（1）用于制造横担等的原材料应具有出厂合格证书。

（2）生产厂应提供同一类型横担符合有关规定的受力检验报告。

（3）尺寸检验，长度误差小于±5mm，安装孔距误差小于±2mm。

（4）热镀锌的锌层厚度符合要求，锌层应均匀，不得有漏镀、黄点、锌刺、锌渣。

78 简述木横担按断面形状的分类及要求。

答： 木横担按断面形状分为圆横担和方横担两种，圆横担系利用与木杆相同的木材，对材质的要求是没有劈裂、没有节子，松柏杉木等都可以利用，但小头直径不得小于 100mm。

79 瓷横担有什么特点?

答： 瓷横担可代替铁、木横担以及针式绝缘子、悬式绝缘子等作为绝缘和固定导线用。其优点是能节省钢材或木材，在相同条件下使用，陶瓷横担可降低线路造价。

80 拉线有什么作用?

答： 拉线的作用是平衡导线的张力、保证电杆的稳定性。在拉线的作用下可以减少制造电杆材料的耗材，降低建设线路的造价。

在直线段上，耐张杆顺线路的承力拉线，主要在施工时的紧线过程和事故断线时起平衡导线张力的作用。而丁字杆、转角杆与终端杆顺线路的承力拉线，使杆基始终垂直于地面，保证全耐张段导线垂度的稳定性。在采用钢电杆时，10kV 及以下电压等级的钢电杆采用加强杆身和基础的强度来解决杆身稳定性（即不打拉线），如加大钢电杆的直径、壁厚、杆底部法兰盘尺寸以及基础的尺寸。

拉线还有一个重要的作用是，拉线在线路施工过程中，是保障施工人员安全的生命线；拉线在线路投入运行后，是线路安全运行的重要保证。无论在何种情况下，如紧线或撤线过程中，拉线只能加强，绝对不可减弱，更不能将拉线拆除。只有在导线不承受任何张力的条件下，方可拆除拉线，否则会倒杆伤人。

81 简述拉线的种类及其用途。

答：（1）承力拉线。承力拉线又称死头拉线、终端拉线，用在线路的起始杆、终端杆及丁子杆线路的延长线上。

DL/T 5220—2005《10kV 及以下架空配电线路设计技术规程》规定：拉线应根据电杆的受力情况装设，拉线与电杆的夹角宜采用 45°。当受地形限制时可适当减少，但不应小于 30°。

（2）人字拉线。人字拉线又称防风拉线，在土质松软（如水田）中及野外，为防止电杆在风力作用下倾斜加人字拉线。按相关规定，空旷地区配电线路连续直线杆超过 10 基，宜装设防风拉线。人字拉线的拉线抱箍约固定在杆出地面的 3/4 处，拉线角度 45°，拉线用 GJ-25 型，拉线盘用 300mm×500mm，埋深 1. 1m。人字拉线应与线路方向垂直。从便于农田耕作出发，可考虑用卡盘替代人字拉线。

（3）四方拉线。当线路的基础设施简单，杆塔在地面处的弯矩达不到与导线截面强度的要求时，用四方拉线来保证线路安全运行（俗称靠拉线吃饭）。郊外的架空线路在耐张等重要交叉跨越的单杆上，均应设四方拉线。

（4）外角拉线。外角拉线又称分角拉线、合力拉线。在线路转角小于 30°线路杆型为直线杆（直跑杆）型和转角在15°~30°之间杆型用抱力杆时，一般只在外角打一条合力拉线；而转角大于30°，则用二分抱担的转角杆型时，既要打顺线路的承力拉线（顺档拉线），又要打外角拉线，以作备用拉线。外角拉线应与线路分角线对正。

（5）自身拉线。自身拉线一般是在导线张力较小和打承力拉线有困难时使用。

（6）戗杆（撑杆）。在设置自身拉线有困难时，可用戗木替代。

82 什么是拉线的经济夹角?

答：拉线与电杆夹角的确定，一般来说随意性较大。如果拉线与电杆的夹角太大，拉线受力小，占地面积大，拉线长，而且安全性降低（易受外力影响，如机动车的剐蹭）；如果拉线与电杆的夹角太小，拉线受力大，占地面积小，拉线短一些，但其截面积要加大。

夹角θ值的大小，是决定拉线长度及受力大小的因素（拉线受力的大小将决定拉线棒的直径与长度，拉线盘尺寸的大小及其埋深）。当夹角值在某个特定值时，拉线消耗材料最少。这个θ值称为经济夹角。

经计算证明：电杆与拉线的夹角为45°（即拉线与地面的夹角为45°）时，拉线消耗材料最少，是拉线的经济夹角。

83 如何设置外角拉线?

答：在设计线路时，需要调整线路走向而设计角度杆是较为正常情况的。线路因转角而改变杆型的习惯做法如下。

（1）转角在15°以内，采用直线杆杆型，设置一条外角拉线。

（2）转角在15°~30°，采用抱力杆杆型，设置一条外角拉线。

（3）转角在30°以上且小于90°时，采用双层抱担的转角杆杆型，在一般情况下设置三条拉线，其中两条是顺线路的承力拉线，另外设置一条外角拉线（又称合力拉线）。

84 简述拉线组成。

答：拉线是由扁铁抱箍、拉线板、钢铰线、拉紧绝缘子、拉线棒、楔形线夹、UT形线夹、拉线盘等主要器材组成，如图1-39所示。

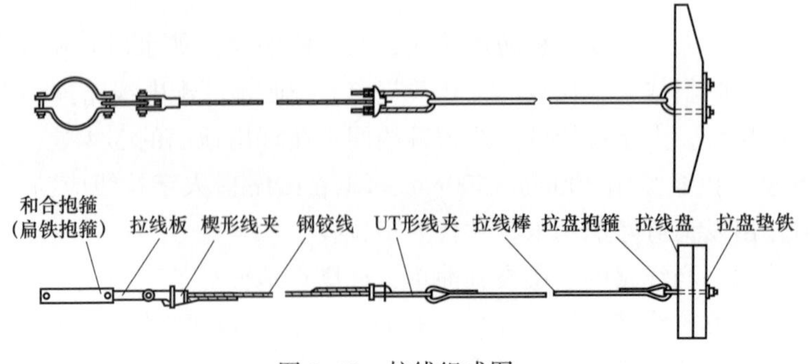

图1-39 拉线组成图

85 什么是基础？ 基础的作用是什么？

答：杆塔结构中埋入地下的部分称为基础。

杆塔基础的作用是保证杆塔的稳定性，不会因杆塔的水平荷载、垂直荷载、断线张力和外力作用等各种受力情况下发生上拔、下陷和倾覆。

86 基础分为哪几类？

答：按照作用不同，基础可以分为电杆基础和铁塔基础。钢筋混凝土电杆基础一般采用底盘、卡盘、拉盘。铁塔基础一般根据铁塔类型、地形、地质和施工条件的实际情况确定，一般借助于混凝土或钢筋混凝土的底脚和基础来固定。杆塔基础、拉线基础的类型选择和强度稳定设计与线路所通过地区的水文、地质等情况有关。

87 钢筋混凝土电杆底盘承受的总下压力包括什么？

答：底盘承受的总下压力包括：①杆塔的垂直下压荷重（包括垂直档距的一档导线质量，绝缘子、金具、横担及杆塔本身的质量）；②底盘上土重；③底盘自重。

88 铁塔基础分为哪几类？ 分别适用于什么情况？

答：（1）混凝土或钢筋混凝土基础。这种基础在施工季节暖和并且石、水、沙来源方便的情况下可以考虑采用。

（2）预制钢筋混凝土基础。这种基础适用于石、水、沙的来源距塔位较远，或者因在冬季施工、不宜在现场浇筑混凝土基础时采用，但预制件的单件质量应适合现场运输条件。

（3）金属基础。这种基础适用于高山地区交通运输困难的塔位。

（4）灌注桩式基础。它分为扩底短桩和等径灌注桩两种基础。扩底短桩基础适用于黏性土或其他坚实土壤的塔位。当塔位处于河滩时，考虑到河床冲刷或漂浮物对铁塔的影响，常采用等径灌注桩深埋基础。由于这类基础埋置在近原状的土壤中，因此它变形较小，抗拔能力强，并且可以改善劳动条件和节约土石方工程量。

（5）岩石基础。这种基础应用于覆盖层薄且岩石的整体性比较好或山区岩石裸露的塔位。方法是把地脚螺栓或钢筋直接锚固在岩石内，利用岩石的坚固性和整体性取代混凝土基础。

89 如何选择基础？ 对基础有什么要求？

答：对于杆塔基础，除根据荷载、地质条件和现场实际确定其经济、合理的形式和埋深外，还应考虑水流对基础的冲刷作用和基土的冻胀影响。杆根的回填土一定要夯实，并且除了城市行人道外，一般应有高出地面 300mm 的防沉土台。基础的埋深必须在冻土层深度以下，并且不应小于 0.6m。

普通钢筋混凝土基础的混凝土标号不低于 C15 级；预制钢筋混凝土基础的混凝土标号不宜低于 C20 级；混凝土基础的混凝土标号不应低于 C10 级。

设计跨河杆塔的基础时，必须进行水文地质调查，并考虑 30～50 年的河床冲刷变迁，一般宜将基础设计在常年洪水淹没区以外。在山坡上的杆塔基础，应考虑边坡稳定以及滚石或山洪冲刷的可能，并采取防护措施。如洪水淹没时，应考虑基础局部冲刷及漂浮物、流冰等撞击影响。

严寒地区应有防止混凝土电杆基础冻裂的措施。冻土层中不应设置上卡盘，以防冻土将电杆抬起。铁塔的金属基础埋入土中的大斜铁，应有防冻弯折的措施等。地下水有腐蚀作用及地基有流沙情况的基础，混凝土基础应采取防腐措施，地基应有防止砂土流失的措施。

90 无拉线单柱或门形直线杆抵抗倾覆、保持稳定的方法有哪些？

答：（1）无卡盘，只靠电杆埋入地下部分。

（2）除上卡盘外，在埋深处（底盘处）再加下卡盘。

（3）除电杆腿本身外，在地面下1/3埋深处加上卡盘。

（4）基础与边坡的安全距离不宜小于2m。

（5）为了防止岩石的进一步风化，可在岩石表面浇注混凝土保护层，混凝土浇筑完毕，采取与基础相同的方法进行养护。

（6）埋置于土中的拉线棒直径不得小于16mm（遇有腐蚀情况适当加大拉线棒直径或将拉线棒埋置混凝土中）。

91 卡盘与底盘的作用分别是什么？

答：电杆倾倒或倾斜的概率多于杆身下沉的发生。杆身发生下沉的主要原因是同杆并架或多层同杆并架造成杆身（含导线及附件）过重引起，也有个别因地基自身下沉（如地基下是被挖空的矿体），所以混凝土杆的卡盘和底盘是防倾倒与下沉的构件。按设计规程要求，电杆基础上拔及倾覆稳定安全系数，直线杆不小于1.5，耐张杆不小于1.8，转角杆及终端杆不小于2.0。

92 为什么要用卡盘替代人字拉线？

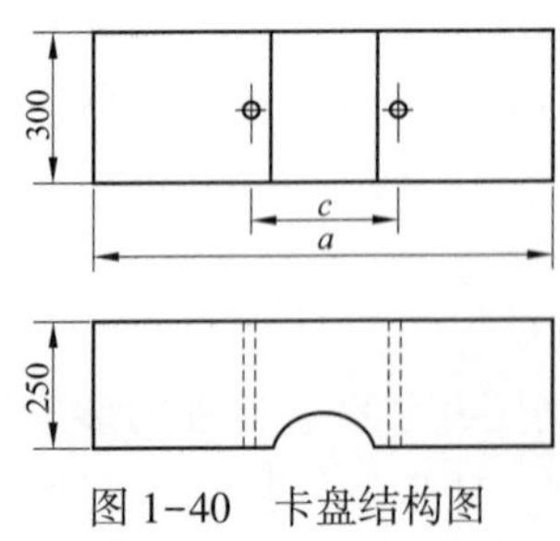

图1-40　卡盘结构图

答：为防止电杆在正常运行中发生倾斜甚至倾覆，按设计规程要求，郊区配电线路连续直线杆超过10基时，宜适当装设防风拉线（即人字拉线）。目前拖拉机使用较为广泛，对土地，特别是耕地又稀缺的情况下，大量装设防风拉线既占耕地又容易增加拖拉机剐蹭拉线造成线路外力事故，急需用卡盘替代人字拉线以保障杆身的稳定。卡盘结构如图1-40所示。

93 电杆基础采用卡盘时应符合哪些要求？

答：（1）卡盘与杆身连接紧密。

（2）安装位置、方向、深度应符合设计要求，深度允许偏差为±50mm。当设计无明确要求时，上平面距地面保持500mm为宜。

（3）安装前应将其下部土壤分层回填夯实。

94 卡盘安装有什么要求？

答：（1）单卡盘安装。安装单卡盘时，在电杆埋深的 1/3 处是卡盘的中心，卡盘应尽可能地靠近地面。在用单卡盘时应与线路方向一致，左右交替安装，如图 1-41 所示。

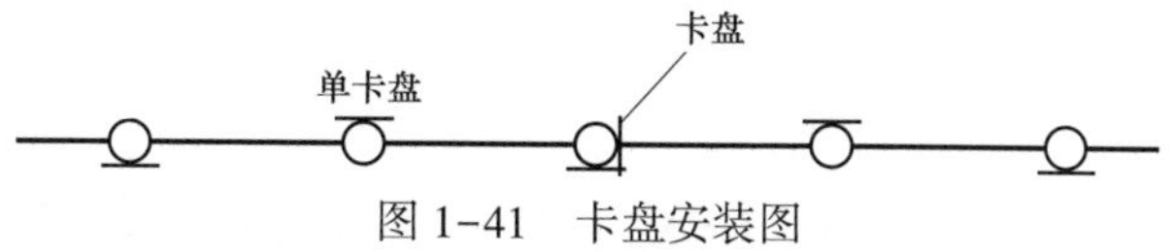

图 1-41　卡盘安装图

（2）双卡盘安装。为充分发挥第二卡盘稳固杆身的作用。第二个卡盘应紧贴第一卡盘的下面并与第一卡盘垂直安装。卡盘与杆身之间用弧度与长度适当的 U 形抱箍相连。如装两个卡盘应先装第二卡盘（下层）再装第一卡盘上层。对 10°及以上的转角杆，卡盘安装于电杆分角线的内侧，上、下两侧夹角的放置要求与直线杆相同。如果必须采取措施使杆身稳定，在无卡盘时可现场浇混凝土替代，但混凝土的标号应不小于 C20 级，并可将电杆四周浇注厚度均不小于 300mm。

95 对底盘安装有什么要求？

答：在流沙、沼泽、稻田等土质处，在杆根底部混凝土面积的压力在 $147kN/m^2$ 及以上时，应该在杆坑的底部设置底盘，防止电杆竖立后，杆身下沉。用底盘时，电杆坑深应加深 200mm。电杆基坑采用底盘时，底盘的圆槽面与电杆中心线垂直、找正后应填土夯实至底盘表面。中、低压配电线路在勘察、定位时，很少采用经纬仪，在立杆时往往需要适度调整电杆根部位置，而在底盘设置的圆坑会给调整电杆根部左右位置造成困难，也会给加工时造成不便，因此宜取消底盘的小圆坑，如图 1-42 所示。

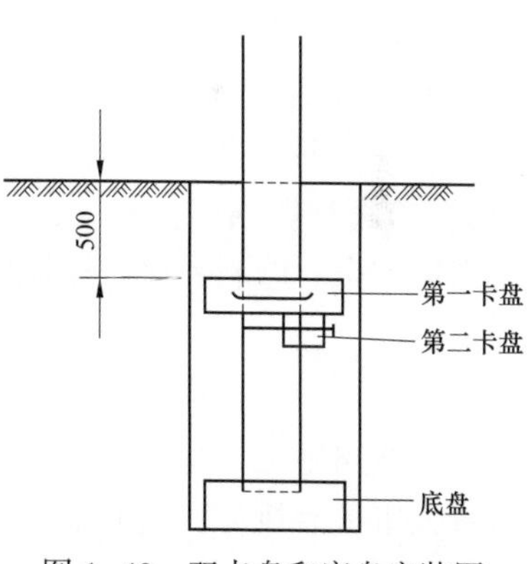

图 1-42　双卡盘和底盘安装图

96 拉线盘有什么作用？拉线盘外观检查应符合什么要求？

答：拉线盘用于增加拉线的抗拔力，防止电杆倾覆。根据埋拉线盘的土质计算拉线盘的埋深，并满足安全系数的要求。拉线盘的埋深应根据拉线所承受的最大拉力，选用拉线盘的长和宽。拉线盘可采用钢筋混凝土预制件、天然石料制造等。

拉线盘外观检查应符合以下要求：

（1）构件表面必须平整，不应有明显的缺陷。

（2）应能保证构件间或构件与铁件、螺栓之间的连接安装。

（3）预应力钢筋混凝土预制件不应有纵向及横向裂纹。

（4）普通钢筋混凝土预制件放在地面检查时，不应有纵向裂缝，横向裂缝不应超过 0.05mm。

10kV及以下配电线路施工

第一节　10kV 及以下配电线路施工组织设计

1 施工组织设计的目的是什么?

答: 在进行一些大型线路施工、检修工作时，由于点多面广、人员混杂、时间紧凑、任务繁重等原因，使现场情况十分复杂，作业人员受环境和情绪的影响容易出现一些纰漏和失误。如果不在施工、检修前对工作进行合理的安排，落实好相关人员的责任和应采取的具体措施，安全隐患将如影随形，事故也将一触即发，安全得不到保证，工程的质量和工期就更是无从谈起。在重大施工（检修）工作前编制合理、可行的施工（检修）方案，明确作业方式、步骤、三大措施以及每一位作业人员的职责，可以确保工程得以安全、顺利和保质保量地进行。

2 线路施工方案的编制、审核、执行有什么规定?

答: 线路施工（检修）方案一般由施工、检修部门的线路专责或技术员编制，经部门负责人审核后执行；重大施工（检修）方案应报安监、生技部门审核并经公司生产副总经理或总工程师批准后执行。

3 编制人员在编制线路施工方案过程中应注意什么?

答: 施工（检修）方案编制人员是施工工程的设计师，必须树立“安全第一”的思想，从施工图纸开始就必须认真考虑施工安全问题，尽可能地不给施工和操作人员留下隐患。编制人员应当充分掌握工程概况、施工工期、场地环境条件，根据工程的特点，科学地选择施工方法、施工机械，合理地布置施工平面，制订具有针对性的安全施工措施，使之起到保证施工进度、确保工程质量和安全、科学、合理、有序地指导施工的作用。

4 施工组织设计的编制原则是什么?

答: (1) 严格执行施工程序。

（2）科学地安排施工顺序。

（3）采用先进的施工技术和设备。

（4）应用科学的计划方法，制订最合理的施工组织方案。

（5）落实季节性施工的措施，确保全年连续施工。

（6）确保工程质量和施工安全。

（7）节约施工费用，降低工程成本。

5 施工组织设计的编制流程及内容是什么？

答：（1）应对编制方案的目的、依据、适用范围及其他相关事项进行简明扼要的介绍，从整体上概述与工程相关的内容。

（2）明确施工（检修）的具体任务、起止时间、停电线路名称及交叉跨越情况，并针对现场实际特点提出切实可行的作业方法。

（3）做好施工（检修）前的准备工作，确定使用的工器具和材料的型号、规格及数量，并针对所采取的作业方法提出具体的操作步骤。

（4）制订合理的组织措施。

（5）提出有针对性的安全措施。

（6）交代各重要工序应采取的技术措施。

6 施工组织设计的编制为什么要制订合理的组织措施？ 应包含哪些内容？

答：合理的组织措施是工程得以安全、有序、保质保量进行的重要保证。如果不对工作进行明确分工，落实相关人员的职责，那么整个工程队伍都将是一盘散沙，每一个作业人员对工程状况都混沌不清，发生紧急情况时势必茫然不知所措，后果将不堪设想。

在编制组织措施时，应包含以下内容：

（1）设立该项工作的组织机构，明确该机构的职责。

（2）明确工程总负责人（总指挥）的姓名和应负的主要责任。

（3）明确安全负责人的姓名、应负的主要责任和应做的工作。

（4）明确技术负责人的姓名、应负的主要责任和应做的工作。

（5）明确现场工作负责人的姓名、应负的主要责任和应做的工作。

（6）明确后勤负责人的姓名和应负的主要责任和应做的工作。

（7）明确作业人员的分工情况和相关要求。

（8）准备工作的安排情况。

（9）全体工作人员的联系方式。

7 施工组织设计的编制应如何制订安全措施？

答：安全措施应从人员教育、危险点预控、措施落实、安全管理等方面进行详细的安排，尤其要进行深入的危险点分析。实行预控就是要根据作业内容、工作方法、作业环境、人员状况（包括人员情绪）、设备实际等去分析，查找可能导致人为失误事故的危险因素，再依据规程制度逐一制订防范措施，不得照搬规程或套用其他工程安全措施，并在生产现场实施程序化、规范化作业，以达到防止人为失误事故发生的目的。安全措施应详细体现工程施工过程中逐级监督、逐级管理、层层落实安全责任的思想，责任到人，确保各项措施落到实处。对工程施工过程中涉及的较为特殊的作业项目，在安全措施中要加以特别体现，即安全措施的编制应结合工程特点和现场实际情况，并针对工作中可能存在的危险点和安全管理的薄弱环节进行分析，提出有效的防范措施。

8 安全措施应包含哪些内容？

答：(1) 工作票的办理和执行情况。

(2) 线路停电、验电和挂、拆接地线的顺序和有关注意事项。

(3) 注明保留的带电线路名称，明确与带电体之间的安全距离。

(4) 工器具的外观检查和载荷试验情况。

(5) 工器具在使用时与相关构件的匹配情况。

(6) 防止高空坠落和物体打击的措施。

(7) 检修杆塔的受力情况和补强措施。

(8) 放紧线时，防止作业人员被展放的导地线兜住或抽伤的措施。

(9) 出现异常情况时的处理方法。

(10) 送电前的安全注意事项。

9 编制安全措施时要注意把握哪几方面的重点？

答：对于农村配网工程施工危险性、复杂性和施工困难程度较大的作业项目，在编制安全措施时，要注意把握的重点有三方面，即前期现场勘察、风险辨识分析和编制安全措施。

10 农村配网工程施工前期现场勘察有哪些要点？

答：(1) 明确工作内容，查看施工（检修）作业现场需要停电的范围、拟保留的带电部位、邻近带电的线路、交叉跨越的线路、可能导致反送电等的设施。

(2) 了解作业现场的条件，查明周围环境及其他危险因素，为施工安全措施的编制提供准确的基础信息。

(3) 组织进行现场勘察时，应仔细、认真，根据工作任务、现场的作业条件及环境，将实际勘测具体数据详细地填写现场勘察记录。

11 现场勘察时，如何确定需要停电的范围？

答：确定需要停电的范围主要指施工中需要直接触及的线路、电气设备；施工过程中人员、工器具和材料可能触及或接近导致安全距离不能满足《国家电网公司电力安全工作规程（线路部分）》(简称《安规》) 表 3-1、表 3-2、表 5-1、表 5-2 规定距离的电力设施；作业过程中起重机械、起重辅具或吊物工器具可能触及或安全距离不能保证《安规》表 11-4 安全规定距离的电力设施等。

12 现场勘察时，对于施工现场保留的带电部位应注意什么？

答：（1）在施工作业区域内，作业人员、施放或撤除的导线（考虑施工中导线的弹跳）、各类施工机具等与电气设施满足《安规》表3-1、表3-2、表5-1、表5-2安全距离的规定，牵引绳索或拉绳与电力设施符合《安规》表11-4安全距离规定，不需停电的线路及设备。

（2）通过采取有效防护措施，能够充分保证作业人员、施放或撤除的导线（考虑施工中导线的弹跳、摆动）、各类施工机具等与电气设施满足《安规》表3-1、表3-2、表5-1、表5-2安全距离的规定，牵引绳索或拉绳与电力设施符合《安规》表11-4安全距离规定，不需停电的线路及设备。

13 现场勘察时，对于施工现场的工况条件应注意什么？

答：（1）现场施工作业条件，包括人员进出场地、设备材料搬运通道与摆放地点、电杆起吊或倒伏方向、线路施放条件、机械进出机械作业面的工作条件等。

（2）人员往返或紧急撤离现场、设备材料运输或机械转场等外围场地及交通条件等。

（3）现场施工条件，包括地表情况（如岩石、坚土、普土、池塘等），可能涉及的地下设施情况（如电缆、地下给排水、热力管网、输油/气管道或通信设施等）。

（4）现场地形条件以及作业地段小范围地形特点（如高差、浮石坠落等）。

14 现场勘察时，对于施工区域周围环境应注意什么？

答：（1）施工作业中是否妨碍周边居民的日常生活等。

（2）施工作业中是否对周边构筑物、通信设施、交通设施产生影响。

（3）现场作业与周边设施的相互影响（如施工作业是否与车辆及船舶通行相互影响）。

（4）线路施工跨越铁路及公路等条件。

（5）跨越河流、水库及池塘情况。

15 在进行风险辨识和危险点分析时有什么注意事项？

答：（1）征求各方意见，进行信息沟通和交流，经过充分的讨论、风险分析，采取相对应的安全措施。

（2）对于安全风险相对较高的农村配网工程施工作业，应根据勘察记录，由生产技术、安全监督、施工作业单位相关人员一起分析现场工作条件，在清楚作业环境的基础上，确定作业全过程中的危险点，制订危险点预控措施，并落实到施工安全措施、组织措施、技术措施、施工方案及现场标准化作业指导书（卡）中。

（3）农村配网工程设施施工中，危险源辨识主要包括工作场所或施工管理过程中可能发生意外的触电伤害、机械伤害、交通伤害、热能或化学物质伤害等。施工中既要重点防范触电，高处坠落、倒（断）杆、断线等风险，也要重视机械伤害、中毒、交通事故、火灾等风险的预控。

16 农村配电施工中制订安全措施应遵循的原则是什么？

答：农村配电施工中，在制订施工安全技术措施应遵循“消除风险、控制风险”的原则。

17 制订防止触电的安全措施时应注意什么？

答：（1）对作业人员需要触及以及不能保证安全距离的电力设施要采取保证安全的技术措施。被跨越的10kV和0.4kV线路一般应停电并接地，尽量避免采用带电跨越线路进行施工作业。

（2）采取隔离防护措施。若施工确需跨越带电线路，在跨越处要按照相关规定搭设跨越架。

18 制订杆塔施工的安全措施时应注意什么？

答：（1）立、撤杆应设专人统一指挥。开工前，应交代施工方法、指挥信号和安全组织、技术措施，作业人员要明确分工、密切配合、服从指挥。

（2）在居民区和交通道路附近立、撤杆时，应具备相应的交通组织方案，并设警戒范围或警告标志，必要时派专人看守。

（3）立、撤杆应使用合格的起重设备，禁止过载使用。立、撤杆塔过程中基坑内禁止有人工作。除指挥人及指定人员外，其他人员应在处于杆塔高度的1.2倍距离以外。

19 制订放线、紧线及撤线的安全措施时应注意什么？

答：（1）放线、紧线与撤线工作均应有专人指挥、统一信号，并做到通信畅通、加强监护。工作前应检查放线、紧线与撤线工具及设备是否良好。

（2）交叉跨越各种线路、铁路、公路、河流等放、撤线时，应先取得主管部门同意，做好安全措施，如搭好可靠的跨越架、封航、封路、在路口设专人持信号旗看守等。禁止采用突然剪断导、地线的做法松线。

20 制订其他安全措施时应注意什么？

答：在编制安全措施时，针对采用新工艺、新技术、新设备、新材料等施工的特殊性制订相应的安全技术措施；对爆破、电气焊等施工专业、工种以及施工各阶段、交叉作业等应编制有针对性的安全技术措施等。

21 编制技术措施时应考虑哪些内容？

答：交代各重要工序应采取的技术措施。为确保工程质量，提高施工、检修技术水平，使工作人员能按照技术标准和工艺要求进行作业，在方案中应提出切实可行的技术措施。编制技术措施时应从以下几个方面加以考虑：

（1）一些工序的允许误差范围、技术参数等技术指标。

（2）安装操作的技术标准和工艺要求。

（3）有关技术上的注意事项。

22 施工组织设计包括哪些内容？

答：（1）编制依据。

（2）工程概况，包括线路路径和项目工程的设计概况及工程量，项目工程沿途地形、地质、地貌和气候条件、交叉跨越、公路交通和地方材料物资资源条件。

（3）施工组织机构设置和人力资源计划。

（4）总平面布置方案。

（5）主要施工方案、措施，包括新型基础和铁塔施工及季节性施工措施。

（6）特殊施工方案，包括桩基、特殊土方开挖、特殊地形和基础处理，大跨越、不停电跨越施工等。

（7）分部工程进度和总工期进度计划。

（8）影响施工进度的主要因素分析和保证工期主要措施。

（9）工程资金使用计划。

（10）施工指挥机构和施工队伍驻地选择，办公及生活后勤保障安排。

（11）物资供应计划，包括设备、原材料的采购、堆放和保管方式，中转站布点，各杆位设备、原材料的运输和供给方式、平均运输半径和运输量的统计。

（12）主要施工机械、机具配备清册。

（13）施工质量规划、目标和保证措施。

（14）安全、文明施工、职业健康和环境保护目标及保证措施。

（15）采用“四新”和降低成本措施。

（16）技术培训计划。

（17）竣工后完成的技术总结初步清单。

第二节　登　杆　操　作

23 简述登杆工具分类及作用。

答：登杆工具分为脚扣和脚踏板两种，脚扣又分为用于登钢筋混凝土杆带防滑胶套不可调铁脚步扣及带胶皮的可调式铁脚扣。

（1）脚扣。常用可调式铁脚扣主要用来攀登拔梢钢筋混凝土杆，也可用于攀登等径杆，其外形如图 2-1 所示。

（2）脚踏板。脚踏板是用质地坚韧的木材如水曲柳、柞木等，制成 30～50mm 厚的长方体踏板，再用白棕绳将绳的两端系结在踏板两头的扎结槽内，在绳的中间穿上一个铁制挂钩而成。绳长应保持操作者一人加手长，踏板和白棕绳应能承受 300kg 质量，脚踏板的尺寸及使用方法如图 2-2 所示。

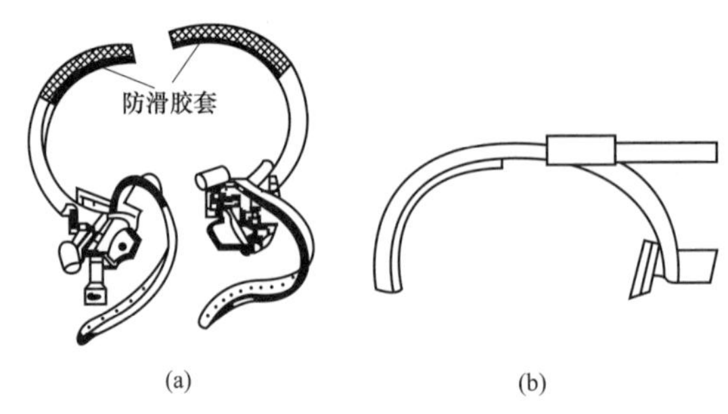

图 2-1　脚扣
（a）钢筋混凝土杆脚扣；（b）可调式脚扣

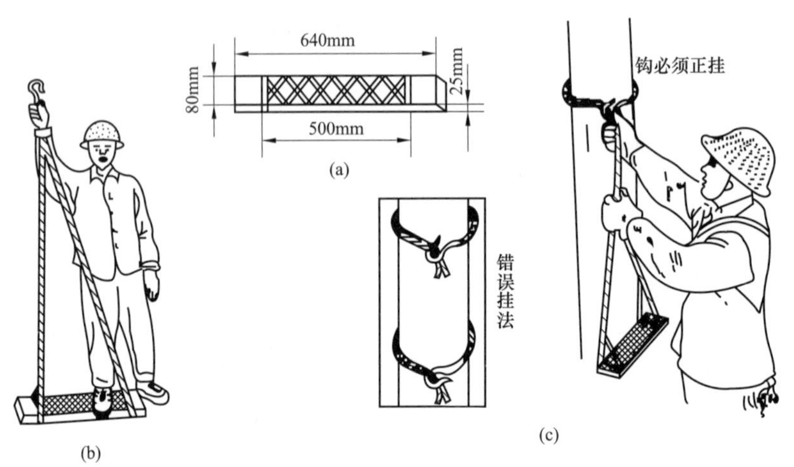

图 2-2　脚踏板
（a）踏板尺寸；（b）踏板绳长度；（c）挂钩方法

24 简述用脚扣登杆及下杆的步骤。

答：登杆前应对脚扣进行冲击试验，试验时先登一步电杆，然后使整个人体重力以冲击的速度加在一只脚扣上，若无问题再试另一只脚扣，证明两只脚扣都完好时方可进行登杆。

根据杆根的直径，调整好合适的脚扣节距，使脚扣能牢靠地扣住电杆，以防止下滑或脱落到杆下。登杆时，两手扶杆，用一只脚稳稳地扣住电杆，另一只脚准备提升，若左脚向上跨时，则左手应同时向上扶住电杆，接着右脚向上跨扣、踩稳，右手应同时向上扶住电杆，这时再提起左脚向上攀登。两只脚应交替上升，步子不宜过大，身体上身前倾，臀部后坐，双手切忌搂抱电杆。双手快到杆顶时要选择好合适的工作位置，系好安全带，如图 2-3 所示。

下杆方法基本是上杆动作的重复，只是方向相反。如果钢筋混凝土杆是拔梢杆，在开始上杆时选择好的脚扣节距在登到一定高度以后，可适当收缩，使其适合变细的杆径，这样才能使脚扣扣牢电杆；在下杆时应逐渐伸展脚扣的节距以适应逐渐增大的杆径。

具体调节方法为：若调节左脚脚扣时，右脚踩稳，左脚脚扣从杆上拿出并抬起，左手扶住电杆，右手绕过电杆抓住左脚脚扣上半部拉出或推进到合适的位置，来达到调节的目的，若调节右脚脚扣则相反，如图 2-4 所示。

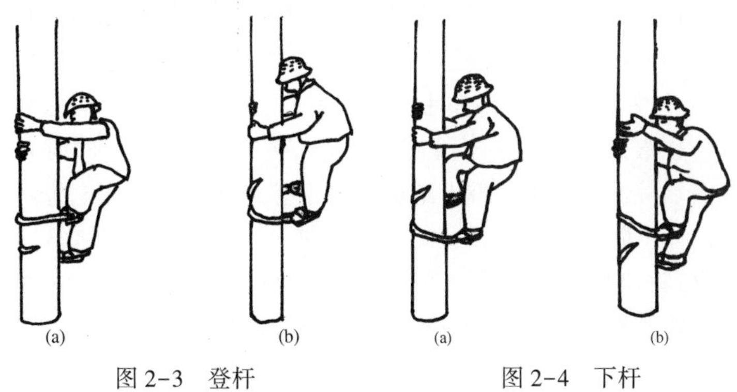

(a) (b) (a) (b)

图 2-3 登杆　　图 2-4 下杆

25 简述用脚踏板登杆及下杆的步骤。

答：上杆前，先检查脚踏板各部分有无缺陷，经试验无问题后再进行登杆。上杆时，先把一只踏板钩挂在电杆上，高度以操作者能跨上为准，另一只踏板反挂在肩上；用右手握住挂钩端双根棕绳，并用大拇指顶住挂钩，左手握住左边贴近木板的单根棕绳，把右脚跨上踏板，然后右手、右脚同时用力使人体上升，待重心转到右脚，左手即向上扶住电杆，如图 2-5（a）和（b）所示。当人体上升到一定高度时，松开右手并向上扶住电杆使人体立直，将左脚绕过左边单根棕绳踏入木板内，如图 2-5（c）所示。待人体站稳后，在电杆上方挂上另一只踏板，然后右手紧握上一只踏板的双根棕绳，并用大拇指顶住挂钩，左手握住左边贴近木板的单根棕绳，把左脚从下踏板左边的单根棕绳内绕出，改成站在下踏板正面，接着将右脚跨上上踏板，手脚同时用力，使人体上升，如图 2-5（d）所示。当人体左脚离开下面踏板后，需要将下面的踏板解下，此时左脚必须抵在下踏板挂钩的下面，然后用左手将踏板挂钩摘下，向上站起，如图 2-5（e）所示。重复上述各步骤进行攀登，直到所需高度。

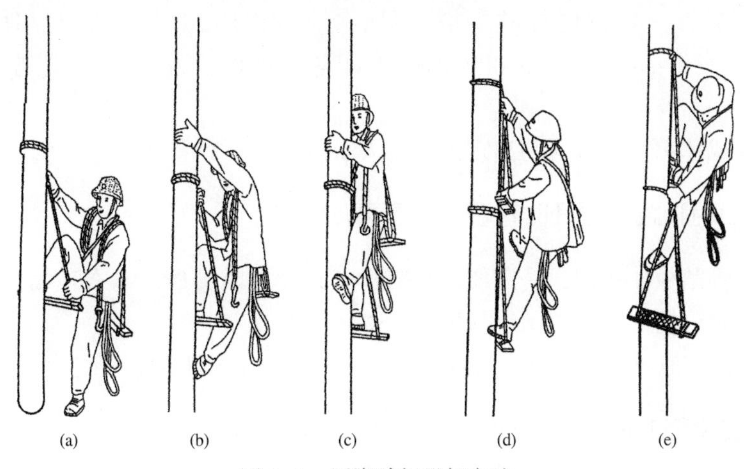

(a) (b) (c) (d) (e)

图 2-5 用脚踏板登杆方法

下杆与登杆程序相反。开始时人体站稳在现用的一只踏板上（左脚绕过左边棕绳踏在木板上），把另一只踏板钩挂在下方电杆上；然后，右手紧握踏板挂钩处两根棕绳，并用大拇指抵住挂钩，左脚抵住电杆向下伸，随即用左手握住下踏板的挂钩处，人体也随左脚的下落下降同时把下踏板降到适当位置，将左脚插入下踏板两根棕绳间并抵住电杆，如图 2-6（a）所示。接着，将左手握住上踏板靠近木板左端的棕绳，同时左脚用力抵住电杆，以防止踏板滑下和人体摇晃，如图 2-6（b）所示。同时右手下移至上踏板下侧靠近木板右端棕绳，双手紧握上踏板的两根棕绳，左脚抵住电杆不动，人体逐渐下降，双臂也随人体下降而慢慢伸直，此时人体向后仰开，同时右脚从踏板中退下，使人体不断下降，直到右脚踏到下踏板，如图 2-6（c）和（d）所示。把左脚从下踏板两根棕绳内抽出，人体贴近电杆站稳，左脚下移并绕过左边棕绳踏到下踏板上，如图 2-6（e）所示。重复上述各步骤进行攀登，直到人体双脚着地。

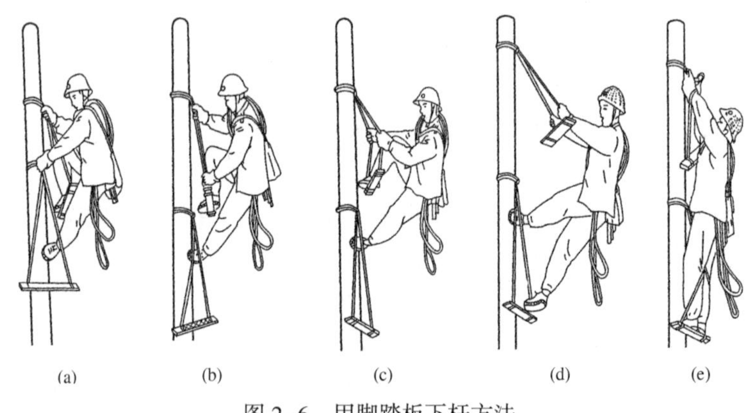

图 2-6　用脚踏板下杆方法

26 使用脚扣登杆时有哪些注意事项？

答：（1）在登杆前应对脚扣进行人体荷载冲击试验，检查脚扣是否牢固可靠。穿脚扣时，脚扣带的松紧要适当，防止脚扣在脚上转动或脱落。

（2）上杆时，一定按电杆的规格，调节好脚扣的大小，使之牢靠地扣住电杆，上、下杆的每一步都必须使脚扣与电杆之间完全扣牢，否则容易出现下滑及其他事故。

（3）雨天或冰雪天登杆容易出现滑落伤人事故，故不宜登杆。

27 使用脚踏板登杆时有哪些注意事项？

答：（1）脚踏板使用前，一定要检查踏板有无开裂或腐朽，绳索有无腐蚀或断股现象，若有应及时更换处理，否则容易出现滑落伤人事故。

（2）在登杆前应对脚踏板进行人体荷载冲击试验，检查脚踏板各部位是否牢固可靠。

28 安全带的使用方法及注意事项有哪些？

答：安全带是安装、检修架空线路高空作业必需的工具，主要是防止工作人员发生高空摔跌。登杆前，将安全带系在腰部以下臀部以上的位置，松紧自如、适当。在杆上作业前，一定要将安全带系在杆塔的牢固部位上，将腰带挂钩上保险环打开，与安全带另一头的挂环扣好，把保险环挂在防止挂钩脱钩的位置。安全带系带的长短，视工作的方式而调整。每次解、挂安全带时，必须检查安全带环扣是否扣牢，工作位置转移时，不得失去安全带的保护。

29 安全帽的作用是什么？对安全帽的性能有什么要求？

答：安全帽是用来防高空落物、减轻对头部冲击伤害的一种防护用具，因此它必须具有良好的冲击吸收性能、耐穿透性能、耐低温性能、电绝缘性能和侧向刚性。

30 传递绳的作用是什么？简述工程中常用绳结的打法及其用途。

答：高空作业时，上、下传递工具、材料必须使用传递绳，严禁抛扔。常用传递绳是用柔性绳索如麻绳、棕绳、锦纶绳等。工程中常用绳结的打法及用途如图 2-7 所示。

（1）直扣：临时将麻绳的两端结在一起，能自紧，容易解开，如图 2-7（a）所示。

（2）活扣：用途和直扣相同，用于需要迅速解开的情况下，如图 2-7（b）所示。

（3）紧线扣：紧线时用来绑结导线，也可用于拴腰系扣，如图 2-7（c）所示。

（4）猪蹄扣：在传递物件和抱杆顶部等处绑绳时用，如图 2-7（d）所示。

（5）抬扣：抬重物时用此扣，调整和解开比较方便，如图 2-7（e）所示。

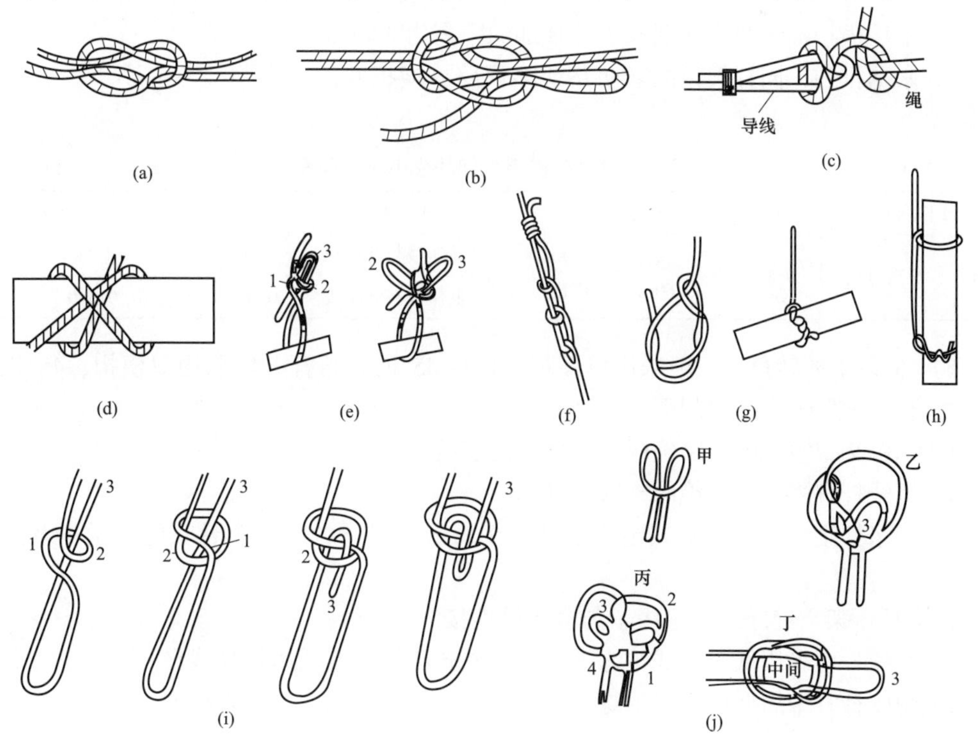

图 2-7　工程中常用的绳扣

（a）直扣；（b）活扣；（c）紧线扣；（d）猪蹄扣；

（e）抬扣；（f）倒扣；（g）背扣；（h）倒背扣；（i）拴马扣；（j）瓶扣

（6）倒扣：临时拉线往地锚上固定时用，如图 2-7（f）所示。

（7）背扣：在杆上作业时，上下传递工具、材料等用此扣，如图 2-7（g）所示。

（8）倒背扣：垂直起吊轻而细长的物件时用此扣，如图 2-7（h）所示。

（9）拴马扣：绑扎临时拉绳时用此扣，如图 2-7（i）所示。

（10）瓶扣：吊物体时用此扣，物体吊起时可以不摆动，而且扣结较结实可靠。吊瓷套管等物体多用此扣，如图 2-7（j）所示。

第三节 配电线路安装

31 电杆的装配有什么要求？

答： 钢筋混凝土电杆使用角铁横担时一般都用抱箍固定，横担安装后就可安装绝缘子。

（1）横担的安装要求。

1）单横担在电杆上的安装位置一般在线路受电侧；承力杆单横担装在张力的反侧；直线杆、终端杆横担与线路方向垂直，30°及以下转角杆横担应与角平分线方向一致。

2）横担安装应平直，上下歪斜或左右（前后）扭斜的最大偏差应不大于横担长度的 1%。

3）上层横担准线与钢筋混凝土杆顶部的距离为 200mm。

4）水平排列，同杆架设的双回路或多回路，横担间的垂直距离不应小于表 2-1 所列距离。

表 2-1　同杆架设线路横担之间的最小垂直距离　（m）

导线排列方式	直线杆	分支或转角杆	导线排列方式	直线杆	分支或转角杆
高压线与高压线	0.8	0.45（距上横担） 0.60（距下横担）	高压线与低压线	1.20	1.00
			低压线与低压线	0.60	0.300

5）15°以下的转角杆一般采用单横担；15°～45°的转角杆一般采用双横担；45°以上的转角杆，一般采用十字横担。

（2）10kV 架空配电线路绝缘子与横担的连接。

1）直线杆宜采用针式绝缘子或瓷横担。

2）耐张杆宜采用一个悬式绝缘子和一个蝶式绝缘子，或两个悬式绝缘子串及耐张线夹。

（3）低压架空绝缘线路绝缘子与横担的连接。

1）直线杆应采用低压针式绝缘子、低压蝶式绝缘子或低压悬挂线夹。

2）耐张杆宜采用低压蝶式绝缘子、一个悬式绝缘子或低压耐张线夹。

32 电杆装配有哪些检查项目？

答：（1）电杆各螺栓部件必须均经过热镀锌处理，栓口无滑丝、断丝现象。螺栓穿入方向为顺线路者由送电侧（或按统一方向）穿入；横线路者两侧由内向外，中间由左向右（指面向受电侧）或按统一方向；垂直地面者一律由下向上穿。采用螺栓连接构件时，螺栓应与构件面垂直，螺栓头平面与构件间不应有间隙，螺母拧紧后，螺杆露出螺母的长度，单螺母不应小于 2 个螺距，双螺母可与螺母相平。

（2）横担应牢固地安装在电杆上，并与电杆保持垂直且平正，上下歪斜或左右（前后）扭斜的最大偏差应不大于横担长度的 1%，如果是两层以上横担，各横担间应保持平行。

（3）瓷横担安装绝缘子，当直立安装时，顶端顺线路歪斜不应大于 10mm；水平安装时，顶端宜向上翘起 5°~15°；顶端顺线路歪斜不应大于 20mm。当安装于转角杆时，顶端竖直安装的瓷横担支架应安装在转角的内角侧。

（4）针式绝缘子安装在横担上应垂直牢固，无松动现象，在铁横担上安装针式绝缘子时，应有弹簧垫圈或用双螺帽紧固以防松脱。

33 电杆的埋设深度有什么要求?

答：一般电杆的埋设深度采用表 2-2 所列数值。

表 2-2　电杆的埋设深度　（m）

杆高	8.0	9.0	10.0	11.0	12.0	13.0	15.0	18.0
埋深	1.5	1.6	1.7	1.8	1.9	2.0	2.3	2.7

34 如何确定电杆吊点?

答：（1）对于一般等径杆，单吊点 C 的 $LC \approx 1.44L$。其中 L 指从杆根支点到吊点的距离，LC 指重心到杆根支点的距离。

（2）对于锥形杆，锥度 1/75。单吊点 C 的理想位置 $LC=0.8L$，其中的 LC 指吊点到杆根支点的距离，L 指杆梢到杆根支点的距离。

35 简述电杆的起立方法。

答：钢筋混凝土杆的起立视杆的规格（即杆高、直径、质量）和现场起立条件来确定。15m 及以下的电杆起立方法一般采用固定式人字抱杆起吊方法和汽车起重机立杆法。

（1）固定式人字抱杆起吊。

1）固定式人字抱杆起吊布置。固定式人字抱杆就是用两根等长的具有规定截面积和长度的木杆或钢抱杆，顶端用棕绳或铁帽子连在一起，铁帽子的中间焊上一吊环，用来挂滑轮，起吊电杆用，下脚可以岔开一定距离（一般为抱杆高度的 1/3 左右），使顶端连在一起的抱杆有一定的角度，从而构成人字抱杆。

在人字抱杆帽上与人字抱杆面相垂直的前后两面各引临时拉线一根，用来稳固人字抱杆，也可以以调整抱杆面对地的夹角。

在人字抱杆帽上挂上需要的滑轮组，滑轮组一端的钢绳经抱杆中一个杆脚的单片滑轮，然后到绞磨上，按要求缠绕；另一钢绳上的钩子钩牢电杆身上一定位置（吊点）的千斤钢绳，这样就具备了起吊电杆的基本条件。固定式人字抱杆起吊场地布置如图 2-8 所示。

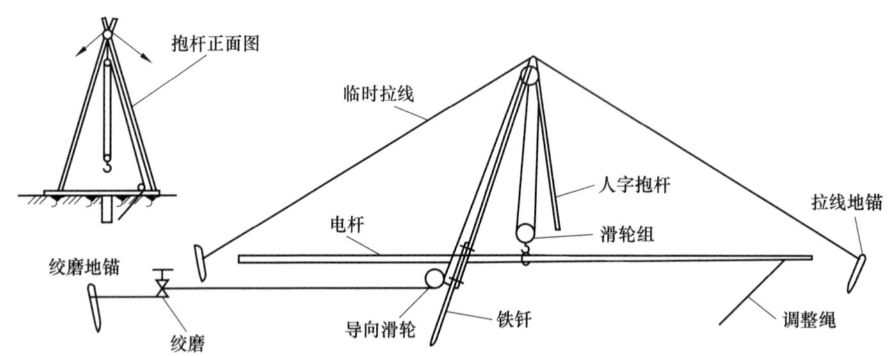

图 2-8　固定式人字抱杆起吊场地布置

2）电杆起吊。电杆起立过程中，除指挥人员及指定人员外，其他人员必须远离杆下 1.2 倍杆高的距离以外，当电杆起吊离开地面约 0.5～1m 时应停止起吊，对电杆进行一次冲击试验；随后再对各受力点做一次全面检查，如各绑扎点绳扣是否牢固、各锚桩是否松动、主杆有无弯曲裂纹，抱杆两侧受力是否均匀，抱杆脚有无滑动及下沉等，经检查确无问题后再继续起吊。电杆立好后，应立即进行调整找正，及时夯实回填土。在电杆四周夯实回填土时，应每回填 300mm 夯实一次，最后还应有高出地面 300mm 的防沉土。

（2）汽车起重机立杆。汽车起重立杆是城市主干道中理想的立杆方法，既安全，效率又高，突出优点是机械化程度高，减轻了繁重的体力劳动，不但减少了施工人员，而且加快了施工进度，应优先选用。

立杆时先将汽车起重机开到距坑口适当位置，放下吊车液压腿，撑起起重机，然后将吊钩吊在杆身重心偏上处。当杆梢吊离地面 0.5～1m 时，停止起吊，检查各部位的受力和安全情况，确认无问题后再继续起吊，起吊时由一人指挥，将电杆缓缓吊起，当根部吊离地面后，由两人将杆根拉至坑口上，指挥吊车缓缓下落，直至放到坑底。然后回填土进行埋杆，并将电杆调正。

36 立杆有哪些质量要求?

答：（1）电杆根部中心与线路中心线的横向位移：直线杆不得大于 50mm；转角杆应向内角预偏 100mm。

（2）导线紧好后，直线杆顶端在各方向的最大偏移不得超过杆长的 1/200，转角杆应向外角中心线方向倾斜 100～200mm，终端杆不应向导线侧倾斜，应向拉线侧倾斜 100～200mm，分支杆应向拉线侧倾斜 100mm。

37 立杆的安全注意事项有哪些?

答：（1）立杆要专人统一指挥，开工前，讲明施工方法及信号，工作人员要明确分工，密切配合，服从指挥，在居民区和交通道路上立杆时，应设专人看守。

（2）立杆要使用合格的起重设备，严禁过载使用。

（3）立杆过程中，杆坑内严禁有人工作，除指挥人员及指定人员外，其他人员必须在远离杆下1.2倍杆高的距离以外。

（4）固定式人字抱杆起吊电杆时，抱杆的前后拉线和抱杆的中心位置这三点必须在一直线上，这样才会稳固，拉线应固定在地锚上。

（5）电杆起立登膛后，应首先填土夯实完全牢固后才可登杆作业。

（6）作业人员必须戴好安全帽。

38 拉线的安装有什么要求？

答：（1）拉线与电杆的夹角不宜小于45°，当受地形限制时，不应小于30°。

（2）终端的拉线及耐张承力拉线应与线路方向对正，分角拉线与线路方向垂直。

（3）拉线穿过公路时，对路面中心的距离不应小于6m，且对路面的最小距离不应小于4.5m。

39 简述拉线的制作过程。

答：（1）镀锌钢绞线上把的制作。

1）根据拉线的长度，在需要切断钢绞线的切断处缠绕细铁线，以防散股。

2）把钢绞线切断后，距钢绞线的一个端头量出约1m的距离，在此处将钢绞线弯曲成形如楔形线夹的舌头。

3）把钢绞线短头从楔形线夹的小口穿入，楔形线夹主体穿过弯曲部位后，将钢绞线短头从楔形线夹另一侧穿入，从小口穿出。

4）在钢绞线弯曲部装夹舌头，然后将钢绞线弯曲部朝下，楔形线夹主体往下滑落，此时钢绞线及舌头均穿入楔形线夹的主体夹库中。受力拉线靠紧线夹直面，副线靠近线夹斜面。

5）用小锤将楔形线夹主体向下击打，击打部位垫以木块，使钢绞线、舌头和楔形线夹夹紧并成为一个整体。

6）把钢绞线短头留0.4m左右，多余的切掉，操作人员把钢绞线短头与较长的另一端并紧在一起，用钢线卡子（马鞍线夹）夹紧。拉线上把制作完毕。

（2）镀锌钢绞线拉线下把的制作。当拉线盘、拉线棒埋设合格后，进行拉线下把的制作，制作方法如下：

1）在拉线棒上系好紧线器的钢丝绳钩，将紧线器与钢丝绳套连接，用紧线器将挂在电杆上的拉线收紧到适当程度。

2）将UT形线夹卸开，U形螺栓穿入拉线棒上端的拉环中，把挂好的钢绞线拉线拉直与U形螺栓丝扣部2/3处比齐，在拉线上划印。

3）操作人员在划印处弯曲拉线，弯成与UT形线夹舌头的形状基本相同，拉线穿入UT形线夹本体的方法与穿楔形线夹相同，受力拉线靠紧平直部，副线靠紧斜面部分。

4）将UT形线夹的舌头放入钢绞线弯曲部分，将UT形线夹本体向钢绞线弯曲部分位置移动，使钢绞线和舌头插入 UT 形线夹本体，并在上面垫木板用手锤击打，使钢绞线和舌头与 UT 形线夹本体紧密结合，呈现为一个整体。

5）把已做好的 UT 形线夹本体与 U 形螺栓连接，即将 U 形螺栓扣部分穿入 UT 形线夹本体的两个孔中，安装平垫、防盗帽，并拧紧螺栓。

6）将 UT 形线夹的 U 形螺栓上的螺母旋紧，两侧紧平衡，使 UT 形线夹本体与 U 形螺栓之间有一定调节裕度。U 形螺栓的栓扣应露出全长的 1/3 左右。

7）拆除紧线器及钢丝绳钩。

8）把钢绞线短头留 0.4m，切除余下部分，操作人员把钢绞线短头与较长的另一端并紧在一起，用钢线卡子（马鞍线卡）夹紧。

40 简述拉线的工艺要求。

答：（1）安装时不应损伤线股，线夹舌板与拉线接触应紧密，受力后无滑动现象。

（2）钢绞线穿入方向，制作完毕的 UT 形线夹主钢绞线与 UT 形线夹本体平面结合，线夹凸肚应在尾线侧，拉线弯曲部分不应明显松脱。

（3）拉线断头处与拉线应用钢线卡子可靠固定，拉线处露出的尾线长不宜超过 0.4m。

（4）安装前丝口上应涂润滑剂，UT 形线夹的螺杆应露出丝扣，并应有不小于 1/3 螺杆丝扣长度可供调整，调整后，UT 形线夹的双螺母应并紧。

（5）同一组拉线使用双线夹时，其尾线端的方向应统一。

41 简述放线的要求。

答：（1）低压架空线的放线通常在一个耐张段内进行，一般常用拖放法。放线时将导线轴安放在线路上，用汽车、拖拉机、畜力或人力等作为牵引动力进行牵引放线。当导线截面积较小而耐张段不大时，可采用人力牵引。牵引时应均速前进，同时注意联络信号，有不正常现象及牵引吃劲时，应停止牵引，以免损伤导线。当导线放到下一基电杆下时，由登杆人员将导线挂入装在横担上的滑轮槽内，所采用的滑轮均应用铝质或塑料合成材料制成，其滑轮直径应大于导线直径的 10 倍以上。

当导线截面积较小，且耐张段不大时，可将导线直接放在横担上而不挂滑轮，导线截面积在 $50mm^2$ 以上且耐张段档距在五档以上时，应用滑轮。

（2）相序排列面向电源从左至右为 UNVW，也有排列为 UVNW，低压架空线路一般不标色标。

（3）导线在一个耐张段内需要连接时，不准在档距中间弧垂最大的地方进行，必须在离电杆较近的地方进行连接，而且在一个档距内不准有两个以上接头。

（4）裸铝导线接头处理。对于线路中间的连接，裸铝线一般采用接续管压接。

（5）放线过程中，要注意保护导线不受损伤，随时观察导线展放情况及防止导线因挂住而产生磨伤、断股等损伤。信号监视人员应站在高处对前后旗语信号能全面看清或用对讲机进行前后联络，发生异常情况时要立即发出信号停止放线，进行处理。对信号的传递要及时、准确。

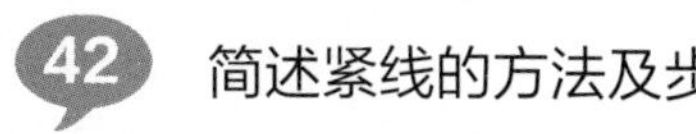

42 简述紧线的方法及步骤。

答：（1）紧线方法。配电线路的紧线一般采用单线紧线、两线紧线和三线紧线。紧线前先要做好耐张杆、转角杆和终端杆的拉线，然后分段紧线。紧线时根据导线截面积的大小和耐张段的长短，选用人力紧线、紧线器紧线、绞磨紧线或汽车紧线等。一般线路截面积不大且耐张距离也不太长时，仅采用在电杆横担上悬挂的紧线器紧线。一般先紧外侧两根，后紧内侧两根或中间一根，力求紧线时横担两侧受力均匀，否则横担将歪斜。

（2）紧线步骤。紧线时，首先将导线的一端与耐张杆上的蝶式绝缘子或耐张线夹固定好，然后在另一端耐张杆横担两端挂两个紧线器，地面人员将两侧导线在地面用力收紧，杆上人员向外探身用紧线夹头夹住导线（一般铝线应在夹口处缠绕一层铝包带），同时收紧两侧导线，紧到一定程度，杆上人员进行弧垂观测。架空配电线路一般高差不大，所以常用等长法（平行四边形法）进行观测。弧垂观测好后，将导线与蝶式绝缘子或耐张线夹固定好，最后松开紧线器。

43 导线在针式及蝶式绝缘子上如何固定绑扎？

答：导线在直线杆针式绝缘子上的绑扎法（顶扎法），绑扎步骤如下。

1）在绑扎处的导线上缠绕铝包带（若是铜导线则不缠铝包带）。把绑线盘成一个圆盘，留出一个短头，其长度为250mm左右，用短头在绝缘子侧的导线上绕三圈，其方向是从导线外侧、经导线上方绕向导线内侧，如图2-9（a）所示。

2）用盘起来的绑线在绝缘子颈内侧绕到绝缘子右侧的导线上绑三圈，其方向是从导线下方、经外侧绕向上方，如图2-9（b）所示。

3）用盘起来的绑线在绝缘子脖颈外侧绕到绝缘子左侧导线上，并再绑三圈，其方向是由导线下方、经内侧绕到导线上方，如图2-9（c）所示。

4）把盘起来的绑线自绝缘子脖颈内侧绕到绝缘子右侧导线上，并再绑三圈，其方向是由导线下方、经外侧绕到导线上方，如图2-9（d）所示。

5）把盘起来的绑线自绝缘子外侧绕到绝缘子左侧导线下面，如图2-9（d）中弧线箭头所示，并自导线内侧上来，经过绝缘子顶部交叉在导线上，然后从绝缘子右侧导线外侧绕到绝缘子脖颈内侧，并从绝缘子左侧的导线下侧经过导线外侧上来，经绝缘子顶部第二次交叉压在导线上，如图2-9（e）所示。

6）把盘起来的绑线从绝缘子右侧的导线内侧，经下方绕到绝缘子脖颈外侧与绑线短头一并在绝缘子外侧中间拧2~3个绞合成一小辫，将多余绑线剪断，并将小辫压平，如图2-9（f）所示。

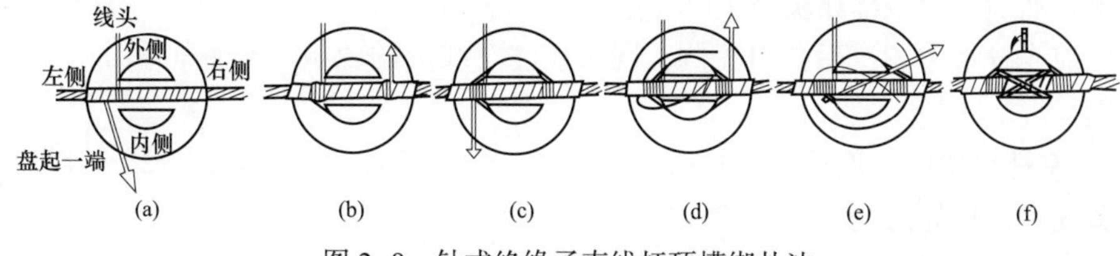

图2-9　针式绝缘子直线杆顶槽绑扎法

44 简述颈扎法的方法及步骤。

答：（1）在绑扎处的导线上缠绕铝包带，铜绞线则不包缠铝带。把绑线盘成一个圆盘，在绑线的一端留出一个短头，其长度为250mm左右，用绑扎的短头在绝缘子左侧的导线上绑三圈，方向是自导线外侧经导线上方绕向导线内侧，如图2-10（a）所示。

（2）用盘起来的绑线自绝缘子脖颈内侧绕过，绕到绝缘子右侧导线上并绑三圈，方向是自导线下方绕到导线外侧，再到导线上方，如图2-10（a）、（b）所示。

（3）用盘起来的绑线，从绝缘子脖颈内侧绕回到绝缘子左侧导线上并绑三圈，方向是自导线下方经过外侧绕到导线上方，然后再经过绝缘子脖颈内侧回到绝缘子右侧导线上，再绑三圈，方向是从导线下方经外侧绕到导线上方，如图2-10（c）所示。

（4）用盘起来的绑线自绝缘子脖颈内侧绕过，绕到绝缘子左侧导线下方，并自绝缘子左侧导线外侧经导线下方绕到右侧导线上方，如图2-10（d）所示。

（5）在绝缘子右侧上方的绑线经颈内侧绕回到绝缘子左侧经导线上方由外侧绕到绝缘子右侧导线下方回到导线内侧，这时绑线已在绝缘子外侧导线上压了一个“×”字，如图2-10（e）所示。

（6）将压完“×”字的绑线端头绕到绝缘子脖颈内侧中间，与绑线短头并拧2~3个绞合成一小辫，剪去多余绑线，并将小辫沿瓶弯下压平，如图2-10（f）所示。

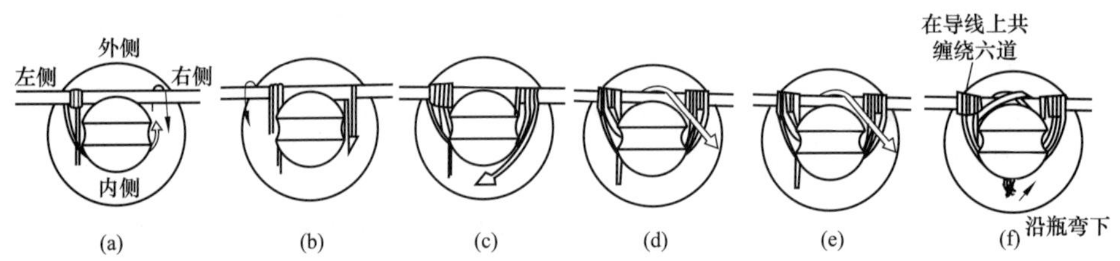

图2-10 针式绝缘子、瓷横担脖颈绑扎或低压蝶式绝缘子绑扎法

45 导线在终端杆上如何进行固定绑扎？

答：（1）导线在耐张线夹上的固定方法。

1）用紧线器收紧导线，使弛度比所要求的弛度稍小一些。

2）为了保护导线不被线夹磨伤，将导线与耐张线夹接触部分用铝带（或铝绞线）或同规格的线股包缠上。包缠时应从一端开始绕向另一端，其方向须露出线夹两端各10~20mm，最后将铝带或线股端头压在线夹内，以免松脱。

3）卸下耐张线夹的全部U形螺栓，将导线放入线夹的线槽内，应使导线包缠部分紧贴线槽。然后装上全部压板及U形螺栓，并先稍拧紧各螺母，再逐个拧紧螺母。在拧紧过程中应先拧承力侧，后拧引流侧，同时应注意线夹的压板不得偏歪和卡涩，并使其受力均衡。

4）所有螺栓紧固一次后，应进行全面检查，确保符合要求，并再拧紧一次螺栓，使之特别紧固，以免导线受张力后松脱。

（2）导线在蝶式绝缘子上的绑扎。铝绞线在蝶式绝缘子上的绑扎法也适用于铜绞线，但铜绞线不包缠铝带。绑扎步骤如下。

1）导线与绝缘子接触部分用宽 10mm、厚 1mm 软铝带包缠上（铜绞线不缠铝带）。

2）所用绑线直径和绑扎长度见表 2–3。

表 2–3　　绑线直径和绑扎长度

<table>
<tr><th>导线种类</th><th>导线规范</th><th>绑线直径</th><th>绑扎长度</th><th>导线种类</th><th>导线规范</th><th>绑线直径</th><th>绑扎长度</th></tr>
<tr><td rowspan="4">单股线
直径
（mm）</td><td>ϕ3.2 以下</td><td>2.0</td><td>40</td><td rowspan="4">多股线
截面积
（mm^2）</td><td>5.0</td><td>2.0~2.3</td><td>100</td></tr>
<tr><td>ϕ3.2~3.53</td><td>2.0~2.3</td><td>60</td><td>16~25</td><td>2.0~2.3</td><td>100</td></tr>
<tr><td rowspan="2">ϕ4.0</td><td rowspan="2">2.0~2.3</td><td rowspan="2">80</td><td>35~50</td><td>2.5~3.0</td><td>120</td></tr>
<tr><td>70</td><td>2.5~3.0</td><td>150</td></tr>
</table>

3）把绑线盘成圆盘，在绑线一端留出一个短头，长度比绑扎长度多 50mm。

4）把绑线短头夹在导线与折回导线中间凹进去的地方，然后用绑线在导线上绑扎。

5）绑扎到规定长度后，与短头拧 2~3 个绞合，成一小辫并压平在导线上。

6）把导线端部折回，压在绑线上。

46　导线绑扎固定有什么要求？

答：（1）导线在绝缘子上的绑扎应绑得很紧，使导线不能滑动。但不应使导线过分弯曲，否则不但损伤导线，还可能因导线张力破坏绑线。

（2）导线为绝缘导线时，应使用带包皮的绑线；为裸导线时，可用与导线材料相同的裸绑线。但铝合金线应使用铝线，铝镁合金线不能作绑线使用。

（3）绑扎时，应注意防止碰伤导线和绑线。绑扎铝线时，只许用钳子尖夹住绑线，不得用钳口夹绑线。

（4）绑线在绝缘子颈槽内应顺序排列，不得互相压在一起。

（5）铝带应包缠紧密无空隙，但不应相互重叠，铝带在导线弯曲的外侧允许有些空隙。铝带包缠方向与外层线股绕向一致。

第四节　接户线安装

47　什么是接户线？　接户线如何分类？

答：接户线是从架空线路电杆上引到建筑物第一支持点的一段架空导线。接户线应在电杆上及建筑物的进口处以绝缘子固定，装设在建筑物上的绝缘子弯脚或绝缘子支架，应固定在墙的主材上。禁止固定在建筑物的抹灰层或木房屋的壁面上。按架空接户线的电压等级可分为低压接户线和高压接户线。

48　简述低压架空接户线的安装要求。

答：低压接户线分架空接户线和电缆接户线。低压架空接户线引入室内时，导线应从装设在建筑物墙壁中的瓷管或塑料管穿入，低压电缆接户线，从户外配电箱经电缆沟（或穿入塑料管中直埋地下）引至室内电源开关上。

低压架空接户线的安装要求如下：

（1）低压接户线装设时不应跨越铁路、公路，城市主要街道以及高压架空配电线路，不允许从高压引下线间穿过。

（2）自电杆引下的接户线，低压接户线的标距不应大于 25m，超过规定应增设接户杆。

（3）低压进户线引入室内时，导线应从装设在建筑物墙壁中的瓷管或塑料管穿入（如用金属管应可靠接地），不允许直接引入，以防导线绝缘破损发生漏电或造成触电事故。

（4）铜芯绝缘接户线导线的截面积不应小于 $10mm^2$；铝芯绝缘接户线导线的截面积不应小于 $16mm^2$。

（5）分相架设的低压绝缘接户线的线间最小距离见表 2-4。

表 2-4　　低压绝缘接户线的线间最小距离　　（m）

架设方式	档距	线间最小距离	
自杆上引下	25 及以下	0.157	
沿墙敷设	水平排列	4 及以下	0.10
	垂直排列	6 及以下	0.15

（6）不同金属、不同规格的低压架空接户线不应在档距内连接，跨越通车道的接户线不应有接头，铜铝连接必须采取过渡措施。

（7）低压架空接户线沿墙敷设时，支架应牢固地装设在墙上，支架间距不大于 3m，各用户进户线前，一支持点与进户点之间距离大于 1m 时应另加一组支持点。

（8）接户线在用户侧的进户点对地距离不应小于 2.5m。

（9）低压架空接户线在最大弧垂时的对地距离（距路面中心的垂直距离）不应小于下列规定：

1）车辆通行的街道：6m。

2）通行困难的街道、人行道：3.5m。

3）胡同（里、弄、巷）：3m。

（10）分相架设低压接户线与建筑物有关部分的距离，不应小于下列数值：

1）与接户线下方穿户的垂直距离：0.3m。

2）与接户线上方阳台或穿户的垂直距离：0.8m。

3）与阳台或穿户的水平距离：0.75m。

4）与墙壁、构架的距离：0.05m。

（11）接户线与永久建筑物（电杆、拉线）之间距离不应小于 0.2m。

（12）接户线零线在接户处应能重复接地，接地可靠，按地电阻符合要求。

49　简述高压架空接户线的安装要求。

答：（1）高压接户线的档距不宜大于 30m。

（2）铜芯高压接户线的导线截面积不应小于25mm²；铝及铝合金高压接户线的导线截面积不应小于35mm²。

（3）高压接户线采用绝缘线时，线间距离不应小于0.45mm。

（4）接户线受电端（引入口处）的对地距离不应小于4.0m。

（5）接户线至地面或建筑物的垂直距离，城市道路不应小于7m、一般城市不应小于5.5m、繁华城市不应小于6.5m、至河流最高水位不应小于6.0m、人行过街桥不应小于4.0m、需跨越建筑物时与建筑物的垂直距离在最大计算弧垂情况下为2.5m、与永久建筑物之间的距离在最大风偏的情况下为0.75m。

（6）不同金属、不同规格的接户线，不应在档距内连接，跨越通车街道的接户线，不应有接头，接户线与导线如为铜铝连接，应有可靠的过渡措施。

（7）10kV及以下的由两个不同电源引入的接户线不应同杆架设。

50　接户线固定有哪些要求？

答：（1）在杆上应固定在绝缘子或线夹上，固定时接户线不允许本身缠绕，应用单股塑料铜线绑扎。

（2）在用户墙上使用挂钩、悬挂线夹、耐张线夹和绝缘子固定。

（3）挂线应固定牢固，可以采用穿透墙的螺栓固定，内墙应有铁垫；混凝土结构的墙壁可使用膨胀螺栓，禁止用塞固定。

（4）高压电力电缆进户时应在下列地点装设一定机械强度的保护管或加装保护罩：

1）电缆进入建筑物、隧道穿过楼板及墙壁处。

2）电缆从地下或电缆沟引出地面时，或从电杆上引入地下时，地面上2m的一段应用金属管或保护罩加以保护，其根部应伸入地面下0.1m。

3）其他可能受到机械操作损伤的地方。

第五节　配电线路的竣工验收

51　配电线路的竣工验收有何意义？ 有什么依据？

答：配电线路工程的验收是全面检查工程的设计、设备制造、施工、调试和生产准备的重要环节，是保证系统及设备能安全、可靠、经济、文明地投入运行，并发挥投资效益的关键性程序。工程的竣工验收必须以批准的文件、设计文件、国家及行业主管部门颁发的有关线路工程建设的现行标准、规范、规程和法规为依据。工程质量应按有关的工程质量验收标准进行考核。

52　配电线路的竣工验收制度有哪些种类？

答：配电线路工程的验收执行自检验收、中间检查、总体验收、复查验收制度。

53 什么是自检验收?

答: 自检验收为施工单位组织的内部验收，包括质检员对工程质量的检验和下道工序对上道工序的检验。施工单位在报请其他三种验收前，均应先进行自检验收，并填报自检表。

54 什么是中间检查?

答: 中间检查为配电线路工程施工期间，工程管理部门根据工程情况会同生产技术部门、安监部门、监理公司、设计部门、质检部门、运行单位按规定进行中间检查。中间检查必须填写相关验收资料一式四份，工程管理单位、施工单位、运行单位、工程监理单位各执一份。根据审核同意的设计图纸和有关施工标准，对工程进行中间检查。中间检查的主要内容如下：

(1) 工程的施工是否符合审查后的设计要求。

(2) 施工工艺和工程选用材料是否符合规范和设计要求。

(3) 检查隐蔽工程，如基础埋深、接地装置的埋设等，是否符合有关规定的要求。

(4) 电气设备元件安装前的特性校验等。

(5) 中间检查时做好记录，检查出的问题应通知施工单位限期消除。整改复检合格后，才允许转入下道工序。

55 什么是总体验收?

答: 总体验收为工程竣工后的全面验收即竣工验收，是工程管理部门接到施工单位工程竣工验收申请后，对工程的全面验收检查，主要内容如下。

(1) 工程的施工是否符合审查后的设计要求。

(2) 设备的安装、施工工艺和工程选用材料是否符合规范和设计要求。

(3) 一次设备接线和安装容量与批准方案是否相符，对低压用户应检查安装容量与报装容量是否相符。

(4)“安措”和“反措”是否落实，能否保证供用电设施安全运行。

(5) 无功装置是否能正常投入运行。

(6) 计量装置的配置安装是否正确、合理、可靠，对低压用户应检查低压专用计量柜（箱）是否合格。

(7) 高压设备交接试验报告是否齐全准确。

(8) 各种联锁、闭锁装置是否齐全可靠。

(9) 设备接地系统、接地网及单独接地系统的电阻值是否符合规定。

(10) 各种操动机构是否有效可靠，电气设备外观是否清洁，充油设备是否渗漏。

(11) 设备标志、警示标志是否齐全、醒目、是否与现场实际相符；设备编号是否规范、正确；开关站、变电所接线图是否准确。

(12) 高压开关设备是否配备合格的操作工具，开关站、变电所门锁是否零活、可靠等。

总体验收前，施工单位必须提交工程竣工验收申请单，同时上报自检表及相关工程技术资料。经审核合格后，工程管理部门根据工程情况组织生产技术部门、安监部门、监理部门、设计部门、运行单位等相关部门按规定作总体验收。

验收时应严格按批准的设计图纸和有关规定，逐项进行，不得搞抽查。对验收时发现的问题，向施工单位下发缺陷整改通知单，限期要求施工单位进行整改。

56 什么是复查验收？

答：复查验收为竣工验收后遗留缺陷全部处理后的最终验收。施工单位在对总体验收中存在的问题进行限期整改后，向工程管理部门提出复查验收申请，并提报总体验收时发现缺陷整改情况资料。经审核合格后，工程管理部门根据工程情况组织生产技术部门、安监部门、监理部门、设计部门、运行单位等相关部门进行复查验收，复查验收按照总体验收所列出的问题和缺陷逐项进行，并填写复查验收报告，由工程管理部门、生产技术部门、安监部门、监理部门、设计部门、运行单位、施工单位的代表在报告上签字。如发现还存在问题，限期要求施工单位进行整改，并进行二次复查验收。

57 竣工验收一般按照什么程序组织实施？

答：（1）施工单位的“三检”工作完成。

（2）施工单位整理完备工程所有竣工验收所要求的工程资料。

（3）由施工单位提前七天提出书面的工程项目竣工验收申请报告，并签证齐全。

（4）由监理单位确认竣工验收是否具备条件，并办理完所有应由监理工程师的签证。

（5）由建设单位确认竣工验收具备的条件，并办理完所有应由建设单位的签证。

（6）由建设单位成立竣工验收组，组织监理、设计、运行等单位进行竣工验收；验收组应先组织召开竣工验收预备会，分为若干现场检查小组和资料核查小组，根据有关规程规范进行检查并对检查情况进行汇总，组织召开竣工验收总结会，提出竣工验收整改清单，并确定竣工验收的结论，出具竣工验收报告。

58 验收方案一般包括哪些内容？

答：验收方案一般包括工程概况、完成工作所采取的组织措施、技术要求（验收标准及方法）和安全措施（危险点分析及预控措施）。

59 验收方案中工程概况应包含什么内容？

答：（1）线路走径及相序。

（2）全线杆塔及长度。

（3）导线及其金具。

（4）避雷线及其金具。

（5）绝缘配合。

60 验收方案中完成本工作所采取的组织措施包含什么内容?

答:(1)工程验收单位。

(2)验收工作总指挥、计划协调、工作负责人、缺陷汇总。

(3)人员组织。

(4)工器具。

(5)完成本次验收所制订的相应工作要求。

(6)计划工作进度。

61 10kV 架空线路工程验收时工程概况包含哪些内容?

答:10kV 线路工程验收时工程概况包括工程名称、出线站及编号、运行单位、设计单位、监理单位、施工单位、试验单位,并需要对工程进行简单说明,包括起止杆号、长度、导线规格型号、同杆塔架设等情况。

62 10kV 架空线路工程竣工验收资料包括哪些内容?

答:10kV 架空线路工程竣工验收资料包括施工设计图纸(废旧物资明细表)、设计变更书(设计变更通知单)、线路工程交桩说明、特种作业人员登记台账、强制性条文实施计划报审表、主要施工机械/工器具/安全用具报审表、路径复测记录表、安全考试登记台账、安全协议、涉及施工的各类协议书(线路交叉跨越、塔基占地、拆迁、林木砍伐等补偿性协议、合同)、施工"三措"审批表、施工人员"三不伤害"保证书、"三不伤害"措施执行情况检查表、工程开工报告、产品检验记录、设备材料开箱检查记录、施工日志、施工月报、交叉跨越检查及评级记录、接地装置施工检查及评级记录、设备试验报告(电气设备试验报告表、接地电阻实测值记录)、设备移交清单、技术资料移交清单、工程竣工报告、工程监理规划、中低压隐蔽工程检查记录、旁站监理记录表、监理日志、监理月报、工程监理初验报告、工程监理工程总结、工程量汇总表、竣工图纸、数码照片资料等资料。

63 10kV 架空线路工程对杆塔基础的要求是什么?

答:10kV 架空线路工程对杆塔基础的要求包括四个方面,即回填土应夯实,宜设不小于 300mm 高的防沉层(处在河道、鱼塘、排水沟边等的杆塔基础护坡采用混凝土砌石等方法加固处理);铁塔(钢管塔)的地脚螺栓应有保护帽,外观光滑无裂纹;铁塔基础浇筑符合设计要求,基础试块符合标准;电杆卡盘安装位置、方向、深度应符合设计要求,深度允许偏差为±500mm(当设计无要求时,上平面距地面不应小于 500mm),与电杆连接应紧密。

64 10kV 架空线路工程验收时,对普通混凝土电杆、焊接电杆表面有什么要求?

答:普通混凝土电杆表面光洁平整,壁厚均匀,检查无纵向裂缝、露筋、跑浆、蜂窝现象。横向裂纹宽度不应超过0.1mm。若有预应力电杆则应无纵向横向裂纹。混凝土电杆顶端应封堵良好，电杆的钢圈焊接后应将表面铁锈和焊缝的焊渣及氧化层除净，进行防腐处理。焊接电杆焊缝表面应呈平滑的细鳞形与基本金属平缓连接，无褶皱、间断、漏焊及未焊满的线槽，并不应有裂缝。

65 10kV架空线路杆塔在横线路方向位移、埋深、倾斜度有什么要求?

答：（1）直线杆横线路方向位移不应超过50mm。转角杆、分支杆的横线路、顺线路方向的位移均不应超过50mm。

（2）电杆埋深不应小于8m/1.5m，9m/1.6m，10m/1.7m，12m/1.9m，15m/2.3m，18m/2.5m。

（3）直线杆的倾斜，电杆杆梢的位移不应大于杆梢直径的1/2。转角杆应向外角预偏，紧线后不应向内角倾斜，向外角的倾斜，其杆稍位移不应大于杆稍直径。

终端杆立好后，应向拉线侧倾斜，其预偏值不应大于杆稍直径。紧线后不应向受力侧倾斜。

66 10kV架空线路铁塔施工中，螺栓连接的构件应符合哪些规定?

答：（1）螺杆应与构件面垂直，螺头平面与构件间不应有间隙。

（2）螺栓紧好后，螺杆丝扣露出的长度，单螺母不应少于两个螺距；双螺母可与螺母相平。

（3）当必须加垫圈时，每端垫圈不应超过2个。螺栓穿向与紧固满足设计和规范的要求。

67 10kV架空线路铁塔施工中，螺栓的穿入方向应符合哪些规定?

答：（1）对立体结构，水平方向由内向外；垂直方向由下向上。

（2）对平面结构，顺线路方向，双面构件由内向外，单面构件由送电侧穿入或按统一方向；横线路方向，两侧由内向外，中间由左向右（面向受电侧）或按统一方向；垂直方向，由下向上。

68 10kV架空线路施工过程中，铁塔组立有什么要求?

答：（1）塔材规格尺寸观察无松动、短缺、不规则现象。

（2）焊接、开孔、紧固等工艺满足设计和规范。

（3）铁塔组立架线后倾斜不超过杆高的3‰。

（4）接地线连接可靠，接地电阻值不得大于10Ω。

（5）铁塔自横担往上塔头应有防松垫圈。

（6）铁塔螺栓紧固无松动现象，10m以下采取防盗措施。

（7）热镀锌的锌层厚度满足要求，光亮整洁。

（8）铁塔标识正确、齐全、规范。容易受车辆碰撞的铁塔应有防撞的警示标志。

（9）螺栓穿入方向、连接构件需符合规定。

69 10kV架空线路施工中，对拉线有什么要求？

答：(1) 拉线表面镀锌层应良好，无锈蚀、变形、损伤。不应有松股、交叉、折叠、断裂及破损等缺陷。

(2) 混凝土电杆的拉线当装设拉线绝缘子时，在断拉线情况下，拉线绝缘子距地面不应小于2.5m。

(3) 采用镀锌铁线合股组成的拉线，其股数不应少于3股。

(4) 镀锌铁线的单股直径不应小于4.0mm，绞合应均匀、受力相等，不应出现抽筋现象。

(5) 拉线捧采用不小于ϕ16mm镀锌圆钢。

(6) 拉线棒应与拉线同一方向。拉线棒与拉线盘应垂直，连接处应采用双螺母，其外露地面部分的长度应为500~700mm。

(7) 易受车辆碰撞的拉线应有醒目的警示标志。

70 10kV架空线路施工中，对拉线柱有什么要求？

答：(1) 跨越道路的水平拉线，对路边缘的垂直距离不应小于6m。拉线柱的倾斜角采用10°~20°。

(2) 采用坠线的，拉线柱的埋设深度不应小于拉线柱长的1/6。拉线柱应向张力反方向倾斜10°~20°，坠线与拉线柱夹角不应小于30°，坠线上端固定点的位置距拉线柱顶端的距离应为250mm。

71 10kV架空线路施工中，对楔形线夹装配、UT形线夹出口、线夹尾线有什么要求？

答：(1) 线夹舌板与拉线接触应紧密，受力后无滑动现象，线夹凸肚在尾线侧，拉线线股无损伤。拉线弯曲部分不应有明显松股，拉线断头处与拉线主线应固定可靠。

(2) UT形线夹、楔形线夹的安装位置正确，主副线槽无空位，丝杆有调整余地，螺杆应露扣，并有不小于1/2螺杆丝扣的长度可供调紧，调整后UT形线夹双螺母应并紧。

(3) 线夹处露出的尾线长度为300~500mm，尾线回头后与本线应扎牢。用铁线绑扎80~100mm后，留尾头30~50mm。

72 10kV架空线路施工工作中，对金具有什么要求？

答：(1) 线路金具应热镀锌，规格符合设计要求，金属附件及螺栓表面不应有裂纹、砂眼、锌皮剥落及锈蚀等现象。螺杆与螺母的配合应良好。加大尺寸的内螺纹与有镀层的外螺纹配合。

(2) 金具组装配合应良好且应表面光洁，无裂纹、毛刺、飞边、砂眼、气泡等缺陷。线夹转动灵活，与导线接触面符合要求。镀锌良好，无锌皮剥落、锈蚀现象。

(3) 裸导线连接金具安装时必须装设铝包带，长度符合要求。

（4）大跨越档的导线应按规定采取防振措施。

（5）耐张线夹安装规范，线路耐张段跳线应用双并沟线夹或压接。

（6）绝缘线路应在干线与分支线处、干线分段线路处（耐张杆）应装设接地线挂环及故障显示器。

73 10kV架空线路施工中，悬式绝缘子安装应符合哪些规定？

答：（1）与电杆、导线金具连接处，无卡压现象。

（2）耐张串上的弹簧销子、螺栓及穿钉应由上向下穿。当有特殊困难时可由内向外或由左向右穿入。

（3）悬垂串上的弹簧销子、螺栓及穿钉应向受电侧穿入。两边线应由内向外，中线应由左向右穿入。

74 10kV架空线路验收对绝缘子安装有什么要求？

答：（1）外观瓷釉光滑，无裂纹、缺釉、斑点、烧痕、气泡或瓷釉烧坏等缺陷。

（2）瓷件与铁件组合无歪斜现象，且结合紧密，铁件镀锌良好。

（3）安装应牢固，连接可靠，防止积水。

（4）安装时应清除表面灰垢、附着物及不应有的涂料。

（5）绝缘子裙边与带电部位的间隙不应小于50mm。

（6）绝缘子铁件（脚）无弯曲。

75 10kV架空线路验收对开口销、弹簧销有什么要求？

答：（1）采用的闭口销或开口销不应有折断、裂纹等现象。

（2）当采用开口销时应对称开口，开口角度应为30°~60°。

（3）严禁用线材或其他材料代替闭口销、开口销。

76 10kV架空线路横担安装偏差应符合哪些规定？

答：（1）横担端部上下歪斜不应大于20mm。

（2）横担端部左右扭斜不应大于20mm。

（3）双杆的横担，横担与电杆连接处的高差不应大于连接距离的5/1000；左右扭斜不应大于横担总长度的1/100。

77 10kV架空线路验收对横担安装有什么要求？

答：（1）横担安装位置方向正确，即线路单横担的安装，直线杆应装于受电侧；分支杆、90°转角杆（上、下）及终端杆应装于拉线侧。

（2）横担安装应平整，安装偏差应符合规定。

（3）横担应无变形、缺帽。横担角钢不小于∟63mm×63mm×6mm。

78 在什么情况下10kV导线在同一处损伤，应将损伤部分全部割去，重新以直线接续管连接？

答：（1）损失强度或损伤截面积超过以补修管补修的规定。

（2）连续损伤其强度、截面积虽未超过以补修管补修的规定，但损伤长度已超过补修管能补修的范围。

（3）钢芯铝绞线的钢芯断一股。

（4）导线出现灯笼的直径超过导线直径的1.5倍而又无法修复。

（5）金钩、破股已形成无法修复的永久变形。

79 10kV架空线路导线架设时，对导线外观有什么要求？

答：（1）导线外观应无磨损、断股、扭曲、金钩、断头等现象。

（2）绝缘线表面应平整、光滑、色泽均匀，绝缘层厚度应符合规定。

（3）绝缘线的绝缘层应挤包紧密，端部应有密封措施。

（4）线材不应有松股、交叉、折叠、断裂及破损等缺陷；不应有严重腐蚀现象。

80 在什么情况下10kV架空线路导线在同一处损伤可以以缠绕或修补预绞丝线修理？什么情况下可用相应型号的补修管补修？

答：（1）导线在同一处损伤导致强度损失不超过总拉断力的5%，且截面积损伤又不超过导电部分总截面积7%时，应当以缠绕或修补预绞丝修理。

（2）导线在同一处损伤的强度损失已超过导线总拉断力的5%但不足17%，且截面积损伤也不超过导电部分总截面积的25%时，可用相应型号的补修管进行补修。

81 10kV架空线路导线接续压接有什么要求？

答：（1）导线端头露出长度，不应小于20mm，导线端头绑线应保留。

（2）接续管弯曲度不应大于管长的2%，有明显弯曲时应校直。

（3）导线接续压接后或校直后的接续管不应有裂纹。

（4）接续管两端附近导线不应有灯笼、抽筋等现象。

82 10kV架空线路导线如何固定？

答：对针式绝缘子，直线转角杆导线应固定在转角外侧的槽内；直线跨越杆导线应双固定，导线本体不应在固定处出现角度。裸铝导线在绝缘子或线夹上固定应缠绕铝包带，缠绕长度应超出接触部分30mm。铝包带的缠绕方向应与外层线股的绞制方向一致。

83 10kV架空线路导线弛度误差应符合什么标准？

答：导线弛度误差（相差）不得超过设计值的±5%；同档内各相导线弧垂应一致，水平排列的导线弧垂相差不应大于50mm。

84 10kV 架空线路验收对引流线、引下线或拉线之间净空距离有什么要求？

答：（1）导线与拉线、电杆或构架之间安装后的净空距离不应小于 200mm。

（2）每相引流线、引下线与邻相的引流线、引下线或导线之间，安装后的净空距离不应小于 300mm。

85 10kV 架空线路架设中，导线对地、对建筑物的最小距离应符合什么要求？

答：（1）人口密集地区，裸导线及架空绝缘导线对地面垂直距离为 6.5m（最大弧垂），人口稀少地区，裸导线及架空绝缘导线对地面垂直距离为 5.5m（最大弧垂）；交通困难地区，裸导线及架空绝缘导线对地面垂直距离为 4.5m（最大弧垂）。

（2）导线对建筑物的垂直距离为 3m（最大弧垂）；绝缘导线对建筑物的垂直距离为 2.5m。导线对建筑物的水平距离为 1.5m（最大风偏）；绝缘导线对建筑物的水平距离为 0.75m。

86 10kV 架空线路导线架设对树木的距离应满足什么要求？

答：（1）导线对树木的垂直距离为 3m（最大弧垂，并考虑树木的自然生长高度）。

（2）导线对公园、绿化区或防护林带树木的最小距离为 3m（最大风偏、最大弧垂）；绝缘导线对公园、绿化区或防护林带树木的最小距离为 1m。

（3）导线对果树、经济作物或城市绿化灌木的垂直距离为 1.5m（最大弧垂）。

（4）导线对街道行道树的垂直距离为 1.5m（最大弧垂）。绝缘导线对街道行道树的垂直距离为 0.8m。导线对街道行道树的水平距离为 2m（最大风偏、最大弧垂）；绝缘导线对街道行道树的水平距离为 1m。

87 10kV 架空线路架设中，导线对各电压等级线路距离应满足什么要求？与弱电线路交叉应符合什么规定？

答：（1）10kV-10kV 导线与各电压等级电力线路垂直交叉最小距离为 2m（最大弧垂）；10kV-35kV 导线与各电压等级电力线路垂直交叉最小距离为 2.5m（最大弧垂）；10kV-110kV 导线与各电压等级电力线路垂直交叉最小距离为 3m（最大弧垂）；10kV-220kV 导线与各电压等级电力线路垂直交叉最小距离为 4m（最大弧垂）；10kV-500kV 导线与各电压等级电力线路垂直交叉最小距离为 6m（最大弧垂）；10kV-1kV 以下及弱电线路导线与各电压等级电力线路垂直交叉最小距离为 2m（最大弧垂）。

（2）导线与弱电线路交叉时，与一级弱电线路交叉角不小于 45°，与二级弱电线路交叉角不小于 30°。

88 10kV 架空线路地下接地体（线）焊接采用哪种方式？应符合什么要求？与电气设备相连的接地线应采用什么方式连接？

答：（1）接地体（线）的焊接应采用搭接焊。

（2）搭接要求。扁钢为其宽度的 2 倍且至少 3 个棱边焊接；圆钢为其直径的 6 倍；圆钢与扁钢连接时，其长度为圆钢直径的 6 倍。

（3）接至电气设备上的接地线，应用镀锌螺栓连接。

89 10kV 电缆线路工程验收时，工程概况包含哪些内容？

答：10kV 电缆线路工程验收时，工程概况包括工程名称、出线站及编号、运行单位、设计单位、监理单位、施工单位、试验单位，并需要对工程进行简单说明，包括起止杆号、长度、导线规格型号、同杆塔架设等情况。

90 10kV 电缆线路工程竣工验收资料包括哪些内容？

答：（1）施工设计图纸（废旧物资明细表）。

（2）线路工程交桩说明。

（3）设计变更书（设计变更通知单）、特种作业人员登记台账、强制性条文实施计划报审表、主要施工机械/工器具/安全用具报审表、路径复测记录表、安全考试登记台账、安全协议、“施工三措”审批表、施工人员“三不伤害”保证书、“三不伤害”措施执行情况检查表、工程开工报告、产品检验记录、设备材料开箱检查记录、数码照片资料、交叉跨越检查及评级记录、接地装置施工检查及评级记录、设备试验报告、设备移交清单、技术资料移交清单、工程竣工报告。

（4）工程监理规划。

（5）中低压隐蔽工程检查记录。

（6）旁站监理记录表。

（7）监理月报。

（8）工程监理初验报告。

（9）工程监理工程总结。

（10）主要设备、器材及材料的出厂合格证件及资料。

（11）设备开箱资料、装箱单、合格证、质保书、安装使用说明书、图纸、出厂试验报告、维护手册、备品备件等文件。

（12）线路交叉跨越、塔基占地、拆迁、林木砍伐等补偿性协议、合同。

（13）电气设备试验报告表、接地电阻实测值记录；工程量汇总表。

（14）竣工图纸。

91 10kV 电缆线路验收有什么一般要求？

答：（1）直埋敷设的电缆，严禁位于地下管道的正上方或正下方。

（2）直埋电缆的上下部应铺以不小于 100mm 厚的软土沙层，并加盖保护板，其覆盖宽度应超过电缆两侧各 50mm，保护板可采用混凝土盖板或砖块。

（3）直埋电缆在直线段每隔 50～100m 处、电缆接头处、转弯处、进入建筑物等处，应设置明显的方位标志或标桩。

（4）电缆表面距地面的距离不应小于 0.7m。穿越农田或在车行道下敷设时不应小于

1m；特殊情况浅埋时应采取保护措施。

（5）电缆应埋设于冻土层以下。

92 10kV 电缆施工对基础有什么要求？

答：（1）电缆敷设要铺沙盖砖，且细沙厚度不小于 10cm，电缆外观应无损伤变形。

（2）电缆沟符合设计要求。

（3）电缆管的埋设深度不小于 0.7m。

（4）电缆沟排水通畅。

（5）电缆沟内应无杂物，沟内无积水。

（6）电缆管在人行道下深度不小于 0.5m，并有 0.1%的排水坡度。

（7）电缆沟内防火措施符合设计要求。

93 10kV 电缆施工对金属电缆支架有什么要求？

答：（1）金属电缆支架必须热镀锌。

（2）电缆支架应可靠接地（双接地）。

（3）电缆支架安装应横平竖直，偏差小于 5mm，层间距离 0.2m 左右。

（4）电缆支架全长应有良好接地，电阻小于 10Ω，有测试记录。

（5）单相电缆固定金具不能形成闭合磁路。

（6）支架满足机械强度，防腐层应完好。

（7）支架防腐层应完好。

94 10kV 电缆线路施工对电缆沟桥架安装有什么规定？

答：（1）当直线段钢制桥架超过 30m 时，应有伸缩缝，其连接宜采用伸缩连接板。

（2）桥架转弯处的转弯半径，不应小于电缆最小允许转弯半径。

（3）桥架应有防腐措施，接地应符合要求。

95 10kV 电缆安装敷设时，对电力电缆之间、电力电缆与控制电缆支架、电力电缆与管道之间距离有什么要求？

答：（1）沟道内电力电缆之间水平距离不小于 1 倍电缆外径。直埋电力电缆之间水平距离为 0.1m；交叉距离为 0.5m（穿管可降为 0.25m）。

（2）沟道内电力电缆与控制电缆之间分层布置。直埋电力电缆与控制电缆之间水平距离为 0.1m；交叉距离为 0.5m（穿管可降为 0.25m）。

（3）沟道内电力电缆与热力管道之间水平距离为 1m；交叉距离为 0.5m。直埋电力电缆与热力管道之间水平距离为 2m；交叉距离为 0.5m（穿管可降为 0.25m）。

（4）直埋电力电缆与其他管道之间水平距离为 0.5m；交叉距离为 0.5m。

96 10kV电力电缆与公路、铁路、城市道路路面、杆塔基础边线、建筑物基础边线、排水沟之间距离应满足什么要求?

答：10kV电力电缆与公路、铁路、城市道路路面、杆塔基础边线、建筑物基础边线、排水沟之间距离应满足表2-5的要求。

表2-5 10kV电力电缆与公路、铁路、城市道路路面、杆塔基础边线、建筑物基础边线、排水沟之间距离应满足的要求

电缆	水平距离（m）	交叉距离（m）
公路	1.5	1
铁路	3	1
城市道路路面	1	1
杆塔基础边线	1	
建筑物基础边线	0.6	
排水沟	1	0.5

97 10kV电缆敷设安装时，最小弯曲半径应符合什么要求?

答：交联聚乙烯绝缘（铠装）和聚氯乙烯绝缘（铠装）多芯电力电缆弯曲半径不少于15倍的电缆外径；交联聚乙烯绝缘（无铠装）和聚氯乙烯绝缘（无铠装）多芯电力电缆弯曲半径不少于12倍的电缆外径；交联聚乙烯绝缘（无铠装）和聚氯乙烯绝缘（无铠装）单芯电力电缆弯曲半径不少于15倍的电缆外径。

98 10kV电缆埋设深度有什么要求?

答：埋设深度不应小于0.7m；过路管管顶距地面不小于1m；引入或绕过建筑物处可浅埋（要求不宜小于0.3m），但应采取保护措施。

99 10kV电缆头制作有什么要求?

答：(1) 电缆终端、电缆接头安装牢固，接地应良好，电阻小于10Ω。

(2) 要使用冷缩电缆接头，制作工艺要符合产品要求，绝缘、屏蔽等尺寸及接地线等制作，满足规范要求。

(3) 电缆终端的相色、相别应正确。

100 10kV电缆支架、梯架、托盘或线槽位置应符合什么规定?

答：(1) 电缆支架。

1）垂直敷设。电缆的首端、尾端及电缆与每个支架的接触处。

2）水平敷设。电缆的首端、尾端及电缆与每个支架的接触处。

(2) 电缆梯架、托盘或线槽。

1）垂直敷设。电缆的上端及每隔1.5~2.0m处。

2）水平敷设。电缆的首端、尾端及电缆转弯处。

3）电缆其他部位每隔 5~10m 处。

101 10kV 电缆接头布置有什么要求？

答：（1）并列敷设的电缆，其接头的位置应相互错开。

（2）电缆明敷时，应将接头托置固定。

（3）电缆直埋时，接头应有防止外力损伤的措施（加保护盒或加保护盖板等）。

（4）电缆接头宜按规定留足备用长度。

102 10kV 电缆敷设安装过程中，对标志有什么要求？

答：（1）电缆终端头应悬挂标示牌，中间接头应设置标志牌。

（2）电缆走向应按规定设置路径标志（个别路径标志可视实际情况特殊处理）。

（3）标志的制作应符合国家电网Ⅵ标识要求。

（4）相序排列符合要求。

（5）相色正确。

103 10kV 电力电缆敷设中，电缆沟应满足什么要求？

答：（1）无杂物、积水。

（2）通风、排水等设施符合要求。

（3）排管、电缆检查井电缆保护管口圆滑。

（4）备用排管管口有效封堵。

（5）电缆进入电缆沟、隧道、竖井、建筑物、盘（柜）以及穿入管子时，出土口应封堵，管口应密封。

104 10kV 电力电缆保护管埋设要注意哪几方面？

答：（1）保护管的内径与电缆外径之比不得小于 1.5。

（2）埋设的深度不应小于 0.7m（在人行道下面敷设时，不应当小于 0.5m；过马路干道应不小于 1m）。

（3）管口对接应严密，不得有地下水和泥浆渗入。

105 10kV 电力电缆敷设中，什么情况宜设置保护管？

答：（1）电缆进入建筑物、隧道、穿过楼板及墙壁处。

（2）从沟道引至电缆、设备、墙外表面或屋内行人容易接近处，距地面高度不小于 2.5m 以下一段电缆。

（3）其他可能受到机械损伤的地方，如穿过公路、城市隧道、厂区道路处。

106 10kV 电力电缆引落装置应注意哪些方面？

答：（1）带电部分对地垂直距离不少于 4.5m。

（2）跌落式熔断器装设高度应在 4.5~5.5m。

(3) 引落电缆到地面部分应穿设热镀锌钢管保护，钢管高度应超过地面 2.5m 以上，钢管底部应封堵好。

(4) 引下线接地可靠。

(5) 标识正确、齐全、规范。

107 10kV 电缆分接箱外观有什么要求？

答：(1) 设备、围栏（如有）各侧标志牌、开关标志牌等应正确、齐全、规范，符合国家电网公司Ⅵ标识要求。

(2) 外壳使用材料符合技术规范要求，完整无破损、裂纹、变形等缺陷。

(3) 外壳接地良好，规范。

(4) 铭牌内容正确、齐全，各项参数符合设计要求，挂设规范。

108 10kV 电力电缆分接箱基础要满足什么要求？

答：(1) 水平高度高出抹平地面 100mm。

(2) 垂直度、水平度小于 1mm/m 和 5mm/m。

(3) 防小动物设施完整有效。

109 10kV 配电台区工程验收时工程概况包含哪些内容？

答：10kV 电缆线路工程验收时工程概况包括工程名称、变压器运行编号/位置编号、运行单位、设计单位、监理单位、施工单位、试验单位，并需要对工程概况进行说明，包括详细介绍包括配电型式、类别、容量、接线组别、厂家等情况。

110 10kV 配电台区工程竣工验收资料有哪些？

答：(1) 10kV 配电台区工程竣工验收资料施工设计图纸（废旧物资明细表）。

(2) 线路工程交桩说明。

(3) 设计变更书（设计变更通知单）。

(4) 特种作业人员登记台账。

(5) 强制性条文实施计划报审表。

(6) 主要施工机械/工器具/安全用具报审表。

(7) 路径复测记录表。

(8) 安全考试登记台账。

(9) 安全协议。

(10) 施工“三措”审批表。

(11) 施工人员“三不伤害”保证书。

(12)“三不伤害”措施执行情况检查表。

(13) 工程开工报告。

(14) 产品检验记录。

(15) 设备材料开箱检查记录。

（16）数码照片资料。

（17）交叉跨越检查及评级记录。

（18）接地装置施工检查及评级记录。

（19）设备试验报告。

（20）设备移交清单。

（21）技术资料移交清单。

（22）工程竣工报告。

（23）工程监理规划。

（24）中低压隐蔽工程检查记录。

（25）旁站监理记录表。

（26）监理月报。

（27）工程监理初验报告。

（28）工程监理工程总结。

（29）主要设备、器材及材料的出厂合格证件及资料。

（30）设备开箱资料、装箱单、合格证、质保书、安装使用说明书、图纸、出厂试验报告、维护手册、备品备件等文件。

（31）线路交叉跨越、塔基占地、拆迁、林木砍伐等补偿性协议、合同。

（32）电气设备试验报告表、接地电阻实测值记录。

（33）工程量汇总表。

（34）竣工图纸。

111　10kV配电台区配电变压器安装要达到什么标准?

答：（1）变压器型号规格、台架、根开距离符合设计要求。

（2）变压器台架底座对地距离不得小于2.5m。平面坡度不大于1/100。

（3）避雷器的接地引下线应与变压器外壳、变压器二次侧中性点相连并可靠接地。

（4）一、二次引线排列整齐、绑扎牢固。

（5）接地可靠，接地电阻值测试小于4Ω。

（6）套管压线螺栓等部件齐全。

（7）呼吸孔道通畅。

（8）油位正常，外壳干净。

112　10kV配电台区避雷器安装有什么要求?

答：（1）三相避雷器的型号规格一致且符合设计要求。

（2）安装排列整齐，高低一致。1~10kV时，相间距离不小于350mm。

（3）瓷套与固定抱箍之间加垫层。

（4）引线短而直、连接紧密。采用绝缘线时，铜引上线截面积不小于16mm^2；铜引下线不小于25mm^2。

（5）引下线接地可靠。

113 10kV 配电台区油浸式配电变压器技术规范性有哪些要求?

答:(1)器身外观完好,油漆完整。

(2)主体及组件无缺陷、无渗漏油。

(3)安全气道及防爆膜应完好无损。

114 10kV 配电台区油浸式配电变压器施工规范性有哪些要求?

答:(1)套管与连接线相位正确、相色标志鲜明、紧密连接。

(2)无载分接开关分接头位置符合运行要求,三相位置一致。

(3)铭牌及设备标志正确、齐全、规范。

115 10kV 配电台区高压熔断器验收包括哪些内容?

答:(1)带钳口的熔断器,其熔丝管应紧密地插入钳口内。

(2)装有动作指示器的熔断器,应便于检查指示器的动作情况。

(3)跌落式熔断器的熔管的有机绝缘物应无裂纹、变形。

(4)跌落式熔断器熔管轴线与铅垂线的夹角应为15°~30°,其转动部分灵活无卡涩。

(5)跌落式熔断器跌落时不应碰及其他物体而损坏熔管。

(6)熔丝的规格应符合设计要求,且无弯曲、压扁或损伤,熔体与尾线应压接紧密牢固。

(7)熔断器三相水平间距不应小于0.5m,对地垂直距离不小于4.5m。

116 10kV 配电台区标志有什么要求?

答:(1)标志牌符合国家电网Ⅵ标识要求,标示牌内容包括设备运行名称、编号、抢修电话。

(2)台式变压器应悬挂“严禁攀登、高压危险”标志牌。

(3)导线保护管、配电箱孔洞应封堵。

(4)处于道路边的电杆上应设有防撞警示标识。

117 10kV 配电台区接地装置施工有什么要求?

答:(1)线路上装设的断路器、隔离开关、电缆接头、电缆终端、熔断器等电气设备的金属外壳、底座及金属支架应接地良好,接地引下线连接要可靠并便于测量接地电阻,在干燥季节实测验收接地电阻值不得大于10Ω。普通无避雷线电杆接地电阻不得大于30Ω。

(2)地下接地体(线)的连接应采用焊接,焊接必须牢固无虚焊;接至电气设备上的接地线,应用镀锌螺栓连接。接地体(线)的焊接应采用搭接焊,扁钢搭接长度为其宽度的2倍且至少3个棱边焊接;圆钢搭接长度为其直径的6倍;圆钢与扁钢连接时,搭接长度为圆钢直径的6倍。

(3)接地引下线宜采用⊏40×4的扁钢或ϕ12的圆钢并镀锌处理,连接处应用镀锌螺栓连接，要压接紧密，不得焊死，连接螺栓要跟紧，连接点要经防腐处理。

（4）各类保护接地线宜采用多股铜导线。

（5）户外配电变压器的接地装置宜在地下敷设成围绕变压器台的闭合环形。

（6）接地引下线连接处位置不得低于0.7m。

118 10kV配电台区综合配电箱的验收标准是什么？

答：（1）外观无锈蚀、变形及损坏，箱体内部干燥、清洁。

（2）综合配电箱不能有倾斜。

（3）电器元件的操动机构应灵活，无卡涩等现象。

（4）主要电气元件的通断可靠、准确，辅助触点通断准确可靠。

（5）仪表指示与互感器变比及极性指示正确。

（6）配电箱内空气开关应有绝缘隔板。

（7）配电箱内各接点连接牢固，进出线可靠固定。

（8）母线应绝缘封包，连接良好，绝缘支撑件、安装件及附件牢固可靠。

（9）用500V绝缘电阻表测量绝缘电阻不低于10MΩ。

（10）无功装置调整试验合格。

（11）综合配电箱电缆进出口封堵严密。

119 低压线路工程验收时工程概况包含哪些内容？

答：低压线路工程验收时工程概况包含工程名称、出线变压器编号、运行单位、设计单位、监理单位、施工单位、试验单位，同时包括起止杆号、长度、导线规格型号、同杆塔架设等情况。

120 低压线路工程竣工验收资料包含哪些具体内容？

答：（1）施工设计图纸（废旧物资明细表）。

（2）线路工程交桩说明。

（3）设计变更书（设计变更通知单）。

（4）特种作业人员登记台账。

（5）强制性条文实施计划报审表。

（6）主要施工机械/工器具/安全用具报审表。

（7）路径复测记录表。

（8）安全考试登记台账。

（9）安全协议。

（10）施工“三措”审批表。

（11）施工人员“三不伤害”保证书。

（12）“三不伤害”措施执行情况检查表。

（13）工程开工报告。

（14）产品检验记录。

(15) 设备材料开箱检查记录。

(16) 数码照片资料。

(17) 交叉跨越检查及评级记录。

(18) 接地装置施工检查及评级记录。

(19) 设备试验报告。

(20) 设备移交清单。

(21) 技术资料移交清单。

(22) 工程竣工报告。

(23) 工程监理规划。

(24) 中低压隐蔽工程检查记录。

(25) 旁站监理记录表。

(26) 监理月报。

(27) 工程监理初验报告。

(28) 工程监理工程总结。

(29) 主要设备、器材及材料的出厂合格证件及资料。

(30) 设备开箱资料、装箱单、合格证、质保书、安装使用说明书、图纸、出厂试验报告、维护手册、备品备件等文件。

(31) 线路交叉跨越、塔基占地、拆迁、林木砍伐等补偿性协议、合同。

(32) 电气设备试验报告表、接地电阻实测值记录。

(33) 工程量汇总表。

(34) 竣工图纸。

121 竣工验收资料一般包含什么内容?

答:(1) 工程概述与综合资料。

1) 工程概述。

2) 主要施工方案与措施。

3) 施工大事记。

4) 施工日志。

5) 单位工程开工申请报告。

6) 图纸会检记录。

7) 技术交底记录。

8) 工程重大问题的技术资料与处理文件。

9) 来往技术文件信函。

(2) 施工技术记录与质量检验评定。这一部分的资料是施工项目的原始技术记录及质量检验评定记录。

(3) 质量保证资料。

1) 原材料和器材出厂质量合格证明。

2) 原材料和器材试验报告。

3）不合格和质量事故处理材料。

4）隐蔽工程验收记录和签证书。

（4）工程质量监督检查资料。

1）上级质量监督中心站质量监督检查资料。

2）工程质量监督站质量监督检查资料。

（5）工程竣工启动验收资料。

1）线路参数测试方案、措施和测试报告。

2）启动试行方案。

3）线路整套试运行记录。

4）工程竣工报告。

5）工程验收报告。

6）启动验收交接书。

7）竣工资料移交签证。

8）竣工图。

9）设计变更和设计变更联系单。

10）材料设备代用审核单。

配电线路运行维护与事故处理

第一节 配电线路巡视

1 配电线路巡视的目的是什么?

答:(1)及时发现缺陷和威胁线路安全的隐患。

(2)掌握线路运行状况和沿线的环境状况。

(3)通过巡视,为线路检修和消缺提供依据。

2 配电线路巡视有什么要求?

答:(1)巡线工作应由有电力线路工作经验的人员担任。单独巡线人员应考试合格并经工区(公司、所)主管生产领导批准。电缆隧道、偏僻山区和夜间巡线应由两人进行。在暑天或大雪等恶劣天气下,必要时由两人进行。单人巡线时,禁止攀登电杆和铁塔。

(2)雷雨、大风天气下或事故巡线时,巡视人员应穿绝缘鞋或绝缘靴;暑天、山区巡线应配备必要的防护工具和药品;夜间巡线应携带足够的照明工具。

(3)夜间巡线应沿线路外侧进行;大风巡线应沿线路上风侧前进,以免触及断落的导线;特殊巡视应注意选择路线,防止洪水、塌方、恶劣天气等对人的伤害。

(4)事故巡线应始终认为线路带电。即使明知该线路已停电,也应认为线路随时有恢复送电的可能。

(5)巡线人员发现导线、电缆断落地面或悬吊空中,应设法防止行人靠近断线地点8m以内,以免跨步电压伤人,并迅速报告调度和上级,等候处理。

3 配电线路巡视有哪几种?

答:配电线路巡视的种类一般有定期巡视、特殊巡视、夜间巡视、故障巡视、监察性巡视五种。

(1)定期巡视。定期巡视也叫正常巡视,由专职巡线员按规定的巡视周期巡视线路，主要是检查线路各元件运行情况，有无异常损坏现象，掌握线路及沿线的情况，并向群众做好防护宣传工作。

（2）特殊巡视。特殊巡视主要是在节日、天气突变（如导线覆冰，大雾、大风、大雪、暴风雨等特殊天气情况、自然灾害（如河水泛滥、山洪暴发、地震、森林起火等）、线路过负荷以及特殊情况发生时进行。特殊巡视不一定要对全线路进行检查，只是对特殊线路的特殊地段进行检查，以便发现异常现象采取相应措施。

（3）夜间巡视。夜间巡视是利用夜间对电火花易于观察，有针对性地检查导线连接点及各部件连接处有无发热、绝缘子因污秽或裂纹而放电的现象。

（4）故障巡视。故障巡视主要是为了查明线路故障原因，找出故障点，便于及时处理并恢复送电。

（5）监察性巡视。监察性巡视由各单位负责人及技术员进行，目的是了解线路和沿线情况，还可以对专职巡视员的工作进行检查和督导。监察性巡视可全线检查，也可对部分线路抽查。

4 配电线路的巡视周期是如何规定的?

答：（1）定期巡视。市区中压线路每月一次，郊区及农村中压线路每季至少一次，低压线路每季至少一次。

（2）特殊巡视。根据本单位情况制订，一般在大风、冰雹、大雪等天气变化较大的情况下进行。

（3）夜间巡视。一般安排在每年高峰负荷时进行，1～10kV 每年至少一次，对于新线路投运初期应进行一次。

（4）故障巡视。在发生跳闸或接地故障后，按调度或主管生产领导指令进行。

（5）监察性巡视。根据本单位情况制订，对重要线路和事故多发线路，每年至少一次。

5 配电线路巡视的流程是什么?

答：（1）核对巡视线路的技术资料，做到心中有数。

（2）根据巡视线路的自然状况，准备巡视所需的工器具。

（3）召开班前会，交代巡视范围、巡视内容，并落实责任分工。

（4）做好危险点分析，采取周密的安全控制措施。

（5）学习标准化作业指导卡后，到巡视地段后核对线路名称和巡视范围，进行巡视。

（6）巡视结束后记录巡视手册。

6 架空裸导线的巡视检查项目有哪些?

答：（1）导线有无断股、烧伤，在化工和沿海地区导线有无腐蚀现象。

（2）各相弧垂是否一致，有无过紧或过松。

（3）接头有无变色、烧熔、锈蚀，铜铝导线连接是否使用过渡线夹（特别是低压中性线接头），并沟线夹弹簧垫圈是否齐全，螺母是否紧固。

（4）引流线对邻相及对地（杆塔、金具、拉线等）距离是否符合要求（最大风偏时，10kV 对地不小于 200mm，线间不小于 300mm；低压对地不小于 100mm，线间不小 150mm）。

7 绝缘导线的巡视检查项目有哪些？

答：（1）绝缘线外皮有无磨损、变形、龟裂等。

（2）绝缘护罩扣合是否紧密，有无脱落现象。

（3）各相弧垂是否一致，有无过紧或过松。

（4）引流线最大风偏时，10kV 对地不应小于 200mm，线间不小于 300mm。

（5）沿线有无树枝剐蹭绝缘导线。

（6）红外监测技术检查接头有无发热现象。

8 杆塔的巡视检查项目有哪些？

答：（1）杆塔是否倾斜（混凝土转角杆、直线杆不应大于 15/1000，转角杆不应向内角倾斜，终端杆不应向导线侧倾斜，向拉线侧倾斜应小于 200mm；50m 以下铁塔不应大于 10/1000，50m 以上铁塔不应大于 5/1000）；铁塔构件有无弯曲、变形、锈蚀；螺栓有无松动；混凝土杆有无裂纹（不应有纵向裂纹，横向裂纹不应超过 1/3 周长，且裂纹宽度不应大于 0.5mm）、酥松、钢筋外露，焊接处有无开裂、锈蚀。

（2）基础有无损坏、下沉或上拔，周围土壤有无挖掘或沉陷，寒冷地区电杆有无冻鼓现象。

（3）杆塔位置是否合适，有无被车撞，或被水淹、冲的可能，杆塔周围防洪设施有无损坏、坍塌。

（4）杆塔标志（杆号、相位、警告牌等）是否齐全、明显。

（5）杆塔周围有无杂草和蔓藤类植物附生。有无危及安全的鸟巢、风筝及杂物。

9 横担和金具的巡视检查项目有哪些？

答：（1）横担有无锈蚀（锈蚀面积超过 1/2）、歪斜（上下倾斜、左右偏歪不应大于横担长度的 2%）、变形。

（2）金具有无锈蚀、变形；螺栓有无松动、缺帽；开口销有无锈蚀、断裂、脱落。

10 绝缘子的巡视检查项目有哪些？

答：（1）绝缘子有无脏污，出现裂纹、闪络痕迹，表面硬伤超过 $1cm^2$，扎线有无松动或断落。

（2）绝缘子有无歪斜，紧固螺钉是否松动，铁脚、铁帽有无锈蚀、弯曲。

（3）合成绝缘子伞裙有无破裂、烧伤。

11 拉线、顶（撑）杆、拉线柱的巡视检查项目有哪些?

答：(1) 拉线有无锈蚀、松弛、断股和张力分配不均等现象。

(2) 拉线绝缘子是否损坏或缺少。

(3) 拉线、抱箍等金具有无变形、锈蚀。

(4) 拉线固定是否牢固，拉线基础周围土壤有无突起、沉陷、缺土等现象。

(5) 拉桩有无偏斜、损坏。

(6) 水平拉线对地距离是否符合要求。

(7) 拉线有无妨碍交通或被车碰撞。

(8) 顶（撑）杆、拉线柱、保护桩等有无损坏、开裂、腐朽等现象。

12 防雷设施的巡视检查项目有哪些?

答：(1) 避雷器绝缘裙有无硬伤、老化、裂纹、脏污、闪络。

(2) 避雷器的固定是否牢固，有无歪斜、松动现象。

(3) 引线连接是否牢固，上下压线有无开焊、脱落，接头有无锈蚀。

(4) 引线与相邻杆塔构件的距离是否符合规定。

(5) 附件有无锈蚀，接地端焊接处有无开裂、脱落。

13 接地装置的巡视检查项目有哪些?

答：(1) 接地引下线有无断股、损伤、丢失。

(2) 接头接触是否良好，线夹螺栓有无松动、锈蚀。

(3) 接地引下线的保护管有无破损、丢失，固定是否牢靠。

(4) 接地体有无外露、严重腐蚀，在埋设范围内有无土方工程。

14 接户线的巡视检查项目有哪些?

答：(1) 线间距离和对地、对建筑物等交叉跨越距离是否符合规定。

(2) 绝缘层有无老化、损坏。

(3) 接头接触是否良好，有无电化腐蚀现象。

(4) 绝缘子有无破损、脱落。

(5) 支持物是否牢固，有无腐朽、锈蚀、损坏等现象。

(6) 弧垂是否合适，有无混线、烧伤现象。

15 线路防护区巡视检查项目有哪些?

答：(1) 线路上有无搭落的树枝、金属丝、锡箔纸、塑料布、风筝等。

(2) 线路周围有无堆放易被风刮起的锡箔纸、塑料布、草垛等。

(3) 沿线有无易燃、易爆物品和腐蚀性液体或气体。

(4) 有无危及线路安全运行的建筑脚手架、吊车、树木、烟囱、天线、旗杆等。

(5) 线路附近有无敷设管道、修桥筑路、挖沟修渠、平整土地、砍伐树木及在线路下方修房栽堆放土石等。

（6）线路附近有无新建的化工厂、农药厂、电石厂等污染源及打靶场、开石爆破等不安全现象。

（7）导线对其他电力线路、弱电线路的距离是否符合规定。

（8）导线对地、道路、公路、铁路、管道、索道、河流、建筑物等距离是否符合规定。

（9）防护区内有无植树、种竹情况及导线与树、竹间距离是否符合规定。

（10）线路附近有无射击、放风筝、抛扔外物、飘洒金属和在杆塔、拉线上拴牲畜等。

（11）查明沿线发生江河泛滥、山洪和泥石流等异常现象。

（12）有无违反《电力设施保护条例》的建筑。

16 配电线路巡视有哪些危险点？ 其相应的安全控制措施有哪些？

答：（1）狗咬、蜂蜇、交通意外、溺水、摔伤。

控制措施：1）巡线路过村屯和可能有狗的地方先喊喝，备用棍棒，防备被狗咬。

2）发现蜂窝时不要触碰。带治疗蜂蜇、蛇咬药及防中暑的药品。

3）横过公路、铁路时，要注意观望，遵守交通法规，以免发生交通意外事故。

4）过河时，不得趟不明深浅的水域，不得踩薄或疏松的冰。过没有护栏的桥时，要小心防止落水。

5）巡线时应穿工作鞋，路滑或过沟、崖、墙时防止摔伤，沿线路前进，不走险路。

6）单人巡视时禁止攀登杆塔。

（2）触电伤害。

控制措施：1）沿线路外侧行走，大风巡线应沿线路上风侧前进。

2）发现导线断落地面或悬吊空中，应设法防止行人靠近断线地点8m以内。

3）登杆塔检查时与带电体保持足够的安全距离，带电体上有异物时严禁用手直接取下。

第二节　配电线路运行维护及故障抢修

配电线路运行的标准是什么？

答：（1）杆塔偏离线路中心线不应大于0.1m。

（2）木杆与混凝土杆倾斜度（包括挠度）：转角杆、直线杆不应大于15/1000，转角杆不应向内角侧倾斜，终端杆不应向导线侧倾斜，终端杆向拉线倾斜应小于200mm。

（3）50m以下铁塔倾斜度应不大于10/1000；50m及以上铁塔倾斜度应不大于5/1000。

（4）混凝土杆不应有严重裂纹、流铁锈水等现象，保护层不应脱落、酥松、钢筋外露，不宜有纵向裂纹，横向裂纹不宜超过周长的1/3，且裂纹宽度不宜大于0.5mm；木杆不应严重腐朽；铁塔不应严重锈蚀，主材弯曲度不得超过 5/1000，各部螺栓应坚固，混凝土基础不应有裂纹、酥松、钢筋外露现象。

（5）线路上的每基杆塔应统一标志牌，靠道路附近的电杆应统一挂在朝道侧，一条线路的标志牌基本在一侧。

（6）横担与金属应无严重锈蚀、变形、腐朽。铁横担、金具锈蚀不应起皮和出现严重麻点，锈蚀表面积不宜超过 1/2。木横担腐朽深度不应超过横担宽度的 1/3。

（7）横担上下倾斜、左右偏歪不应大于横担长度的 2%。

（8）导线通过的最大负荷电流不应超过其允许电流。

（9）导（地）线接头无变色和严重腐蚀现象，连接线夹螺栓应坚固。

（10）导（地）线应无断股；7 股导（地）线中的任一股导线损伤深度不得超过该股导线直径的 1/2；19 股及以上导（地）线，某一处的损伤不得超过 3 股。

（11）导线过引线、引下线对电杆构件、拉线、电杆间的净空距离：1～10kV 不小于 0.2m，1kV 以下不小于 0.1m。每相导线过引线、引下线对邻相导体、过引线、引下线的净空距离 1～10kV 不小于 0.3m，1kV 以下不小于 0.15m。高压（1～10kV）引下线与低压（1kV 以下）线间的距离不应小于 0.2m。

（12）三相导线弧垂应力求一致，弧垂误差应在设计值的-5%～+10%之内；一般档距导线弧垂相差不应超过 50mm。

（13）绝缘子、瓷横担应无裂纹，釉面剥落面积不应大于 $100mm^2$，瓷横担线槽外端头釉面剥落面积不应大于 $200mm^2$，铁脚无弯曲，铁件无严重锈蚀。

（14）绝缘子应根据地区污秽等级和规定的泄漏比距来选择其型号，验算表面尺寸。

（15）拉线应无断股、松弛和严重锈蚀。

（16）水平拉线对通车路面中心的升起距离不应小于 6m。

（17）拉线棒应无严重锈蚀、变形、损伤及上拔等现象。

（18）拉线基础应牢固，周围土壤无凸起、淤陷、缺土等现象。

（19）接户线的绝缘层应完整，无剥落、开裂等现象；导线不应松弛；每根导线接头不应多于 1 个，且应用同一型号导线相连接。

（20）接户线的支持构架应牢固，无严重锈蚀、腐朽。

18 导线最大计算弧垂情况下与地面最小距离有什么规定？

答：导线最大计算弧垂情况下与地面最小距离见表 3-1。

表 3-1　导线最大计算弧垂情况下与地面最小距离

线路经过地区	线路标称电压（kV）	
	1～10	1 以下
居民区	6.5	6
非居民区	5.5	5
不能通航也不能浮运的河、湖（至冬季冰面）	5	5
不能通航也不能浮运的河、湖（至 50 年一遇洪水位）	3	3

续表

线路经过地区	线路标称电压（kV）	
	1~10	1 以下
交通困难地区	4.5（3）	4（3）
步行可到达的山坡	4.5	3
步行不能到达的山坡、峭壁和岩石	1.5	1

19 导线最大计算弧垂情况下对永久建筑物之间最小垂直距离有什么规定?

答：导线最大计算弧垂情况下对永久建筑物之间最小垂直距离见表 3-2。

表 3-2　导线最大计算弧垂情况下对永久建筑物之间最小垂直距离

接近物	接近条件	对应线路电压等级（kV）		
		1~10	1 以下	备注
永久建筑物	线路导线与永久建筑物之间的垂直距离在最大计算弧垂情况下（相邻建筑物无门窗或实墙）	3（2.5）	2.5（2）	1~10kV 配电线路不应跨越屋顶为易燃材料做成的建筑物

20 导线最大计算弧垂情况下对永久建筑物之间最小水平距离有何规定?

答：导线最大计算弧垂情况下对永久建筑物之间最小水平距离见表 3-3。

表 3-3　导线最大计算弧垂情况下对永久建筑物之间最小水平距离

接近物	接近条件	对应线路电压等级（kV）		
		1~10	1 以下	备注
永久建筑物	线路导线与永久建筑物之间的水平距离在最大风偏情况下（相邻建筑物无门窗或实墙）	1.5（0.75）	1（0.2）	相邻建筑物无门窗或实墙

21 架空配电线路与铁路、道路、河流、管道、索道及各种架空线路交叉有哪些基本要求?

答：架空配电线路与铁路、道路、河流、管道、索道及各种架空线路交叉的基本要求（最小垂直距离）见表 3-4。

表 3-4　架空配电线路与铁路、道路、河流、管道、索道及各种架空线路交叉的基本要求（最小垂直距离）

项目			线路电压（kV）		备注
			1~10	1 以下	
铁路	标准轨距	至轨顶	7.5	7.5	
	窄轨		6	6	
	电气化铁路	接触线或承力索	平原地区配电线路入地		山区入地困难时，应协商，并签订协议

续表

<table>
<tr><th colspan="3" rowspan="2">项目</th><th colspan="2">线路电压（kV）</th><th rowspan="2">备注</th></tr>
<tr><th>1～10</th><th>1 以下</th></tr>
<tr><td rowspan="2">公路</td><td>高速公路、一级公路</td><td rowspan="2">至路面</td><td rowspan="2">7</td><td rowspan="2">6</td><td></td></tr>
<tr><td>二、三、四级公路</td><td></td></tr>
<tr><td rowspan="4">河流</td><td rowspan="2">通航</td><td>至常年高水位</td><td>6</td><td>6</td><td rowspan="4">最高洪水位时，有抗洪抢险船只的河流，垂直距离应协商确定</td></tr>
<tr><td>至最高航行水位的最高船撸顶</td><td>1.5</td><td>1</td></tr>
<tr><td rowspan="2">不通航</td><td>至最高洪水位</td><td>3</td><td>3</td></tr>
<tr><td>冬季至冰面</td><td>5</td><td>5</td></tr>
<tr><td rowspan="2">弱电线路</td><td>一、二级</td><td rowspan="2">至被跨越物</td><td rowspan="2">2</td><td rowspan="2">1</td><td></td></tr>
<tr><td>三级</td><td></td></tr>
<tr><td rowspan="6">电力线路（kV）</td><td>1 以下</td><td rowspan="6">至导线</td><td>2</td><td>1</td><td></td></tr>
<tr><td>1～10</td><td>2</td><td>2</td><td></td></tr>
<tr><td>35～110</td><td>3</td><td>3</td><td></td></tr>
<tr><td>154～220</td><td>4</td><td>4</td><td></td></tr>
<tr><td>330</td><td>5</td><td>5</td><td></td></tr>
<tr><td>500</td><td>8.5</td><td>8.5</td><td></td></tr>
<tr><td>特殊管道</td><td rowspan="2">电力线在下面</td><td>电力线在下面</td><td>3</td><td>2</td><td></td></tr>
<tr><td>一般管道、索道</td><td>电力线在下面至电力线上的保护设施</td><td>1.5</td><td>1.5</td><td></td></tr>
<tr><td colspan="3">人行天桥</td><td>5（4）</td><td>4（3）</td><td></td></tr>
</table>

22 配电线路通过林区（树木）的安全距离有何规定?

答：配电线路通过林区（树木）的安全距离。1～10kV 配电线路通过林区应砍伐出通道，通道净宽度为导线边线向外侧水平延伸 5m，当采取绝缘导线时不应小于 1m。配电线路通过公园、绿化区和防护林带，导线与树木的净空距离在最大风偏情况下不应小于 3m。配电线路通过果林、经济作物以及城市灌木林，不应砍伐通道，但导线与树梢的距离不应小于 1.5m。配电线路的导线与街道行道树之间的最小距离应符合表 3–5。

表 3–5　　配电线路的导线与街道行道树之间的最小距离

最大弧垂情况的垂直距离		最大风偏情况下的水平距离	
1～10kV	1kV 以下	1～10kV	1kV 以下
1.5（0.8）	1.0（0.2）	2.0（1.0）	1.0（0.5）

23 配电线路与其他物体的安全距离如何规定?

答：配电线路与甲类厂房、库房，易燃材料堆场，甲、乙类液体储罐，液化石油气储罐，可燃、助燃气体储罐最近水平距离，不应小于杆塔高度的 1.5 倍，丙类液体储罐不应小于 1.2 倍（甲、乙、丙分类按 GB 50016—2014《建筑设计防火规范》的规定）。

24 跨越道路的拉线对地距离如何规定？

答： 跨越道路的水平拉线，对路边缘的垂直距离不应小于 6m。拉线柱的倾斜角宜采用 10°～20°。

25 接户线的限距如何规定？

答： 接户线的限距应符合表 3-6 和表 3-7。

表 3-6　接户线受电端的对地面垂直距离

1～10kV	1kV 以下
4.0m	2.5m

表 3-7　跨越街道的 1kV 以下接户线至路面中心的垂直距离

最大弧垂情况的垂直距离		最大弧垂情况的垂直距离	
1kV 以下	具体条件	1kV 以下	具体条件
6.0m	有汽车通过的街道	3.0m	胡同（里、弄、巷）
3.5m	汽车通过困难的街道	2.5m	沿墙敷设

26 简述配电线路维护标准。

答： 为了保证配电线路安全、可靠、经济运行，采取正确的维护方法来管理非常重要。首先，要加强配电线路的巡视，掌握配电线路运行状态及相关缺陷，根据缺陷情况制订相应的消缺计划；其次，要采取正确的处理方法，对各种缺陷或隐患进行整改处理，达到运行标准；最后做好技术统计，分析并掌握线路运行情况。

（1）电杆移位。电杆移位可采用机械（吊车或紧线器等）和人工两种方法。无论是哪一种，首先对电杆加装四个相对方向的拉线进行固定保护，然后拉动绳索将杆根校正垂直，基础填土、夯实，恢复并紧固导线。

（2）电杆扶正。电杆扶正可采用机械（吊车或紧线器等）和人工两种方法。无论是哪一种，都要在正杆侧杆根处垂直挖深 1m 左右，避免杆身受力过大而折断。直线杆顺线路方向倾斜时，要松开导线进行正杆，垂直线路倾斜时可在不停电的情况下进行。转角杆、终端杆与直线杆基本相同，要注意调整拉线受力和导线弧垂。

（3）拉线调整。对于杆倾斜扶正后的拉线要先正杆，再进行调整或重做，若拉线断股或锈蚀严重，更换拉线时要先做好临时拉线，地锚上拔时要用 UT 线夹进行调整，螺母紧固在 UT 线夹螺纹中心为宜，并加双帽固定。

（4）导线接头过热处理。普通导线连接接头可打开去除氧化面，然后涂上中性凡士林油重新连接，使用线夹连接的导线接头要打开重做。

（5）砍树。在线路带电情况下，砍剪靠近线路的树木时，工作负责人应在工作开始前，向全体人员说明“电力线路有电，人员、树木、绳索应与导线保持 1m 的安全距离”。砍剪树木时，应防止马蜂等昆虫或动物伤人。上树时，不应攀抓脆弱和枯死的树枝，并使用安全带。安全带不得系在待砍剪树枝的断口附近或以上。不应攀登已经锯过或砍过的未断树枝。砍剪树木应有专人监护。待砍剪的树木下面和倒树范围内不得有人逗留，防止砸伤行人。为防止树木（树枝）倒落在导线上，应设法用绳索将其拉向与导线相反的方向。绳索应有足够的长度，以免拉绳的人员被倒落的树木砸伤。砍剪山坡树木应做好防止树木向下弹跳接近导线的措施。树枝接触或接近高压带电导线时，应将高压线路停电或用绝缘工具使树枝远离带电导线至安全距离。此前严禁人体接触树木。大风天气，禁止砍剪高出或接近导线的树木。使用油锯和电锯的作业，应选熟悉机械性能和操作方法的人员操作。使用时，应先检查所能锯到的范围内有无铁钉等金属物件，以防金属物体飞出伤人。

27 什么是设备检修？ 设备检修的方针是什么？

答：设备检修是设备全过程管理的一个环节，是获得延长设备使用寿命，最大限度发挥设备效能的基本手段。设备检修必须坚持“预防为主、安全第一、质量第一”的方针，按照计划检修与状态检修并重和应修必修、修必修好的原则，把周期检修和诊断检修结合起来，不断改善设备的技术状况和提高设备的技术性能。

28 设备检修的两种制度是什么？

答：设备检修有两种制度，一种是计划检修（周期性检修），另一种是状态检修。

（1）计划检修。计划检修是为了防止设备带病运行，有计划地进行预防检修。供电设备的计划检修，要统筹安排好客户和所辖设备的配合检修，尽量提高设备利用率和供电可靠率，减少设备停电时间，增加供电量。

（2）状态检修。状态检修是通过对电气设备的测试、分析和判断、诊断，发现设备运行异常及缺陷，将部分事故检修转为预见性检修，而实现设备的状态检修。设备状态检修绝不是“不坏不修”，因此要充分利用各种检测手段，正确分析、判断设备状态，恰当安排设备检修，同时要不断地推广和应用带电测试和在线监测技术，加强设备的监督。

供电所技术人员应综合运行、检修、试验等状态资料数据做出状态评价，提出状态检修计划，报请上级批准。

29 设备检修应遵循什么原则？

答：（1）贯彻“预防为主”的检修方针，做到“应修必修、修必修好”。“应修”包括达到预定检修间隔或经过分析论证可以延长检修间隔或在特殊情况下必须缩短检修间隔时，应按计划对设备进行检修。“修好”是对检修质量的要求，应注意采用科学的方法和先进的修理技术，加强设备维护，改进检修管理，延长检修周期。

（2）检修计划要按电网统一安排，搞好协调配合，减少设备停运时间，提高电网运行可靠性和设备可用率。

(3) 设备检修要与技术更新相结合，针对设备存在缺陷和电网不断发展完善的需要，做出设备更新改造计划，有计划地结合检修进行。

30 设备检修分为哪几类?

答：(1) 大修。设备大修是对设备进行全面检查、维护、消缺和改进等的综合性工作，目的是恢复设备的设计性能。设备大修一般应按规定周期和预定的项目、标准进行。

(2) 小修。是对设备进行扩大性的检查、维护、保养、消缺。所有小修都应具有周期性，并应列为计划检修，按规定周期将设备从运行中退出，以进行专题试验、检定、检验、换油、清扫等工作。

(3) 临时检修（非计划性检修）。设备在运行中发生严重异常，必须在计划外退出运行进行检修者，一般称为临时检修（临检）。临时检修应须调度批准，一般作为小修处理。当缺陷严重，修理费用较高时，经批准也可按大修处理。

(4) 事故抢修。设备因事故自动退出运行或因严重异常不能等待调度批复需立即停止运行所进行的检修，称为事故抢修。事故抢修由供电所组织，必要时应集中所有人力、物资、车辆以尽快速度恢复运行。为能及时修复线路故障，供电所应常年组织好抢修队伍，值班电话畅通无阻，无论任何时间、任何天气下事故发生时做到及时处理。

31 配电线路故障处理的原则是什么?

答：配电线路故障处理应本着“缩短停电时间，缩小停电面积，迅速排除故障，尽快恢复送电”的原则。

32 配电线路故障如何分类?

答：配电线路的故障分为短路和断路两种。

(1) 短路分为接地短路和相间短路。接地短路又分为永久性接地和瞬间接地，主要是由于倒杆、断杆、接点过热、绝缘子击穿、雷击、树碰线或外力破坏等因素导致的。相间短路又分为两相短路和三相短路，主要是由上述原因引起，但没有接地，致使两相或三相导线连接造成的。

(2) 断路由于倒杆、断杆、接点过热、雷击或外力破坏等因素使导线断开，但未形成短路，影响正常供电。

33 简述倒杆故障原因、处理方法和步骤。

答：由于电杆基础未夯实、埋深不够、积水或冲刷、外力碰撞、线路受力不均造成电杆倾斜、混凝土杆水泥脱落露筋等都容易引起倒杆事故，要及时进行处理。

(1) 发生倒杆事故后，立即派人巡线，在出事地点看守，应认为线路带电，防止行人靠近。

(2) 立即向上级领导汇报事故现场情况及事故原因，如自然现象造成的事故应在上级领导的批准下通知保险公司等有关部门，以便索赔。

(3) 拉开事故线路七级控制开关或接到领导通知确认线路停电，做好工作地段两端的安全措施后，方可开始抢修。

(4) 组织人员，准备工具、材料，更换不能使用的金具及绝缘子，扶正或更换电杆，夯实基础。

(5) 电杆组立或扶正要注意埋深，底盘和卡盘要牢固可靠。

34 简述断线故障原因、处理方法和步骤。

答： 由于受雷雨天气影响，或绝缘子闪络、大风摇摆及外力破坏，都有可能发生断线事故，多发生在绝缘子与导线的结合部位。

(1) 发生断线事故后，立即派人巡线，在出事地点看守，断落到地面的导线，应防止行人靠近接地点 8m 以内。

(2) 立即向上级领导汇报事故现场情况及事故原因，如自然现象造成的事故应在上级领导的批准下通知保险公司等有关部门，以便索赔。

(3) 拉开事故线路上级控制开关或接到领导通知确认线路停电，做好工作地段两端的安全措施后，方可开始抢修。

(4) 组织人员，准备工具、材料，更换不能使用的金具及绝缘子，进行导线连接处理。

(5) 导线断线，应将断线点在超过 1m 以外剪断重接，并用同型号导线连接或压接。

(6) 将连接好的导线放在横担上方，用两套紧线器在横担两侧分别紧线，调匀弧垂后进行立瓶绑扎。

(7) 避免在一个档距内有两个接头。

(8) 搭接或压接的导线接点应距固定点 0.5m。

(9) 断股损伤截面积不超过铝股总面积的 7%，可缠绕处理。缠绕长度应超过损伤部位两端 100mm。

(10) 断股损伤截面积超过铝股总面积的 7%而小于 25%，可用补修管或加备线处理。补修管长度超出损伤部分两端各 30mm。

(11) 断股损伤截面积超过铝股总面积的 25%，或损伤长度超过补修管长度、导线出现永久性变形，应剪断重接。

35 简述绝缘子故障原因、处理方法和步骤。

答： 由于受雷击、污闪、电晕、自然老化因素等影响，易使绝缘子的绝缘能力下降，从而引起线路故障。

(1) 绝缘子因脏污造成绝缘水平下降，应定期进行巡视、清扫和测量，发现不合格的及时更换。

(2) 在污染严重地区可在绝缘子表面涂防污涂料，也可使用防污绝缘子。

(3) 由于绝缘子老化造成的绝缘下降，应及时更换。

(4) 在高电压作用下，因导线周围电场强度超过空气击穿强度，会对绝缘子造成电晕伤害，应采用加大导线半径的方法来处理。

36 配电线路故障处理有哪些危险点？ 其相应的控制措施有哪些？

答：（1）倒杆。

安全控制措施：1）立、撤杆工作要设专人统一指挥，开工前讲明施工方法，在居民区和交通道路附近进行施工应设专人看守。

2）要使用合格的起重设备，严禁超载使用。

3）电杆起离地面后，应对各部吃力点做一次全面检查，确无问题后继续起立，起立600mm 后应减缓速度，注意各侧控制，特别要控制好后侧头部拉尾防止过牵引。

4）吊车起吊钢丝绳扣子应调绑在杆的适当位置，防止电杆突然倾倒

（2）高处坠落及物体打击伤人。

安全控制措施：1）攀登杆塔前检查脚钉是否牢固可靠。

2）杆塔上转移作业位置时，不得失去安全带保护，杆塔上有人工作时，不得调整或拆除拉线。

3）现场人员必须戴好安全帽，杆塔上的作业人员要防止东西掉落，使用工器具、材料等应该在工具袋里，工器具的传递要使用传递绳。杆塔下方禁止行人逗留。

（3）砸伤。

安全控制措施：1）吊车的吊臂下严禁有人逗留；立杆过程中，坑内严禁有人；除指挥人及指定人员外，其他人员应在电杆 1. 2 倍杆高的距离以外。

2）修坑时，应有防止杆身滚动、倾斜的措施。

3）利用钢钎做地锚时，应随时检查钢钎受力情况，防止过牵引将钢钎拔出。

4）已经立起的电杆只有在杆基回填土全部夯实，并填起 $300m^3$ 的防沉台后方可撤去叉杆和拉绳。

37 简述电杆安全隐患及防范措施。

答：电杆组立在路旁，缺少提醒标志，行车较多，对电杆安全造成隐患。应采取以下防范措施：

（1）在电杆下部刷上红白相间的荧光粉条，以便提醒汽车司机注意道路旁的电线杆。

（2）与交通管理部门联系，在道路旁安置交通安全提示牌，提醒汽车司机注意交通安全。

（3）探讨电杆迁移的可能性。

（4）对电杆加护桩或砌墩。

38 什么是事故抢修？

答：事故抢修仅指电气设备在运行中发生了故障或严重缺陷，因时间紧迫需要紧急抢修，而且工作量不大，所需时间不长，在短时间内能够恢复运行的工作。

39 故障抢修标准作业流程有哪些？

答：接受抢修任务、填写事故抢修单、召开班前会、准备材料工器具、出发前检

查、停电操作与许可工作、宣读“电力线路事故应急抢修单”、抢修排除故障、工作终结与恢复送电、召开班后会、资料归档。

40 简述配电线路事故处理流程。

答：（1）切除事故线路，保护现场，向领导汇报，组织人力、物力，启动事故抢修预案。

（2）巡视人员在现场看守，防止行人进入导线落地点 8m 以内，并立即向所长汇报。

（3）所长向调度汇报事故情况后，启动事故应急预案。

（4）立即组织人员填写事故应急抢修单，准备抢修材料和工具。

（5）做好故障线路两端的安全措施后，进行抢修。

（6）抢修工作结束后，完全拆除安全措施，所有人员撤离现场，恢复送电。

41 为什么事故抢修可以不使用工作票?

答：事故抢修所对应的工作主要是在停电后的电气设备上进行抢修工作。如由于自然灾害及外力破坏等造成的配电线路倒杆、电杆倾斜、断线、金具或绝缘子脱落等停电事故，需要迅速进行抢修工作等。事故抢修因为时间紧迫且工作量不大，所需时间不长，在短时间内就能够恢复运行，因此，可以不使用工作票，但在事故抢修前，必须做好安全技术措施，并得到值班负责人或工作负责人的许可，工作中必须做好监护工作。

42 什么情况下可将事故抢修转为事故检修?

答：如果设备损坏比较严重，抢修工作量较大，短时间内不能恢复运行，则应转为正常的事故检修。正常的事故检修是指发生事故停电以后，设备损坏比较严重，维修工作量较大，短时间内不能恢复运行的检修工作。事故抢修转为正常的事故检修后，就应补填工作票并履行正常的工作许可手续，因为这些工作是在高压设备上进行的，涉及人员和设备的安全。因为从工作票上可以反映出工作票制度、保证安全的组织和技术措施的执行情况以及工作负责人所负安全责任的履行情况等内容，可以把工作票作为许可工作的书面凭证。

43 10kV 线路（设备）故障抢修标准作业流程中，接受抢修任务和填写事故抢修单应注意什么?

答：（1）接受抢修任务。线路运行部门接到线路故障报告后，立即报告运行管理部门，运行管理部门根据故障情况，下达抢修（故障原因已明确）或巡查（故障原因不明确）任务，抢修班组或运行部门接受抢修或巡查任务。

（2）填写事故抢修单。由事故抢修班组工作负责人或技术人员填写电力线路事故应急抢修单（如故障原因不明确，待巡查明确后填写事故抢修单）。

44 10kV 线路（设备）故障抢修标准作业流程中，班前会的主要内容是什么?

答：（1）事故抢修班组工作负责人召开抢修人员、线路运行人员参加的班前会，由线路运行人员介绍故障情况（线路名称、故障地段、故障性质等）。

(2) 抢修班组工作负责人根据故障性质向抢修人员交代安全措施和技术措施，交代危险点及控制措施。一般常见的危险点及控制措施是：

1) 防触电伤害。故障线路应停电、验电、挂接地线和标示牌；其他带电线路危及抢修安全时应停电；严防误登、误操作。登杆前核对线路双重名称及杆号，确认无误后方可登杆，设专人监护以防误登、误操作；严防返送电源和感应电，控制措施：拉开有可能返送电的线路断路器，并挂接地线，在有可能产生感应电的地段加挂接地线或使用个人保安线。

2) 防高空坠落。作业人员登杆前，检查登杆工具是否安全可靠，确认无误后方可登杆；作业人员登杆时做到“脚踩稳、手扒牢、一步一步慢登高，到达位置第一要，安全皮带系牢靠”；安全带应系在牢固可靠的构件上，如转换工作位置时，应重新系好安全带。

3) 防高空坠物伤人。地面人员尽量避免停留在杆下；地面人员戴好安全帽；工具材料用绳索传递，尽量避免高空坠物；操作跌落式熔断器时，操作人员应选好操作位置，防止纸管跌落伤人。

4) 防电杆倾倒伤人。作业人员登杆前，观测估算电杆埋深及裂纹情况，确认稳固后方可登杆作业，必要时打临时拉线。

(3) 交代工作任务，进行人员分工，明确专责监护人的监护范围和被监护人及其安全责任等。

45 10kV 线路（设备）故障抢修标准作业流程中，准备材料工器具时应注意什么？

答：(1) 材料：根据故障性质和情况准备材料。

1) 断导线时，准备同型号导线、压接管及辅材、铝包带、扎线等。

2) 倒杆（断杆）时，准备电杆（铁件、绝缘子等备用）。

3) 设备或绝缘子损坏时，准备同型号设备或绝缘子。

4) 接点烧坏时，准备设备线夹、绝缘导线、接线螺丝等。

(2) 工器具。根据抢修工作需要准备工器具，常用工器具如下。

1) 停电操作工具。绝缘杆、验电器、高压发生器、接地线、绝缘手套、绝缘靴子、标示牌等。

2) 登高工具。脚扣或踩板、安全帽、安全带等。

3) 防护工具。个人保安线、防护服、绝缘鞋、手套等。

4) 个人“五小”工具。电工钳、扳手、螺丝刀、小榔头、小绳等。

5) 其他工具和牵引工具视其需要而确定。

46 10kV 线路（设备）故障抢修标准作业流程中，出发前检查应注意什么？

答：(1) 检查人数及人员精神状态和身体状况。

(2) 检查所带材料是否规格型号正确、质量合格、数量满足需要。

(3) 检查所带工器具是否质量合格、安全可靠、数量满足需要。

(4) 检查交通工具是否良好，行车证照是否齐全。

47 10kV 线路(设备)故障抢修标准作业流程中，停电操作与许可工作应注意什么?

答: (1) 馈路停电。

1) 由变电站值班员根据调度命令或停电申请内容进行馈路停电操作(此操作必需填用变电站倒闸操作票，并按操作票所列程序进行操作)，并做好接地等安全措施。

2) 线路运行部门或抢修班组停复电联系人(现场工作许可人)接到调度或变电站许可(第一次许可)工作的命令后，负责组织现场停电操作并做好安全措施，操作前负责核对线路双重名称及杆号，确认无误后，方可进行停电操作。以下操作按规定须用操作票时，应填用电力线路倒闸操作票，并按操作票所列程序进行操作。

a. 断开需要现场操作的线路各端(含分支线)断路器、隔离开关。

b. 断开危及线路停电作业且不能采取相应措施的交叉跨越、平行或接近和同杆(塔)架设线路(包括外单位和用户线路)的断路器、隔离开关。

c. 断开有可能返回低压电源和其他延伸至抢修现场的低压线路电源开关。

d. 在上述线路各端已断开的断路器或隔离开关的操动机构上应加锁；三相熔断器的熔丝管应取下；并在上述断路器、隔离开关的操动机构醒目位置悬挂“线路有人工作，禁止合闸!”的标示牌。

e. 在线路各端(包括无断开点且有可能返送电的支线上)应逐一验电、挂接地线，在有可能产生感应电的线路上加挂接地线。

上述停电、验电、挂接地线等安全措施完成后，现场工作许可人方可向工作负责人下达许可(第二次许可)工作的命令。

(2) 线路部分停电或支线停电。由线路运行部门或抢修班组停复电联系人(现场工作许可人)负责组织现场停电操作并做好安全措施，操作前负责核对线路名称及杆号，确认无误后，方可进行停电操作。以下操作按规定须用操作票时，应填用电力线路倒闸操作票，并按操作票所列程序进行操作。

1) 先断开电源侧断路器、隔离开关，再断开需要现场操作的线路各端(含分支线)断路器、隔离开关。

2) 断开危及线路停电作业且不能采取相应措施的交叉跨越、平行或接近和同杆(塔)架设线路(包括外单位和用户线路)的断路器、隔离开关。

3) 断开有可能返回低压电源和其他延伸至抢修现场的低压线路电源断路器。

4) 在上述线路各端已断开的断路器或隔离开关的操动机构上应加锁；三相熔断器的熔丝管应取下；并在上述断路器、隔离开关的操动机构醒目位置悬挂“线路有人工作，禁止合闸!”的标示牌。

5) 在线路各端(包括无断开点且有可能返送电的支线上)应逐一验电、挂接地线，在有可能产生感应电的线路上加挂接地线。

上述停电、验电、挂接地线等安全措施完成后，现场工作许可人方可向工作负责人下达许可工作的命令。

(3) 工作许可人在向工作负责人发出许可工作的命令前，应将工作班组名称、数目、工作负责人姓名、工作地点和工作任务等记入记录簿内。

(4) 许可开始工作的命令应由工作许可人亲自下达给工作负责人。电话下达时，工作许可人及工作负责人应记录清楚明确，并复诵核对无误；当面下达时，工作许可人和工作负责人都应在电力线路事故应急抢修单上记录许可时间，并签名（如现场工作许可人不直接参与监护或操作，而由他人监护和操作时，现场工作许可人必须在现场亲眼目睹操作全过程，并确认操作结果）。

48 10kV线路（设备）故障抢修标准作业流程中，宣读电力线路事故应急抢修单应注意什么？

答：由抢修工作负责人宣读电力线路事故应急抢修单，明确工作地点和抢修内容，明确保留带电部位和其他安全注意事项。

49 10kV线路（设备）故障抢修标准作业流程中，抢修排除故障应注意什么？

答：(1) 登杆前检查（“三确认”）。

1) 作业人员核对线路名称及杆号，确认无误后方可登杆。

2) 作业人员观测估算电杆埋深及裂纹情况，确认稳固后方可登杆。

3) 作业人员检查（冲击试验）登高工具是否安全可靠，确认无误后方可登杆。

(2) 排除故障。

1) 抢修断线。

a. 抢修人员登杆松下断线相导线。

b. 根据规范要求进行导线压接或绕接。

c. 恢复导线前应检查断线点附近若干基直线杆电杆是否倾斜或裂纹；横担是否转动或损坏变形；绝缘子是否弯曲或破碎；扎线是否松动或断股，检查处理后，在耐张杆上重新紧线，在直线杆上扎好扎线。

d. 抢修工作负责人检查无误后，即向全体抢修人员宣布：“××线路已视同带电，禁止任何人攀登，人员撤离现场”。

2) 抢修倒杆。

a. 如电杆断裂，则应更换（按更换电杆流程进行更换）。

b. 如电杆倾斜，检查无裂纹后，则应扶正（按校正电杆流程进行校正）。

3) 如柱上断路器、避雷器损坏，现场可处理时现场修复，如现场不能修复时予以更换（按相应更换流程进行更换）。

4) 如系接点烧坏，应现场处理或更换。

5) 如拉线被盗或外力破坏断线，则应更换（按更换拉线流程进行更换）。

6) 如系绝缘子损坏，则应更换（按更换绝缘子流程进行更换）。

7) 如系铁件损坏或变形，则应更换（按更换横担流程进行更换）。

8) 如系树木压线（导线未断），则应清除树木，检查电杆、横担、绝缘子、扎线等，检查处理后，重新调整导线弧垂或补修导线（按调整导线弧垂和修复导线流程进行处理）。

9）如系其他故障，则按相关规定和方法予以排除。

50 10kV线路（设备）故障抢修标准作业流程中，工作终结与恢复送电应注意什么？

答：(1) 停电作业结束后，工作负责人应履行下列职责。

1）工作负责人认为工作已结束，应检查线路抢修地段的状况，确认在杆塔上、导线上、绝缘子串上及其他辅助设备上没有遗留的个人保安线、工具、材料等，检查清点并确认全部作业人员已由杆塔上撤离，将全部作业人员集中一处，宣布："××线路已视同带电，禁止任何人再登杆作业"。如个别作业人员不能集中时，工作负责人必须设法通知到本人。

2）工作负责人分别向全部工作许可人汇报。

a. 对调度或变电站值班员（工作许可人）、运检分设，对线路运行部门现场工作许可人的汇报："工作负责人×××向你汇报，××单位××班组在×处（说明起止杆号、分支线路名称等）停电工作已全部结束，本班组作业人员已全部撤离现场，经检查确认线路上无遗留物，××线路可以恢复送电"。

b. 运检合一，对本班组现场工作许可人的汇报："××班组在××线路上×处（说明起止杆号、分支线路名称等）停电工作已全部结束，作业人员已全部撤离线路，经检查确认线路上无遗留物，可拆除接地线等安全措施"。

c. 对外单位或用户配合停电工作许可人的汇报："工作负责人×××向你汇报，××单位××班组停电工作已全部结束，你单位配合停电的线路可恢复送电"。

(2) 停电工作结束后，各方工作许可人应履行下列职责。

1）调度或变电站值班员（工作许可人）在接到抢修工作负责人的完工报告后，与记录簿核对工作班组名称和工作负责人姓名，确认无误后，拆除安全措施，恢复送电（送电操作应填用变电站倒闸操作票，并按操作票所列程序进行操作）。

2）运检分设，线路运行部门现场工作许可人在接到抢修工作负责人的完工报告后，与记录簿核对工作班组名称和工作负责人姓名，确认无误后，检查确认全部工作结束，全部工作人员已撤离线路，下令拆除接地线等现场安全措施，全部安全措施拆除后，核对清点接地线、标示牌数目，确认无误后，合上线路各端断开的断路器、隔离开关，恢复线路供电（以上操作按规定须用操作票时，应填用电力线路倒闸操作票，并按操作票所列程序进行操作）。

3）运检合一，本班组现场工作许可人在接到本抢修班组工作负责人已完工和可拆除安全措施的报告后，检查确认全部工作已结束、全部工作人员已撤离线路、线路上无遗留物后，组织拆除接地线等安全措施，全部安全措施拆除完毕后，核对清点接地线、标示牌数目，确认无误后，合上线路各端断开的断路器、隔离开关，恢复线路供电（以上操作按规定须用操作票时，应填用电力线路倒闸操作票，并按操作票所列程序进行操作）。

51 10kV线路（设备）故障抢修标准作业流程中，召开班后会、资料归档应注意什么？

答：(1) 抢修工作结束后，抢修工作负责人召开抢修人员会议，分析故障原因，制订防范措施，总结工作经验，制订今后改进措施。

(2) 整理完善抢修记录，交线路运行部门归档保管。

52 供电所备品备件分为哪几类？

答：备品备件包括事故备品、轮换性和消耗性备品。

53 备品备件的范围是什么？

答：(1) 在正常运行情况下不易磨损，配件中一般也不需要更换，但若损坏将造成供电设备不能正常运行或者直接影响设备的安全，必须立即更换者。

(2) 零部件一旦损坏后，不易修复、购买、制造或材料特殊而恢复生产又属急需者。

54 备品备件管理有什么原则？

答：(1) 备品备件的数量和品种应能满足及时消除设备缺陷、快速抢修事故、缩短停电时间的需要。

(2) 设兼职人员加强管理，备品备件应保证随时可以使用，使用后及时补充。

(3) 备品备件的存储尽量做到既保证安全生产的需要，又防止资金的积压、浪费。即进行定额管理。

(4) 备品备件工作要贯彻勤俭办所的方针，充分发挥和利用修复能力、大力开展修旧利废，节约物资资金。

55 备品备件如何收发？

答：(1) 供电所的收发料管理工作通常是按照申请计划到各县级供电公司领取相邻料，交供电所材料保管员收料，班组领料进行工作。

(2) 供电所收发料必须办理相应的领料（到支公司）——收料（材料保管员）——领料（班组）手续。

(3) 材料保管员登记账卡要及时，确保账、卡、物相符。

第三节　配电线路缺陷查找及处理

56 配电线路缺陷如何分类？

答：运行中的配电设备，凡不符合架空配电线路运行标准者，都称作设备缺陷。设备缺陷按其严重程度，可分为一般缺陷、重大缺陷、紧急缺陷三类。

（1）紧急缺陷。紧急缺陷是指严重程度已使设备不能继续安全运行，随时可能导致发生事故或危及人身安全的缺陷，必须尽快消除或采取必要的安全技术措施进行临时处理，如导线损伤面积超过总面积的25%、绝缘子击穿等。

（2）重大缺陷。重大缺陷是指缺陷比较严重，虽然已超过了运行标准，但仍可短期继续安全运行的缺陷。这类缺陷应在短期内消除，消除前应加强监视，如绝缘子串闪络等。

（3）一般缺陷。一般缺陷是指设备状况不符合规程要求，但对近期安全运行影响不大的缺陷。可列入年、季、月检修计划或日常维护工作中消除。

57 缺陷处理的时限是如何规定的？

答：（1）紧急缺陷严重威胁线路安全运行，应及时向上级领导汇报并立即安排消除。

（2）重大缺陷应采取防止缺陷扩大和造成事故的必要措施，应加强对缺陷变化情况的监视，消缺时限不得超过一周。

（3）一般缺陷可列入月度检修计划中及时消除，处理不得超过三个月。

即紧急缺陷不过日，重大缺陷不过周，一般缺陷不过月。按月对缺陷及消除情况进行统计，并经常对缺陷进行分析，研究缺陷发生、发展的规律，对制订预防事故的措施、改进运行维护工作提供真实依据。

58 缺陷管理的内容和流程是什么？

答：设备缺陷实行运行班站、分公司（分局、工区）、公司（局）三级进行管理。各级都要建立缺陷记录，内容包括发现的时间、缺陷内容、处理意见、处理结果，并注明是一般缺陷、重大缺陷还是紧急缺陷。巡线人员现场发现缺陷后，应详细地将线路名称、杆号、缺陷部位、缺陷内容、缺陷种类及建议处理方法等事项填入巡视工作票。巡视工作票一式两份，自存一份，另一份交班站长，同时巡视人员还应将缺陷登记在缺陷记录本上。班站长接到巡线人员填好的巡视工作票后，要对巡视工作票上各项内容进行审核，并签署意见，如认为缺陷不清楚或缺陷比较复杂，可组织有关人员会同巡线人员共同到现场核查和鉴定，并迅速安排处理。班站能处理的缺陷，班站按月将缺陷消除情况填入消缺记录上报分公司（分局、工区）。缺陷消除后巡线人员应立即将消缺时间、消缺人员名字等记入缺陷记录本和检修记录本上。班站不能确定的缺陷和不能处理的重大缺陷要上报分公司（分局），分公司（分局）根据实际情况迅速对班站不能鉴定的设备缺陷做出判断，对班站不能处理的重大缺陷研究处理方法，及时安排消缺。分公司（分局）不能处理的缺陷应立即上报公司（局）生技部，生技部接报后应会同有关单位共同到现场核查和鉴定，并组织对缺陷进行消除。对于对安全运行影响不大、一段时期内无法消除或需要花较大代价来消除的缺陷，可作为永久性缺陷记录在案，在年度大修技改中列资予以消除。

59 架空配电线路导线有哪些常见缺陷?

答:（1）裸导线的常见缺陷。

1）导线断股、烧伤，化工和沿海地区导线腐蚀。

2）各相弧垂不一致，弧垂误差超过设计值的±5%，一般档距导线弧垂相差超过50mm。

3）接头变色、烧熔、锈蚀，铜铝导线连接不使用过渡线夹（特别是低压中性线接头），并沟线夹弹簧垫圈不齐全，螺母未紧固。

4）引流线对相邻相及对地距离不符合要求（最大摆动时，10kV对地不小于200mm，线间不小于300mm；低压对地不小于100mm，线间不小于150mm）。

（2）绝缘导线的常见缺陷。

1）绝缘线外皮有磨损、变形、龟裂等。

2）绝缘护罩扣合不紧密或有脱落现象。

3）各相弧垂不一致，过紧或过松。

4）引流线最大摆动时对地小于200mm，线间小于300mm。

5）沿线树枝剐蹭绝缘导线。

6）红外监测技术检查触点有发热现象。

60 架空配电线路杆塔有哪些常见缺陷?

答:（1）杆塔倾斜（转角杆、直线杆不应大于15/1000，转角杆不应向内角倾斜，终端杆不应向导线侧倾斜，向拉线侧倾斜应小于200mm；50m以下铁塔不应大于10/1000，50m以上铁塔不应大于5/1000）；铁塔构件发生弯曲、变形、锈蚀；螺栓松动；混凝土杆出现裂纹（不应有纵向裂纹，横向裂纹不应超过1/3周长，且裂纹宽度不应大于0.5mm）、松酥、钢筋外露，焊接处开裂、锈蚀。

（2）基础损坏、下沉或上拔，周围土壤被挖掘或沉陷，寒冷地区电杆发生冻鼓现象。

（3）杆塔位置不合适，有被车撞或有被水淹、冲刷的可能，杆塔周围防洪设施损坏、坍塌。

（4）杆塔标志（杆号、相位警告牌等）不齐全、不明显。

（5）杆塔周围有杂草和蔓藤类植物附生。有危及安全的鸟巢、风筝及杂物。

61 架空配电线路横担和金具有哪些常见缺陷?

答:（1）横担锈蚀（锈蚀面积超过1/2）、歪斜（上下倾斜、左右偏歪不应大于横担长度的2%）、变形。

（2）金具锈蚀、变形；螺栓松动、缺帽；开口销锈蚀、断裂、脱落。

62 架空配电线路绝缘子有哪些常见缺陷?

答:（1）绝缘子脏污，出现裂纹、闪络痕迹，表面硬伤超过1cm^2，绑扎线松动或断落。

(2) 绝缘子歪斜，紧固螺栓松动，铁脚、铁帽锈蚀、弯曲。

(3) 合成绝缘子伞裙破裂、烧伤。

63 架空配电线路电力电缆有哪些常见缺陷?

答: (1) 电缆路径上路面有挖掘痕迹。

(2) 路径上有临建工地及堆积物。

(3) 路径上有酸碱性排泄物或堆积石灰等。

(4) 电缆护管、标桩发生损坏或丢失。

(5) 架空电缆钢索发现断股锈蚀严重，支撑杆倾斜。

(6) 沿墙、楼敷设的电缆固定架锈蚀严重，有松脱现象。

(7) 终端头及接地体有异常情况。

(8) 电缆沟道有积水、杂物。

(9) 电缆沟道与天然气管道邻近，天然气有泄露到电缆沟道的可能。

64 架空配电线路拉线、顶(撑)杆、拉线柱有哪些常见缺陷?

答: (1) 拉线锈蚀、松弛、断股和张力分配不均等。

(2) 拉线绝缘子损坏或缺少。

(3) 拉线、抱箍等金具变形、锈蚀。

(4) 拉线固定不牢固，拉线基础周围土壤有突起、沉陷、缺土等现象。

(5) 拉桩偏斜、损坏。

(6) 水平拉线对地距离不符合要求。

(7) 拉线妨碍交通或被车碰撞。

(8) 顶(撑)杆、拉线柱、保护桩等有损坏、开裂、腐朽等现象。

65 架空配电线路防雷设施有哪些常见缺陷?

答: (1) 避雷器绝缘裙有硬伤、老化、裂纹、脏污、闪络。

(2) 避雷器的固定不牢固，有歪斜、松动现象。

(3) 引线连接不牢固，上下压线开焊、脱落，触点锈蚀。

(4) 引线与相邻相和杆塔构件的距离不符合规定。

(5) 个别附件锈蚀，接地端焊接处开裂、脱落。

66 架空配电线路接地装置有哪些常见缺陷?

答: (1) 接地引下线断股、损伤、丢失。

(2) 接头接触不好，线夹螺栓松动、锈蚀。

(3) 接地引下线的保护管破损、丢失，固定不牢靠。

(4) 接地体外露、严重腐蚀，在埋设范围内有威胁性土方工程。

67 架空配电线路接户线有哪些常见缺陷?

答：(1) 线间距离和对地、对建筑物等交叉跨越距离不符合规定。

(2) 绝缘层老化、损坏。

(3) 接点接触不好，有电化腐蚀现象。

(4) 绝缘子破损、脱落。

(5) 支持物不牢固，有腐朽、锈蚀、损坏等现象。

(6) 弧垂不合适，有混线、烧伤现象。

68 架空配电线路保护区有哪些常见缺陷?

答：(1) 线路上有搭落的树枝、金属丝、锡箔纸、塑料布、风筝等。

(2) 线路周围堆放有易被风刮起的锡箔纸、塑料布、草垛等。

(3) 沿线有易燃、易爆物品和腐蚀性液、气体。

(4) 有危及线路安全运行的建筑脚手架、吊车、树木、烟囱、天线、旗杆等。

(5) 线路附近敷设管道、修桥筑路、挖沟修渠、平整土地、砍伐树木及在线路下方修房栽树、堆放土石等。

(6) 线路附近有新建的污染源及打靶场、开石爆破等不安全现象。

(7) 导线对其他电力线路、弱电线路的距离不符合规定。

69 配电线路导线的缺陷如何进行分类?

答：(1) 紧急缺陷。

1) 单一金属导线断股或截面积损伤超过总截面积的25%。

2) 钢芯铝线的铝线断股或损伤超过铝线截面积的50%。

3) 钢芯线的钢芯独股钢芯有损伤或多股钢芯有断股。

4) 受张力的直线接头有抽签或滑动现象。

5) 接头烧伤严重、明显变色，有温升现象。

(2) 重大缺陷。

1) 单一金属导线断股或截面积损伤超过总截面积的17%。

2) 钢芯铝线的铝线断股或损伤截面积超过总截面积的25%。

3) 导线上悬挂杂物。

4) 交叉跨越处导线间距离小于规定值的50%。

(3) 一般缺陷。

1) 单一金属导线断股或截面积损伤为总截面积的17%。

2) 钢芯铝线的铝线断股或损伤为总截面积的25%以下。

3) 导线有松股。

4) 不同金属、不同规格、不同结构的导线在一个耐张段内。

5) 导线接头接点有轻微烧伤并有发展的可能。

6) 导线接头长度小于规定值。

7）导线在耐张线夹或茶台处有抽签现象。

8）固定绑线有损伤、松动、断股。

9）导线间及导线对各部距离不足。

10）导线弧垂不合格、不平衡。

11）金属导线过引接续无过渡措施。

12）铝线或钢芯铝线在支撑绝缘子、耐张线夹处无铝包带。

13）引下线、母线、跳接引线松弛。

14）绝缘线老化破皮。

70 配电线路杆塔的缺陷如何进行分类?

答：（1）紧急缺陷。

1）钢筋混凝土杆倾斜度超过 15°。

2）钢筋混凝土杆杆根断裂。

3）钢筋混凝土杆受外力作用产生错位变形露筋超过 1/3 周长。

4）铁塔主材料弯曲严重，随时有倒塔危险。

（2）重大缺陷。

1）钢筋混凝土杆倾斜度超过 10°。

2）木杆杆根截面积缩减至 50%及以下。

3）钢筋混凝土杆受外力作用露筋超过 1/4 周长或面积超过 $10cm^2$。

4）钢筋混凝土杆严重腐蚀、酥松。

（3）一般缺陷。

1）杆塔基础缺土或因上拔及冻鼓使杆塔埋深小于标准埋深的 5/6。

2）钢筋混凝土杆倾斜度超过 5°。

3）钢筋混凝土杆露筋、流铁水，保护层脱落、松酥，法兰盘锈蚀。

4）钢筋混凝土杆纵向裂纹长度超过 1.5m 、宽度超过 2mm，横向裂纹超过 2/3 周长、宽度超过 1mm。

5）木杆腐朽、钢筋混凝土杆脚钉松动。

6）铁塔保护帽酥松、塔材缺少、锈蚀。

7）无标志牌、相位牌、警告牌。

71 配电线路拉线的缺陷如何进行分类?

答：（1）紧急缺陷。受外力作用，接线松脱对人身和设备安全构成严重威胁。

（2）重大缺陷。张力拉线松弛或地把抽出。

（3）一般缺陷。

1）拉线或拉线棒锈蚀截面积达到 20%以上。

2）拉线或拉线棒小于实际承受接力。

3）拉线松弛。

4）拉线对各部距离不足。

5）UT 线夹装反、缺件。

6）穿越导线的拉线无绝缘措施。

7）拉线地锚坑严重缺土。

72 配电线路绝缘子的缺陷如何进行分类?

答：（1）紧急缺陷。

1）绝缘子击穿接地。

2）悬式绝缘子销针脱落。

（2）重大缺陷。

1）绝缘电阻为零。

2）瓷裙破损面积达 1/4 及以上。

3）有裂纹。

（3）一般缺陷。

1）瓷裙缺口、瓷釉烧坏、破损表面超过 $1cm^2$。

2）铁件弯曲、螺帽松脱。

3）绝缘子电压等级不符合要求。

73 横担、金具及变压器台的缺陷如何进行分类?

答：（1）重大缺陷。

1）横担变形导致相间短路。

2）木横担腐朽断面积超过 1/2。

3）落地式变压器台无围栏。

（2）一般缺陷。

1）铁横担歪斜度超过 15/1000，木横担超过 1/50。

2）木横担腐朽断面积超过 1/3。

3）横担变形，金具、横担严重锈蚀腐深度达到 1/3。

4）横担缺件。

74 线路安全距离缺陷如何分类?

答：（1）重大缺陷。导线对地（公路、铁路、河流等）距离不符合相关规程的要求，与建筑物的水平距离小于 0.5m 、垂直距离小于 1m。导线距树很近，使树木烧焦。

（2）一般缺陷。

1）导线与建筑物、树木等的水平或垂直距离不足。

2）在线路防护区内存在堆放、修筑、开挖、架线等威胁线路安全的现象。

75 架空配电线路导线常见缺陷是如何处理的?

答：架空配电线路导线常见缺陷及处理方法见表 3-8。

表 3-8　架空配电线路导线常见缺陷及处理方法

线路元件	缺陷名称	处理办法
导线	各相弧垂不一致，弧垂误差超过设计值的 ±5%，一般档距导线弧垂相差超过 50mm	停电调整弧垂
	导线断股、烧伤，化工和沿海地区导线腐蚀	导线在同一处损伤导致强度损失 5%、截面积占导电部分总截面积 7%以下时，根据损伤情况，可采用砂纸磨光、同金属单股线缠绕，或用修补预绞丝、修补管修补；超过时须将损伤部分裁去，重新以接续管或预绞接续丝连接
	接头变色、烧熔、锈蚀，铜铝导线连接不使用过渡线夹（特别是低压中性线接头），并沟线夹弹簧垫圈不齐全，螺母没有紧固	更换铜铝过渡线夹，紧固螺栓
	引流线对相邻相及对地距离不符合要求（最大摆动时，10kV 对地不小于 200mm，线间不小于 300mm；低压对地不小于 100mm，线间不小于 150mm）	停电调整，必要时增加跳线支撑
	绝缘线外皮有磨损、变形、龟裂	绝缘层损伤深度在绝缘层厚度的 10%及以上时应进行绝缘修补。也可用绝缘护罩将绝缘层损伤部位罩好，并将开口部位用绝缘自粘带缠绕封住。一个档距内，单根绝缘线绝缘层的损伤修补不宜超过三处
	绝缘护罩扣合不紧密或脱落	利用综合停电检修（或带电作业）进行加固或补充
	沿线树枝剐蹭绝缘导线	砍剪树木
	红外监测技术检查触点发热	利用综合停电检修（或带电作业）对触点进行紧固处理

76 架空配电线路杆塔常见缺陷是如何处理的?

答：架空配电线路杆塔常见缺陷及处理方法见表 3-9。

表 3-9　架空配电线路杆塔常见缺陷及处理方法

线路元件	缺陷名称	处理办法
杆塔	杆塔倾斜；铁塔构件发生弯曲、变形、锈蚀；螺栓松动；混凝土杆出现裂纹、酥松、钢筋外露；焊接处开裂、锈蚀	校正杆塔；更换构件；紧固螺栓；更换混凝土电杆；对焊口进行防锈处理并补强
	基础损坏、下沉或上拔，周围土壤被挖掘或沉陷；寒冷地区电杆发生冻鼓现象	加固基础；对电杆进行补强或更换
	杆塔位置不合适，有被车撞的可能，或有被水淹、冲刷的可能，杆塔周围防洪设施损坏、坍塌	将杆塔顺线路迁移到安全地带；对防洪设施进行修复、加固

续表

线路元件	缺陷名称	处理办法
杆塔	杆塔标志（杆号、相位警告牌等）不齐全、明显	补充、更换（刷新）
	杆塔周围有杂草和蔓藤类植物附生。有危及安全的鸟巢、风筝及杂物	清除

架空配电线路横担、金具、绝缘子常见缺陷是如何处理的？

答：架空配电线路横担、金具、绝缘子常见缺陷及处理办法见表 3-10。

表 3-10　　架空配电线路横担、金具、绝缘子常见缺陷及处理办法

线路元件	缺陷名称	处理办法
横担	横担锈蚀、歪斜、变形	校正或更换
金具	金具锈蚀、变形；螺栓松动、缺帽；开口销锈蚀、断裂、脱落	更换金具；紧固螺栓，补充螺帽；更换、补充开口销
绝缘子	绝缘子脏污，出现裂纹、闪络痕迹，表面硬伤超过 $1cm^2$，扎线松动或断落	清扫绝缘子；不符合规定的予以更换；扎线重新固定或更换
	绝缘子歪斜，紧固螺栓松动，铁脚、铁帽锈蚀、弯曲	紧固螺栓；锈蚀、弯曲严重的进行更换
	合成绝缘子伞裙破裂、烧伤	更换

78 架空配电线路电力电缆常见缺陷是如何处理的？

答：架空配电线路电力电缆常见缺陷及处理办法见表 3-11。

表 3-11　　架空配电线路电力电缆常见缺陷及处理办法

线路元件	缺陷名称	处理办法
电力电缆	电缆路径上路面有挖掘痕迹，有临建工地及堆积物，有酸碱性排泄物或堆积石灰等	进行制止并汇报领导，报当地政府进行干预、协调
	电缆护管、标桩发生损坏或丢失	修复或补充
	架空电缆钢索断股锈蚀严重，支撑杆倾斜	更换和修正
	沿墙、楼敷设的电缆固定架锈蚀严重，有松脱现象	更换或加固
	终端头及接地体有异常情况	停电进行处理
	电缆沟道有积水、杂物	及时抽水、清除
	电缆沟道与天然气管道邻近，天然气有泄漏到电缆沟道的可能	进行封堵、排气，并告知对方尽快处理泄漏

79 架空配电线路拉线、顶（撑）杆、拉线柱常见缺陷是如何处理的?

答: 架空配电线路拉线、顶（撑）杆、拉线柱常见缺陷及处理办法见表3-12。

表3-12　　架空配电线路拉线、顶（撑）杆、拉线柱常见缺陷及处理办法

线路元件	缺陷名称	处理办法
拉线、顶（撑）杆、拉线柱	拉线锈蚀、松弛、断股和张力分配不均等现象	调整或更换
	拉线绝缘子损坏或缺少	更换或补加
	拉线、抱箍等金具变形、锈蚀	更换
	拉线固定不牢固，拉线基础周围土壤有突起、沉陷、缺土等现象	培土、加固
	拉桩偏斜、损坏	校正或更换
	水平拉线对地距离不符合要求	更换、加高电杆和拉线桩，或将电杆移位
	拉线妨碍交通或被车碰撞	迁移拉线或电杆，或将电杆更换为承力电车杆
	顶（撑）杆、拉线柱、保护桩等有损坏、开裂、腐朽等现象	更换处理

80 架空配电线路防雷设施、接地装置常见缺陷是如何处理的?

答: 架空配电线路防雷设施、接地装置常见缺陷及处理办法见表3-13。

表3-13　　架空配电线路防雷设施、接地装置常见缺陷及处理办法

线路元件	缺陷名称	处理办法
防雷设施	避雷器绝缘裙有硬伤、老化、裂纹、脏污、闪络	更换或清洗
	避雷器的固定不牢固，有歪斜、松动现象	进行紧固处理
	引线连接不牢固，上下压线开焊、脱落，触点锈蚀	紧固、除锈、重新焊接
	引线与相邻和杆塔构件的距离不符合规定	进行处理或增加支撑绝缘子
	个别附件锈蚀，接地端焊接处开裂、脱落	紧固、除锈、重新焊接
接地装置	接地引下线断股、损伤、丢失	更换、补加
	接头接触不好，线夹螺栓松动、锈蚀	除锈、紧固
	接地引下线的保护管破损、丢失，固定不牢靠	补加、加固
	接地体外露、严重腐蚀，在埋设范围内有土方工程	重新敷设、并埋深至规定深度

81 架空配电线路接户线常见缺陷是如何处理的?

答: 架空配电线路接户线常见缺陷及处理办法见表3-14。

表 3-14　　架空配电线路接户线常见缺陷及处理办法

线路元件	缺陷名称	处理办法
接户线	线间距离和对地、对建筑物等交叉跨越距离不符合规定	调整弧垂、更换电杆、更改线路走径
	绝缘层老化、损坏	更换
	接点接触不好，有电化腐蚀现象	解开做防腐处理后重新连接
	绝缘子破损、脱落	更换或紧固
	支持物不牢固，有腐朽、锈蚀、损坏等现象	加固或更换
	弧垂不合适，有混线、烧伤现象	调整弧垂或更换横担增加线间距

82 架空配电线路保护区常见缺陷是如何处理的?

答：架空配电线路保护区常见缺陷及处理办法见表 3-15。

表 3-15　　架空配电线路保护区常见缺陷及处理办法

线路元件	缺陷名称	处理办法
线路保护区	导线对其他电力线路、弱电线路的距离不符合规定	更换电杆，调整距离
	线路上有搭落的树枝、金属丝、锡箔纸、塑料布、风筝等	停电或带电作业去除
	线路周围有堆放易被风刮起的锡箔纸、塑料布、草垛等	进行清理，或采取有效措施予以防范
	沿线有易燃、易爆物品和腐蚀性液、气体	加强《电力设施保护条例》宣传，要求其采取有效措施，进行防范
	有危及线路安全运行的建筑脚手架、吊车、树木、烟囱、天线、旗杆等	进行《电力设施保护条例》宣传，要求其采取有效措施，必要时予以拆除
	线路附近敷设管道、修桥筑路、挖沟修渠、平整土地、砍伐树木及在线路下方修房栽树、堆放土石等	加强巡视、监管和《电力设施保护条例》的宣传，线路下方修房栽树、堆放土石的行为要坚决制止和清理
	线路附近有新建的化工厂、农药厂、电石厂等污染源及打靶场、开石爆破等不安全现象	加强巡视，加大宣传，建议对方采取措施尽量减小污染和不安全因素。根据情况更换为耐腐蚀的导线、金具、绝缘子
	导线对地、对道路、公路、铁路、管道、索道、河流、建筑物等距离不符合规定	更换、加高电杆
	防护区内有植树、种竹情况及导线与树、竹间距离不符合规定	砍剪
	线路附近有射击、放风筝、抛扔外物、飘洒金属和在杆塔、拉线上拴牲畜等	劝阻、清理，加大宣传教育
	沿线发生江河泛滥、山洪和泥石流等异常现象	严密监视，必要时更改线路路径

续表

线路元件	缺陷名称	处理办法
线路保护区	发现有违犯《电力设施保护条例》的建筑	立即劝阻，并报告当地政府安全监管部门，予以拆除、清理

83 什么是配电线路缺陷？配电线路缺陷管理应做到哪些方面？

答：配电线路缺陷是指运行中的设施发生异常情况，不能满足运行标准，产生不良后果的缺陷。配电线路缺陷管理应做到以下方面。

（1）建立缺陷管理机制，成立缺陷管理小组，明确责任分工、消缺时间和保证措施等。

（2）规定消除时间。紧急缺陷必须尽快消除（一般不超过24h）或采取必要的安全技术措施临时处理；重大缺陷应在短期（1个月）内消除，消除前应加强巡视；一般缺陷列入年、季、月工作计划消除。重大及以上缺陷消除率为100%，一般缺陷年消除率不能低于95%。

（3）缺陷处理程序。

1）巡视人员发现缺陷后登记在缺陷记录上，并上报运行管理单位技术负责人。

2）技术员审核后交运行管理单位主管人员决定处理意见。重大及以上缺陷应上报县级农电公司主管领导，共同研究处理意见。

3）巡视人员发现紧急缺陷时应立即向有关领导汇报，管理人员组织作业人员迅速处理，消缺后登记在缺陷记录上。

4）缺陷处理完毕后，由技术员现场验收并签字，不合格时将此缺陷重新按缺陷处理程序办理。

5）缺陷处理完毕后，应登记在检修记录中，相关处理人员和验收人员签字存档。

6）春、秋检中发现并已处理的缺陷不再执行缺陷处理程序，但应统计在当月的总消除中，发现未处理的缺陷应执行缺陷处理程序。

7）登记的缺陷应分为高压、低压、设备等部分。

（4）消除的缺陷必须保证质量，确保在一年内不能再出现问题。

84 什么是设备完好率？

答：设备按其完好程度分为一、二、三类，一、二类设备称为完好设备。完好设备与全部设备的比例称为设备完好率，以百分数表示，即

$$设备完好率=\frac{一类设备+二类设备}{全部设备\times 100\%}$$

85 设备评级分类的基本原则是什么？

答：供电所根据供电支公司下发的设备评级标准，以设备单元为基本统计单位，定期进行设备评级工作。设备评级分类的基本原则如下。

（1）一类设备。设备符合运行标准要求，标志及运行、检修、试验等基础资料齐全并与实际相符。

（2）二类设备。设备存在一般缺陷，但不影响安全运行，基础资料基本齐全。

（3）三类设备。存在重大缺陷，直接影响运行和人身安全，必须尽快处理的设备。

在评级时，要对设备的每一个元件按照标准进行评价，如一个单元内的重要设备元件同时有一、二类者应评为二类；同时有二、三类者，应评为三类。

86 为什么要进行电气设备的预防性试验？ 什么是交接验收试验？

答：电气设备的预防性试验是为了保证电力系统的安全运行，预防电气设备的损坏，通过试验手段掌握电气设备的状态，从而进行相应的维护、检修，甚至调换，是防患于未然的有效措施。

对于新安装和大修后的电气设备，也要进行试验，称为交接验收试验，其目的是鉴定电气设备本身及其安装和大修的质量，以判断设备能否投入运行。

第四节 操作柱上断路器与跌落式熔断器

87 对柱上断路器操作有哪些要求？

答：拉、合柱上断路器、隔离开关至少应由两人进行，应使用与线路额定电压相符，并经试验合格的绝缘棒，操作人员应戴绝缘手套。雨天操作时，为满足绝缘要求，应使用带有防雨罩的绝缘棒。登杆前，应根据操作票上的操作任务，核对线路双重编号及线路名称。

88 简述柱上断路器操作顺序。

答：（1）停电操作顺序。

1）一侧装有隔离开关的断路器的操作。先拉开断路器，确认断路器在断开位置后，再拉开隔离开关，确认隔离开关在断开位置后及时悬挂“严禁合闸，线路有人工作”警示牌。

2）双侧装有隔离开关的断路器的操作。先拉开断路器，确认断路器在断开位置后，再拉开负荷侧隔离开关，确认隔离开关在断开位置，再拉开电源侧隔离开关，确认隔离开关在断开位置后及时悬挂“严禁合闸，线路有人工作”警示牌。

（2）送电操作顺序。先合上隔离开关（双侧装有隔离开关时先合电源侧，后合负荷侧），确认隔离开关在合闸位置后，再合上断路器，确认断路器在合闸位置。

89 简述柱上断路器的操作步骤。

答：（1）接受命令。倒闸操作票应根据调度员、值班长或发令人的指令填写，指令必须使用正规的操作术语及设备双重名称。

（2）填写与审查操作票。操作票由操作人填写（或由操作人操作计算机自动生成操作票），填写时应字迹工整清晰。操作人根据接受的操作指令，涉及的检查、操作和安全措施的装拆项目必须依照规定程序，逐项进行填写。操作人填写好操作票后，由监护人进行审核，并在每页操作票上手写签名。

（3）操作前准备。开始操作前，由监护人持票，会同操作人在系统模拟图逐项预演，确认操作项目和顺序正确无误，即可进行现场实际操作。操作前、后，都应检查核对现场设备名称、编号和断路器、隔离开关的断、合位置。电气设备操作后的位置检查应以设备实际位置为准，无法看到实际位置时，可通过设备机械指示位置、电气指示、仪表及各种遥测、遥信信号的变化，且至少应有两个及以上的指示同时发生对应变化，才能确认该设备已操作到位。

（4）操作。操作人走在前，监护人持票走在后，到达操作现场后，进行首项操作项目前，填写操作开始时间。操作中监护人所站位置以能看到被操作的设备及操作人动作为宜。监护人按操作票顺序逐项发布操作指令，操作人指明拟操作的设备，并复诵设备名称和编号，经监护人核对无误发出“对，执行”指令后，操作人方可操作。每操作一项，由监护人在操作的项目后做“√”记号，然后方可进行下一步操作。操作中发生疑问时，不得擅自更改操作票，弄清情况，分析清楚后，再进行操作。操作票所列项目全部执行完毕后，监护人填写操作终了时间，并进行全面检查。

（5）汇报。监护人将操作命令执行结果和终了时间立即汇报发令人，并记入运行工作记录本。

90 操作柱上断路器有什么危险点预控及安全注意事项?

答：（1）触电的注意事项。

1）操作机械传动的断路器或隔离开关应戴绝缘手套，操作没有机械传动的断路器或隔离开关，应使用同电压等级且试验合格的绝缘杆，雨天操作应使用有防雨罩的绝缘杆。

2）雷电时严禁进行断路器倒闸操作。

3）登杆操作时，操作人员严禁穿越和碰触低压线路。

4）杆上同时有隔离开关和断路器时，应先拉断路器再拉隔离开关，送电时与此相反。

5）送电前，必须确定挂在线路上的地线全部撤除。

6）负荷开关三触头不同期时，严禁进行操作。

（2）高处坠落的注意事项。

1）操作时操作人和监护人应戴好安全帽，登杆操作应系好安全带。

2）登杆前检查杆根、登杆工具有无问题，冬季应采取防滑措施。

（3）其他注意事项。

1）倒闸操作要执行操作票制度（除事故处理），严禁无票操作。

2）倒闸操作应由两人进行，一人操作、一人监护。

3）操作前根据操作票认真核对所操作设备的名称、编号和实际状态。

4）操作时严格按操作票执行，禁止跳项、漏项。

5）操作油断路器时应在地面安全距离外进行操作。杆上操作时，操作人员应站在断路器的背侧，防止断路器爆炸伤人。

6）操作 SF_6 断路器前先检查断路器气压表（0.2MPa），压力是否在允许操作范围内。

7）操作人员操作时，尽量避免站在断路器正下方。

91 操作跌落式熔断器有什么要求?

答：操作跌开式熔断器至少应由两人进行，为了保证操作人员的安全，在操作跌开式熔断器时，应使用与线路额定电压相符、并经试验合格的绝缘棒，操作人员应戴绝缘手套。雨天操作时，为满足绝缘要求，应使用带有防雨罩的绝缘棒。带负荷拉、合跌开式熔断器时会产生电弧，负荷电流越大电弧也越大，所以在操作 100kVA 以上容量变压器的跌开式熔断器前应先将低压侧负荷断开。拉、合跌落式熔断器应迅速果断，但用力不能过猛，以免损坏跌落式熔断器。拉、合分支线跌开式熔断器应由工作负责人统一指挥，操作人员按单台配电变压器操作顺序进行逐台操作。操作前，操作人员应根据操作任务认真核对线路的双重编号、分支线路名称、用户及变压器跌开式熔断器安装地点。跌开式熔断器停、送电操作应逐相进行，同时必须考虑跌开式熔断器在杆上的布置和操作时的风向。

92 简述跌落式熔断器操作顺序。

答：（1）停电操作顺序。

1）跌开式熔断器水平排列且有风时，停电操作应逆风向进行，先拉开下风侧边相跌落式熔断器，再拉开中相跌落式熔断器，最后拉开上风侧边相跌落式熔断器。当跌落式熔断器水平排列而无风时，停电操作应先拉开中相跌落式熔断器，后拉开左右边相跌落式熔断器。

2）跌落式熔断器三角排列且有风时，停电操作应先拉开下风侧边相跌落式熔断器，再拉开上风侧边相跌落式熔断器，最后拉开中相跌落式熔断器。当跌落式熔断器三角排列而无风时，停电操作先拉开左右两边相跌落式熔断器，再拉开中相跌落式熔断器。

（2）送电操作顺序。跌落式熔断器无论三角排列或水平排列，送电操作均应先合中相跌落式熔断器，再合两边跌落式熔断器。

（3）用跌落式熔断器停、送分支线路及变压器操作顺序。

1）配电变压器停运操作。首先拉开变压器低压侧空气断路器或低压熔断器，停运配电变压器低压负荷，再拉开配电变压器高压侧跌落式熔断器。

2）配电变压器投运操作。首先合上配电变压器高压侧跌落式熔断器，再合上变压器低压侧空气断路器或低压熔断器。

3）分支线跌落式熔断器停运操作。操作人员按单台配电变压器停运操作顺序进行操作，将分支线上的配电变压器逐台停运，最后拉开控制分支线的跌落式熔断器，取下熔丝管。送电程序与此相反。

93 操作跌落式熔断器有什么危险点？ 预控及安全注意事项有哪些？

答：（1）弧光短路、灼伤。

1）必须有两人进行，一人操作一人监护。

2）操作人员应带护目镜，使用合格绝缘操作杆。

3）拉合配电变压器跌落式熔断器时先断开配电变压器低压侧负荷，拉合分路跌落式熔断器时必须将支线上所有负荷断开。

4）操作人员应站在跌落式熔断器背侧。

（2）触电。

1）操作人员应与同杆架设的低压导线和跌落式熔断器下引线保持不少于 2m 的安全距离。

2）使用同电压等级且试验合格的绝缘杆，雨天操作应使用有防雨罩的绝缘杆。

3）雷电时严禁进行断路器倒闸操作。

（3）高处坠落。

1）操作时操作人和监护人应戴好安全帽，登杆操作应系好安全带。

2）登杆前检查杆根、登杆工具有无问题，冬季应采取防滑措施。

（4）其他。

1）倒闸操作要执行操作票制度（除事故处理），严禁无票操作。

2）倒闸操作应由两人进行，一人操作、一人监护。

3）操作前根据操作票认真核对所操作设备的名称、编号和实际状态。

4）操作时严格按操作票执行，禁止跳项、漏项。

第五节　过电压与架空线路的防雷

94 为什么在使用绝缘导线时应考虑采取相应的防雷措施？

答：架空绝缘导线较好地解决了裸导线所解决不了的走廊和安全问题，与电缆相比，投资省、建设快，优点十分明显。但是，绝缘线路发生雷击断线和绝缘子击穿事故的统计数量呈上升趋势，并随着绝缘导线线路长度增加而急剧上升，已成为严重威胁线路安全运行的主要根源，因此在使用绝缘导线时应考虑采取相应的防雷措施。

95 使用绝缘导线有哪些优缺点？

答：架空绝缘线推广 10 多年来，其优点是显著的，如线路的故障率下降；有效解决了城市绿化中的树线矛盾，美化了城市景观；提高了线路通道的利用率；防止了环境污秽对导线的直接影响；并具有良好的社会效益和经济效益。但是，在近几年运行中，发现架空绝缘线存在遭受雷害多，对此，有必要进行分析原因制订对策，提高配电网的安全运行稳定性。

96 架空绝缘导线雷击断线机理是什么？

答：雷电过电压引起绝缘子闪络并击穿导线绝缘层时，被击穿的绝缘层呈一针孔状，接续的工频短路电流电弧受周围绝缘的阻隔，弧根只能在针孔处燃烧，这样在极短的时间内导线就会被整齐地烧断。

97 架空绝缘导线有何防雷措施？

答：根据架空绝缘导线雷击断线的机理，相应的防范措施主要有“疏导”和“堵塞”两种方式。

“疏导”就是将绝缘子附近的绝缘导线局部裸线化，使工频电弧弧根转移或固定在特制金具上燃烧，从而保护导线免于烧伤。例如，芬兰在绝缘子与导线连接处剥离绝缘层采用闪络保护型线夹；瑞典和美国将绝缘子两侧的绝缘导线剥离一段绝缘层并加装防弧线夹；日本将绝缘子处的导线绝缘层剥离，采用放电钳位绝缘子。“疏导”的方式操作简单、投资少，但局部裸露，存在密封和绝缘缺陷；另外，线夹装置经常会存在抗震性能较差的问题，在线路风吹舞动时，常发生故障。

“堵塞”就是阻止雷击闪络后工频续流起弧，例如日本大量采用过电压保护器，即带串联环型外间隙金属氧化物避雷器。另外也正在研究绝缘子两侧局部采取加强导线绝缘、延长雷击闪络路径、降低工频电弧建弧率等方法。“堵塞”方式防护效果好，但施工复杂、投资大。

98 使用避雷线防雷有什么优缺点？

答：避雷线的主要作用是将幅值很大的雷电过电压转化为电流，经很低的杆塔接地电阻排泄出去，从而大幅度降低雷电过电压，使导线得到保护，这在绝缘水平很高的110kV等级及以上线路中是作为防雷的主要措施。10kV配电网绝缘水平较低，雷击避雷线后极容易造成反击闪络，仍然会发生工频续流烧断绝缘导线。根据统计，配电线路遭受直接雷击或绕击的概率很小，约占雷害事故的20%，配电线路上80%的雷电过电压故障是感应过电压。使用避雷线防雷效果最好，但可行性和难度大，造价也高。因此，避雷线只能在直击雷频繁的区域使用。

99 防雷支柱绝缘子防雷的基本原理是什么？

答：在绝缘子固定点将绝缘导线绝缘层剥离，绝缘导线导体与绝缘子上部放电金具紧密连接，绝缘子上部放电金具用于定位雷电闪络路径和固定工频电弧烧灼点，绝缘子下部有引弧板。当雷电过电压闪络后，工频短路电流在绝缘子上部放电金具与下端引弧板之间燃烧，放电金具保护了导体免受损伤。放电金具上加绝缘罩起绝缘作用，绝缘罩与放电金具间留有间隙作放电的通道。剥离的导体裸露部分与绝缘层之间加防水绝缘胶带起密封和防水作用，绝缘罩两端用防水绝缘胶带固定。

100 防雷支柱绝缘子的安装有什么要求？

答：每基直线杆需安装 1 组（3 只），直线跨越装置安装 2 组（6 只），根据运行经验，有条件的每 3 基电杆加 1 处接地装置，接地电阻小于 10Ω。

101 安装放电线夹有哪些要求？

答：（1）已建绝缘线路直线杆采用放电线夹，必须安装在针式绝缘子的负荷侧，如果雷雨季节线路改变运行方式负荷侧变为电源侧，则应在改后的负荷侧补装。

（2）采用穿刺型放电线夹应按季节气温配置扭矩螺母、扭断螺母、紧固线夹和扣绝缘护罩，绝缘子立瓶中心距线夹 250mm，误差±10mm，引弧板安装平直。

（3）采用裸露型放电线夹，应剥除相应线夹长度绝缘层，误差±5mm，紧固电线，并用绝缘自粘带包缠绝缘线端头封口 2 层，不允许裸露导线，引弧板安装平直。

102 带间隙的氧化锌避雷器防雷的基本原理是什么？

答：在雷电过电压作用下，带间隙的氧化锌避雷器的串联间隙击穿（在内过电压下，串联间隙不击穿，保护器不动作），间隙击穿后通过限流元件释放雷电能量，从而限制了雷电过电压，此时绝缘子不闪络。工频续流产生后，氧化锌阀片能够有效截断工频续流。由于是带间隙的，因此平时运行时不承受工频电压。

103 带间隙的氧化锌避雷器的安装有什么要求？

答：不锈钢引流环与绝缘导线保持合适的间隙，绝缘导线不剥皮。避雷器与绝缘子并列安装，其下端与绝缘子底部连接并与接地极相连。可安装在直线小转角不分段的电杆（剥皮安装困难处）。每基转角杆安装 1 组（3 只），双横担可安装在任一侧。

104 为使电弧容易熄灭，应采取的措施是什么？

答：为使电弧容易熄灭，应局部增加绝缘强度，如在导线与绝缘子相连处加强绝缘，以及采用长闪络路径避雷器等。

105 局部剥离导线绝缘防雷的原理是什么？

答：局部剥离导线绝缘，使之局部成为裸导线，从而使电弧能在剥离部分滑动，而不是固定在某一点燃蚀，同时也为以后施工时提供一个接地线的挂点。

106 闪络保护悬垂线夹的防雷机理是什么？

答：线夹围绕导线的部分形成厚实金属部件，足以防止短路电弧在其根部的燃烧效应。闪络短路时，电弧在线夹负荷侧厚实金属部件间燃烧，导线不受损伤。如果耐张线夹内带有穿刺，则握在耐张线夹中的绝缘导线与耐张线夹接通，对防止雷击闪络断线效果更好。采用闪络保护悬垂线夹比常规扎线方法固定导线，对于导线承受风吹震动所引起的金属疲劳，耐受力要好得多。

107 简述绝缘导线防雷的发展方向。

答：绝缘导线雷击必断，这是其特性使然。在架设架空绝缘导线的地方，应重视雷击断线问题。在直击雷频繁的区域，可以架设架空地线以减少直击雷的危害。如有可靠的密封防潮措施，采用氧化锌避雷器也是不错的选择。防弧金具能防止雷击断线，但导体裸露较长，存在绝缘、密封缺陷。线路过电压保护器防雷效果好，不破坏线路绝缘，免维护，值得推广。合成绝缘子外形美观，可以防止雷击，维护工作量小，适合在新建线路上使用。目前，我国架空绝缘导线运行中最突出的问题是断线和密封防水问题，因此，在作防雷措施时最好不要破坏线路的绝缘。

108 配电线路防雷的目的是什么？

答：电力线路防雷的目的，就是要使线路的雷害跳闸次数减少到最低限度。电力线路的防雷方式应根据线路的电压等级、负荷性质、系统运行方式、当地原有线路的运行经验、雷电活动的强弱、地形地貌的特点和土壤电阻率的高低条件，通过经济技术比较确定。

109 配电网防雷现状如何？

答：6~10kV 配电网无避雷线保护、绝缘水平低，易受直击雷和感应雷的危害，据统计配电网总故障中雷击跳闸达 80%左右，柱上断路器、隔离开关、避雷器、变压器、绝缘子等设备遭受雷击损坏，甚至有些配电所 10kV 线路在雷电活动强烈时全部跳闸，极大影响了供电可靠性和电网安全。

110 配电网雷害事故的原因有哪些？

答：（1）配电网一般靠变电站出线侧和配电变压器高压侧的避雷器保护，线路中间多缺少避雷线保护而易受雷击，即使这些避雷器动作，较高的雷电过电压也会使线路绝缘子击穿放电。目前 6~10kV 电网所用避雷器（包括新型氧化锌或老式碳化硅的、带或不带间隙的）较杂，其额定电压、动作电压及其残压差异较大。而配电网又极易由雷电过电压引发弧光接地过电压和铁磁谐振过电压，经常导致避雷器爆炸。另外还有些避雷器因质量差而在运行中受潮，或间隙动作后不能可靠熄弧而爆炸，造成电网接地短路事故。

（2）电网中避雷器接地存在较多问题：①受场所限制，相当多的配电型避雷器接地电阻超标（达上百欧姆）。②接地引下线损坏。引下线有些用带绝缘外皮的铅线，内部折断不易发现，两边连接头易锈蚀；还有些在埋入土中与接地体连接处产生电化学腐蚀甚至断裂（这在县级供电局配电网中相当严重），使避雷器等防雷设备形同虚设。

（3）柱上断路器和隔离开关处有些未装避雷器保护或仅装在断路器一侧，断路器或隔离开关断开的线路遭雷击时，雷电压将不沿线路传播而是在断开处经全反射后升高 1 倍，危害断路器或隔离开关的绝缘，甚至击穿。如某 110kV 变电站的 35kV 备用线路曾遭受雷击，雷电波在 35kV 备用断路器断口处全反射，35kV 断路器遭受雷击损坏，隔离开关对地击穿。10kV 柱上断路器常被雷击坏的原因也大都如此。

(4) 为节约线路走廊用地和投资，常用多回路（大多3~4回，也有6~8回）同杆架设。而一旦雷击线路，绝缘子对地闪络并产生较大工频续流，则持续的接地电弧会波及同杆架设的其他回路而同时接地短路，造成同时跳闸，甚至倒杆断线的事故。

(5) 目前大多数配电变压器的防雷保护是只在变压器高压侧装一组避雷器而低压侧不装。这在北方少雷区可行，但在南方多雷区和山区，配电变压器常遭雷击损坏（这主要由反变换、正变换过电压所致），造成线路接地短路并跳闸。

(6) 配电网直接向用户供电，用户多无备用电源，线路和防雷设备长期无法正常检修维护，绝缘弱点不能及时消除，耐雷水平下降，雷击跳闸率上升。

(7) 雷电过电压造成的闪络多具瞬时性，绝缘子闪络后一般都能自行恢复绝缘，自动重合闸是减少雷害事故、保证供电可靠性的主要手段，但种种原因使6~10kV电网自动重合闸投运率不高，这也是中压电网雷害事故偏高的主要原因。

111 架空裸导线的防雷措施有哪些?

答：(1) 装设避雷线。架空线路安装避雷线后，沿线及设备均可得到保护。10kV架空线路一般不装避雷线，但特殊地段需装避雷线时，钢筋混凝土电杆都要按设计要求做接地处理。

(2) 装设避雷器。对于10kV裸导线，采用避雷器进行防雷保护的成本高，施工很不方便，目前基本上是一些雷电活动频繁的线段安装避雷器，同时按照要求做好杆塔的接地。但电杆上装设柱上或断路器电缆头时，均要装设避雷器来保护，设备的金属外壳和避雷器共同接地。

(3) 改善配电网杆塔和防雷装置的接地。

1) 35kV进线段有架空地线杆塔的接地电阻应不大于10Ω，终端杆接地电阻应不大于4Ω。

2) 避雷器等防雷设备的接地引下线要用圆钢或扁钢，应防止连接处锈蚀和地下部分锈蚀开路。

(4) 电容电流大于10A的电网安装自动跟踪补偿消弧装置，可有效降低线路建弧率，提高供电可靠性。雷电过电压虽幅值很高，但作用时间很短，绝缘子的热破坏多由雷电流过后的工频续流即电网的电容电流引起。而某些型号的自动跟踪补偿消弧装置能把补偿后的残流控制在5A以下，为雷电流过后的可靠熄弧创造条件。

112 低压架空线路的防雷措施有哪些?

答：(1) 配电变压器采用 Yy_n0 接线时，宜在低压侧装设一组金属氧化物避雷器。

(2) 对多雷地区的低压架空配电线路，宜在线路进户前50m处安装一组低压避雷器，入户后再装一组低压避雷器。

(3) 在进户线每一支持物或进户杆上的绝缘子螺杆（铁脚）及铁横担应一并接地。接地电阻不超过30Ω。

(4) 为防止雷击损坏事故，对柱上变压器台低压计量配电箱出线处应装设一组低压避雷器作为防雷措施。

电 力 电 缆

第一节 电缆基础知识

1 电力电缆的用途及优缺点各是什么？

答：电力电缆是电力系统中重要的输电设施，是一种地下敷设的送电线路。在应用中具有不占地面及空间、供电可靠性高、电击伤害可能性小、维护量少等优点。其缺点是投资大，故障时巡测难及电缆头制作工艺高等。

2 简述电力电缆的基本构成及其各部分作用。

答：电力电缆由导电线芯（导体）、绝缘层和保护层三部分构成。6kV 以上电缆还应有屏蔽层。为防止外力损坏还必须有铠装和护套等。

(1) 线芯导体是电缆的导电部分，用来输送电能，是电缆的主要部分。

(2) 绝缘层是将线芯与大地及相线间在电气上做彼此绝缘隔离，以保证电能输送不短路不接地，是电缆结构中不可缺少的组成部分。

(3) 保护层的作用是保护电缆免受外界杂质和水分的侵入，以及防止外力损坏电缆，可以分内护套和外护层。

(4) 电力电缆屏蔽层是改善电缆绝缘内电力线分布的一项措施，导体屏蔽层（也称作内屏蔽）和绝缘屏蔽层（也称作外屏蔽）。

3 电力电缆线芯采用什么材料？ 有哪些规格？

答：电缆的线芯采用铜或铝，铜比铝导电性能好，但铜比铝价格高。一般电力电缆选择铝芯较多。目前规格是：10~35kV 电缆的导电部分截面积为 35、50、70、95、120、150、185、240、300、400、500、630、800mm^2，即 13 种规格。在 110kV 及以上电缆的截面积规格已有 100、240、400、600、700、845、920mm^2 7 种规格及目前新产品有 1000mm^2的新规格。

4 电力电缆线芯按数目、截面形状可以分为哪几种？ 外护层的作用是什么？

答： 电力电缆线芯按数目可分为单芯、双芯、三芯和四芯；按截面形状可分为圆形、半圆形和扇形。

外护层包覆在内护层外，如钢铠层，主要作用是防电缆受到压力或拉力等机械力。

5 电力电缆绝缘层材料有什么要求？

答： 电力电缆的绝缘层材料要求耐电压强度高，介质损耗低，耐热性能好，机械加工性能好，使用寿命长且价格较为经济。如采用较多的绝缘物有专用油浸电缆纸，聚氯乙烯、交联聚乙烯、橡胶绝缘等。

6 电力电缆导体屏蔽层、绝缘屏蔽层、金属屏蔽层的作用分别是什么？

答：（1）导体屏蔽层的作用是消除其表面的不光滑（多股导线绞合产生的尖端）所引起的导体表面场强的增加，并消除界面处空隙对电性能的影响，使绝缘层和电缆线芯导体有较好的密封接触，避免在导体与绝缘层之间发生局部放电。

（2）绝缘屏蔽层的作用是为了使绝缘层和金属护套有较好接触，一般在绝缘层外表面均包有外屏蔽层。

（3）金属屏蔽层的作用一是将电场限制在电缆内部和保护电缆免受外界电气干扰，二是金属屏蔽层接地，在系统发生短路故障时，金属屏蔽是短路电流的通道。

7 电力电缆屏蔽层一般采用什么材料？

答： 在电力电缆中，油纸电缆的线芯导体屏蔽材料一般用金属化纸带或半导体纸带。绝缘屏蔽层一般采用半导体纸带；塑料、橡皮绝缘电缆的导体，绝缘屏蔽材料分别是半导体塑料和半导体绝缘橡皮；对于无金属护套的塑料、橡胶电缆，在绝缘屏蔽外还包有屏蔽铜带或铜丝。

8 对电力电缆保护层的内护套有什么要求？

答： 电力电缆内护套紧贴绝缘层，是绝缘层的直接保护，因此内护层材料的密封性和防腐性必须良好。内护套材料有金属和非金属材料，金属护套如铅、铝，其最大特点是具有完全不透水性；非金属护套如橡胶和塑料，适于电缆绝缘层本身具有较高的耐湿性。

9 什么是电缆终端和中间接头？

答： 电缆终端是安装在电缆线路两个末端，使之与电力系统其他电气设备相连接，并保持绝缘和密封性能至连接点的装置。

电缆中间接头在电缆与电缆之间，具有一定绝缘和密封性能，使两根以上电缆导体相通，使之形成连续电路的装置。

电力电缆头制作包括电缆中间接头和电缆两端的终端头制作。

10 电力电缆附件如何分类?

答：电缆附件通常是电缆终端和电缆接头的统称，是电缆线路不可缺少的组成部分。按照附件在电缆线路中安装位置可以分为电缆终端和电缆中间接头两种；按照制作原材料可分为预制式附件、热缩式冷缩式附件三种。

11 农村低压电力电缆选用有哪些要求?

答：（1）一般采用聚氯乙烯绝缘电缆或交联聚乙烯绝缘电缆。

（2）在有可能遭受损伤的场所，应采用有外护层的铠装电缆；在有可能发生位移的土壤中（沼泽地、流沙、回填土等）敷设电缆时，应采用钢丝铠装电缆。

（3）电缆截面积的选择，一般按电缆长期允许载流量和允许电压损耗确定，并考虑环境温度变化、土壤热阻率等影响，以满足最大工作电流作用下的缆芯温度不超过按电缆使用寿命确定的允许值。

（4）农村三相四线制低压供电系统的电力电缆应选用四芯电缆。

12 聚氯乙烯电缆允许载流量及持续工作的缆芯工作温度有何规定?

答：聚氯乙烯电缆允许载流量及持续工作的缆芯工作温度如表 4-1 所示。

表 4-1　　聚氯乙烯绝缘电缆允许持续载流量（建议性基础值）

敷设方式		空气中数值 A		直埋数值 A			
护套		无钢铠护套		无钢铠护套		有钢铠护套	
缆芯数		二芯	三芯或四芯	二芯	三芯或四芯	二芯	三芯或四芯
缆芯截面积（mm^2）	10	44	38	62	52	59	50
	16	60	52	83	70	79	68
	25	79	69	105	90	100	87
	35	95	82	136	110	131	105
	50	121	104	157	134	152	129
	70	147	129	184	157	180	152
	95	181	155	226	189	217	180
	120	211	181	Z54	212	249	207
	150	242	211	287	242	273	237
	185	—	246	—	273	—	264
	240	—	294	—	319	—	310
	300	—	328	—	347	—	347
缆芯最高工作温度（℃）		70					
环境温度（℃）		40		25			

注　1. 表中系铝芯电缆数值，铜芯电缆的允许持续载流量可以乘以 1.29。

2. 直埋敷设土壤热阻系数不小于 1.2。

13 交联聚乙烯绝缘在交流电压下和直流电压下的电场分布有什么不同？

答：交联聚乙烯绝缘材料是聚乙烯塑料经交联工艺而生成的，属整体型绝缘材料，其介电常数为2.1~2.3，且一般不受温度变化的影响。在交流电压下，交联聚乙烯绝缘层内的电场分布是由介电常数决定的，即电场强度是按照介电常数的反比例分配的，这种分布比较稳定。在直流电压下，绝缘层中的电场强度是按照绝缘电阻率的正比例分配的，且绝缘电阻率分布是不均匀的，电场分布不同于理想的圆柱体绝缘结构，与材料的不均匀性有关。

14 按绝缘材料，电力电缆可以分为哪几类？

答：按绝缘材料不同，电力电缆可分为油纸绝缘电缆、挤包绝缘电缆和压力电缆三大类。

（1）油纸绝缘电缆是绕包绝缘纸带后浸渍绝缘剂（油类）作为绝缘的电缆。

（2）挤包绝缘电缆又称固体挤压聚合电缆，它是以热塑性或热固性材料挤包形成绝缘的电缆。

（3）压力电缆是在电缆中充以能流动并具有一定压力的绝缘油或气体的电缆。

15 油纸绝缘电缆根据浸渍剂的不同，可以分为哪几种类型？

答：油纸绝缘电缆是绕包绝缘纸带后浸渍绝缘剂（油类）作为绝缘的电缆。根据浸渍剂不同，油纸绝缘电缆可以分为两个种类，即黏性浸渍纸绝缘电缆和不滴流浸渍纸绝缘电缆。二者结构完全一样，制造过程除浸渍工艺有所不同外，其他均相同。不滴流电缆的浸渍剂黏度大，在工作温度下不滴流，能满足高差较大的环境（如矿山、竖井等）使用。

16 按绝缘结构不同，油纸绝缘电缆可以分为哪几种？ 它们的结构特点分别是什么？

答：按绝缘结构不同，油纸绝缘电缆主要分为统包绝缘电缆、分相屏蔽和分相铅包电缆三种。

（1）统包绝缘电缆，又称带绝缘电缆。统包绝缘电缆的结构特点，是在每相导体上分别绕包部分带绝缘后，加适当填料经绞合成缆，再绕包带绝缘，以补充其各相导体对地绝缘厚度，然后挤包金属护套。

（2）分相屏蔽和分相铅包电缆的结构基本相同，这两种电缆特点是，在每相绝缘芯制好后，包覆屏蔽层或挤包铅套，然后再成缆。

17 统包绝缘电缆有什么优缺点？ 一般适用于什么情况？

答：（1）优点。统包绝缘电缆结构紧凑，节约原材料，价格较低。

（2）缺点。内部电场分布很不均匀，电力线不是径向分布，具有沿着纸面的切向分量。所以这类电缆又叫作非径向电场型电缆。

（3）由于油纸的切向绝缘强度只有径向绝缘强度的1/2~1/10，所以统包绝缘电缆容易产生移滑放电。因此这类电缆只能用于10kV及以下电压等级。

18 分相屏蔽电缆为什么又叫作径向电场型电缆？ 一般多用于什么情况？

答：分相屏蔽电缆在成缆后挤包一个三相共用的金属护套，使各相间电场互不相关，从而消除了切向分量，其电力线沿着绝缘芯径向分布，所以这类电缆又叫作径向电场型电缆。径向电场型绝缘击穿强度比非径向型要高得多，多用于35kV电压等级。

19 什么是挤包绝缘电缆？ 主要有哪几种？

答：挤包绝缘电缆又称固体挤压聚合电缆，它是以热塑性或热固性材料挤包形成绝缘的电缆。

目前，挤包绝缘电缆有聚氯乙烯（PVC）电缆、聚乙烯（PE）电缆、交联聚乙烯（XLPE）电缆和乙丙橡胶（EPR）电缆等，这些电缆使用在不同的电压等级。

20 交联聚乙烯电缆与油纸绝缘电缆相比，在加工制造和敷设应用方面有哪些优点？ 主要适用于什么情况？

答：交联聚乙烯电缆是20世纪60年代以后技术发展最快的电缆品种，它与油纸绝缘电缆相比，在加工制造和敷设应用方面有不少优点。其制造周期较短、效率较高、安装工艺较为简便、导体工作温度可达到90℃。由于制造工艺的不断改进，如用干式交联取代早期的蒸气交联，采用悬链式和立式生产线，使得110~220kV高压交联聚乙烯电缆产品具有优良的电气性能，能满足城市电网建设和改造的需要。现在，目前在220kV及以下电压等级，交联聚乙烯电缆已逐步取代了油纸绝缘电缆。

21 压力电缆如何抑制绝缘层中形成气隙？ 适用于什么电压等级？

答：压力电缆的绝缘处在一定压力下（油压或气压），抑制了绝缘层中形成气隙，使电缆绝缘工作场强明显提高，可用于66kV及以上电压等级的电缆线路。

22 压力电缆如何填充绝缘？ 根据填充措施不同，压力电缆可分为哪几种？

答：为了抑制气隙，用带压力的油或气体填充绝缘，这是压力电缆的结构特点。

按填充压缩气体与油的措施不同，压力电缆可分为自容式充油电缆、充气电缆、钢管充油电缆和钢管充气电缆等品种。

23 单芯电缆和多芯电缆各适用于什么情况？

答：电力电缆按照电缆芯线的数量不同可以分为单芯电缆和多芯电缆。

（1）单芯电缆。单独一相导体构成的电缆。一般在大截面积、高电压等级电缆多采用此种结构。

（2）多芯电缆。由多相导体构成的电缆。该种结构一般在小截面积、中低压电缆中使用较多。有两芯、三芯、四芯、五芯等。

24 电缆的额定电压如何表示?

答：电缆的额定电压以 $U_0/U(U_m)$ 表示。U_0 表示电缆导体对金属屏蔽之间的额定电压。U 表示电缆导体之间的额定电压。U_m 是设计采用的电缆任何两导体之间可承受的最高系统电压的最大值。根据 IEC 标准推荐，电缆按照额定电压 U 分为低压、中压、高压和超高压等四类。

25 按电压等级，电缆可以分为哪几类?

答：(1) 低压电缆。额定电压 U 小于 1kV，如 0.6/1。

(2) 中压电缆。额定电压 U 介于 6~35kV 之间，如 6/6，6/10，8.7/10，21/35，26/35。

(3) 高压电缆。额定电压 U 介于 45~150kV 之间，如 38/66，50/66，64/110，87/150。

(4) 超高压电缆。额定电压 U 介于 220~500kV 之间，如 127/220，190/330，290/500。

26 电力电缆如何命名?

答：电力电缆产品命名用型号、规格和标准编号表示，而电缆产品型号一般由绝缘、导体、护层的代号构成，因电缆种类的不同型号的构成有所区别；规格由额定电压、芯数、标称截面构成，以字母和数字为代号组合表示。

27 额定电压 1kV (U_m =1.2kV) ~35kV (U_m =40.5kV) 的挤包绝缘电力电缆如何命名?

答：额定电压 1kV (U_m=1.2kV)~35kV(U_m=40.5kV) 的挤包绝缘电力电缆产品型号的组成和排列顺序如图 4-1 所示。

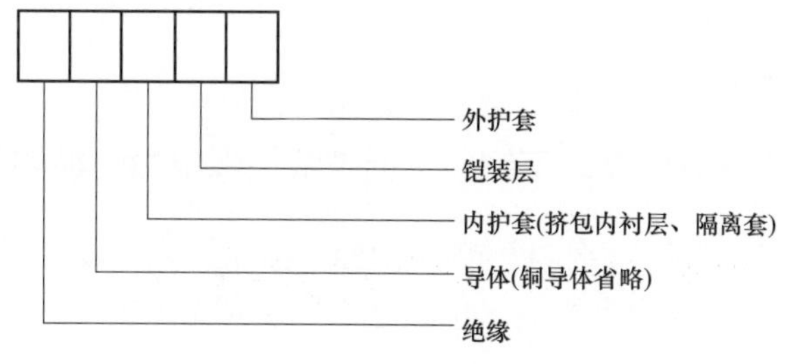

图 4-1　电力电缆型号

图中各部分代号及含义见表 4-2。

表 4-2　电力电缆型号各部分代号含义

导体代号	铜导体	(T) 省略
	铝导体	L
绝缘代号	聚氯乙烯绝缘	V
	交联聚乙烯绝缘	YJ
绝缘代号	乙丙橡胶绝缘	E

续表

导体代号	铜导体	(T) 省略
	铝导体	L
绝缘代号	硬乙丙橡胶绝缘	HE
护套代号	聚氯乙烯护套	V
	聚乙烯护套	Y
	弹性体护套	F
	挡潮层聚乙烯护套	A
	铅套	Q
铠装代号	双钢带铠装	2
	细圆钢丝铠装	3
	粗圆钢丝铠装	4
	双非磁性金属带铠装	6
	非磁性金属丝铠装	7
外护套代号	聚氯乙烯外护套	2
	聚乙烯外护套	3
	弹性体外护套	4

28 聚氯乙烯绝缘聚氯乙烯护套电力电缆的用途及特点是什么?

答: 适用于固定敷设在交流 50Hz，额定电压 0. 6/1kV 及以下输配线路上。其特点为电缆除具有可靠的电气性能外，还具有较强的防止化学腐蚀性，耐酸碱和有机溶剂，电缆不受敷设落差的限制，可在任何落差甚至垂直的场合敷设。

YJY-26/35 3×400 表示铜芯交联乙烯绝聚乙烯护套电力电缆，额定电压为 26/35kV 单芯，标称截面积 400m^2。

29 额定电压 35kV 及以下铜芯、铝芯纸绝缘电力电缆如何命名?

答: 额定电压 35kV 及以下铜芯、铝芯纸绝缘电力电缆产品型号依次由绝缘、导体、金属套、特征结构、外护层代号构成。各部分代号及含义见表 4-3 和表 4-4。

表 4-3　　电力电缆型号各部分代号含义

导体代号	铜导体	(T) 省略
	铝导体	L
绝缘代号	纸绝缘	Z
金属护套代号	铅套	Q
	铝套	L
特征结构代号	分相电缆	F
	不滴流电缆	D
	黏性电缆	省略

外护层代号编制原则是：一般外护层按铠装层和外被层结构顺序，以两个阿拉伯数字表示，每一个数字表示所采用的主要材料。

表 4-4　纸绝缘电缆外护层代号含义

代号	铠装层	外被层或外护套
0	无	—
1	联锁钢带	纤维外被
2	双钢带	聚氯乙烯外套
3	细圆钢丝	聚乙烯外套
4	粗圆钢丝	
5	皱纹钢带	
6	双铝带或铝合金带	

30 电缆型号为 ZQFD22-26/35 3×150、ZLL03-0.6/1 3×150+1×70 分别表示什么电缆类型？

答： ZQFD22-26/35 3×150 表示铜芯不滴流油浸纸绝缘分相铅套双钢带铠装聚氯乙烯套电力电缆，额定电压 26/35kV，三芯，标称截面积 $150mm^2$。

ZLL03-0.6/1 3×150+1×70 表示铝芯黏性油浸纸绝缘铝套聚乙烯套电力电缆，额定电压 0.6/1kV，三个主线芯，标称截面积 $150mm^2$，中性线芯标称截面积 $70mm^2$。

31 简述电缆铜导体材料的性能。

答： 导体的作用是传输电流，电缆导体（线芯）大都采用高电导系数的金属铜或铝制造。铜的电导率大，机械强度高，易于进行压延、拉丝和焊接等加工。铜是电缆导体最常用的材料，其主要性能如下。

（1）20℃时的密度 $8.89g/cm^3$。

（2）20℃时的电阻率 $1.724\times10^{-8}\Omega\cdot m$。

（3）电阻温度系数 0.00393/℃。

（4）抗拉强度 $200\sim210N/mm^2$。

32 简述电缆导铝导体材料的性能。

答： 导体的作用是传输电流，电缆导体（线芯）大都采用高电导系数的金属铜或铝制造。铝是用作电缆导体比较理想的材料，其主要性能如下。

（1）20℃时的密度 $2.70g/cm^3$。

（2）20℃时的电阻率 $2.80\times10^{-8}\Omega\cdot m$。

（3）电阻温度系数 0.00403/℃。

（4）抗拉强度 $70\sim95N/mm^2$。

33 电缆导体一般由多根导线绞合而成，这样做有什么优点？

答： 电缆导体一般由多根导线绞合而成，是为了满足电缆的柔软性和可曲性的要求。当导体沿某一半径弯曲时，导体中心线圆外部分被拉伸，中心线圆内部分被压缩，绞合导体中心线内外两部分可以相互滑动，使导体不发生塑性变形。

34 电缆导体绞合导体外形有哪几种？各适用于什么情况？

答： 绞合导体外形，有圆形、扇形、腰圆形和中空圆形等。

（1）圆形绞合导体几何形状固定，稳定性好，表面电场比较均匀。20kV及以上油纸电缆、10kV及以上交联聚乙烯电缆，一般都采用圆形绞合导体结构。

（2）10kV及以下多芯油纸电缆和1kV及以下多芯塑料电缆，为了减小电缆直径，节约材料消耗，采用扇形或腰圆形导体结构。

（3）中空圆形导体用于自容式充油电缆，其圆形导体中央以硬铜带螺旋管支撑形成中心油道，或者以型线（Z形线和弓形线）组成中空圆形导体。

35 简述电缆内屏蔽层、外屏蔽层。

答： 屏蔽，是能够将电场控制在绝缘内部，同时能够使得绝缘界面处表面光滑，并借此消除界面空隙的导电层。电缆导体由多根导线绞合而成，它与绝缘层之间易形成气隙，导体表面不光滑，会造成电场集中。在导体表面加一层半导电材料的屏蔽层，它与被屏蔽的导体等电位，并与绝缘层良好接触，从而避免在导体与绝缘层之间发生局部放电。这一层屏蔽，又称为内屏蔽层。

在绝缘表面和护套接触处，也可能存在间隙，电缆弯曲时，油纸电缆绝缘表面易造成裂纹或皱折，这些都是引起局部放电的因素。在绝缘层表面加一层半导电材料的屏蔽层，它与被屏蔽的绝缘层有良好接触，与金属护套等电位，从而避免在绝缘层与护套之间发生局部放电，又称为外屏蔽层。

36 电缆制作中，选取什么材料作为屏蔽层？

答： 屏蔽层的材料是半导电材料，其体积电阻率为$10^3 \sim 10^6\Omega \cdot m$。油纸电缆的屏蔽层为半导电纸。半导电纸还有吸附离子的作用，有利于改善绝缘电气性能。挤包绝缘电缆的屏蔽层材料是加入炭黑粒子的聚合物。没有金属护套的挤包绝缘电缆，除半导电屏蔽层外，还要增加用铜带或铜丝绕包的金属屏蔽层。

37 挤包绝缘电缆金属屏蔽层有什么作用？

答： 在正常运行时通过电容电流；当系统发生短路时，作为短路电流的通道，同时也起到屏蔽电场的作用。在电缆结构设计中，要根据系统短路电流的大小，采用相应截面积的金属屏蔽层。

38 电缆绝缘层具有什么特性？可分为哪几种？

答： 电缆绝缘层具有承受电网电压的功能。电缆运行时绝缘层应具有稳定的特性，较高的绝缘电阻，击穿强度。

电缆绝缘可分为挤包绝缘、油纸绝缘、压力电缆绝缘三种。

39 挤包绝缘材料主要是什么？

答：挤包绝缘材料主要是各类塑料、橡胶。它们具有耐受电网电压的功能，为高分子聚合物，经过挤包工艺一次成型紧密地挤包在电缆导体上。塑料和橡胶属于均匀介质，这是与油浸纸的夹层结构完全不同的。

40 聚氯乙烯塑料如何制成？ 聚氯乙烯塑料有什么优缺点？

答：聚氯乙烯塑料是以聚氯乙烯树脂为主要原料，加入适量配合剂、增塑剂、稳定剂、填充剂、着色剂等经混合塑化而制成的。

聚氯乙烯具有较好的电气性能和较高的机械强度，具有耐酸、耐碱、耐油性能，工艺性能也比较好。缺点是耐热性能较低，绝缘电阻率较小，介质损耗较大，因此仅用于6kV以下的电缆绝缘。

41 聚乙烯交联反应的基本机理是什么？ 其性能如何？

答：聚乙烯交联反应的基本机理是，利用物理的方法（如用高能粒子射线辐照）或者化学的方法（如加入过化氧化物化学交联剂，或用硅烷接枝等）来夺取聚乙烯中的氢原子，使其成为带有活性基的聚乙烯分子。而后带有活性基的聚乙烯分子之间交联成三度空间结构的大分子。

交联聚乙烯是聚乙烯经过交联反应后的产物。采用交联的方法，将线形结构的聚乙烯加工成网状结构的交联聚乙烯，从而改善了材料的电气性能、耐热性能和机械性能。

42 乙丙橡胶如何形成？ 有什么优缺点？

答：乙丙橡胶是一种合成橡胶。用作电缆绝缘的乙丙橡胶是由乙烯、丙烯和少量第三单体共聚而成。

乙丙橡胶具有良好的电气性能、耐热性能、耐臭氧和耐气候性能。缺点是不耐油，可以燃烧。

43 油纸绝缘电缆的绝缘层如何形成？

答：油纸绝缘电缆的绝缘层是采用窄条电缆纸带，绕包在电缆导体上，经过真空干燥后浸渍矿物油或合成油而形成的。纸带的绕包方式除仅靠导体和绝缘层最外面的几层外，均采用间隙式（又称搭盖式）绕包，这使电缆在弯曲时，在纸带层间可以相互移动，在沿半径为电缆本身半径的12~25倍的圆弧弯曲时，不至于损伤绝缘。电缆纸是木纤维纸。

44 压力电缆绝缘如何消除气隙？ 按充油通道可以分为哪几种？

答：在我国，压力电缆的生产和应用，基本上是单一品种，即充油电缆。充油电缆是利用补充浸渍剂原理来消除气隙，以提高电缆工作场强的一种电缆。

按充油通道不同，充油电缆分为两类，一是自容式充油电缆，另一是钢管充油电缆。我国生产应用自容式充油电缆已有近50年的历史，而钢管充油电缆未付诸工业性应用。

45 自容式充油电缆有什么优点？ 如何消除气隙，提高电缆工作场强？

答： 运行经验表明，自容式充油电缆具有电气性能稳定、使用寿命较长的优点。

自容式充油电缆油道位于导体中央，油道与补充浸渍油的设备（供油箱）相连，随着电缆温度的变化，可借助油箱来调节，当温度升高时多余的浸渍油流进油箱中，以降低电缆中产生的过高压力；当温度降低时，油箱中浸渍油流进电缆中，以填补电缆中因负压而产生的空隙。充油电缆中浸渍剂的压力必须始终高于大气压。在一定的压力下，不仅使电缆工作场强提高，而且可以有效防止一旦护套破裂潮气浸入绝缘层。

46 简述电缆护层的结构。

答： 电缆护层是覆盖在电缆绝缘层外面的保护层。典型的护层结构包括内护套和外护层。内护套贴紧绝缘层，是绝缘的直接保护层。包覆在内护套外面的是外护层。通常，外护层又由内衬层、铠装层和外被层组成。外护层的三个组成部分以同心圆形式层层相叠，成为一个整体。

47 电缆护层各部分的作用什么？

答： 护层的作用是使电缆能够适应各种使用环境的要求，使电缆绝缘层在敷设和运行过程中，免受机械或各种环境因素损坏，以长期保持稳定的电气性能。内护套的作用是阻止水分、潮气及其他有害物质侵入绝缘层，以确保绝缘层性能不变。内衬层的作用是保护内护套不被铠装轧伤。铠装层是使电缆具备必需的机械强度。外被层主要是用于保护铠装层或金属护套免受化学腐蚀及其他环境损害。

48 什么是电缆附件？ 什么是电缆接头？

答： 电缆附件通常是电缆终端和电缆接头的统称，是电缆线路不可缺少的组成部分。电缆终端安装在电缆线路的末端，具有一定的绝缘和密封性能，使电缆与其他电气设备连接并保持绝缘到连接点的装置。电缆接头是安装在电缆与电缆之间，使两根及两根以上电缆导体连通，使之形成连续电路并具有一定绝缘和密封性能的装置。

49 按照在电缆线路中安装位置，附件可以分为哪几类？ 各自的作用是什么？

答： 按照在电缆线路中安装位置，附件可以分电缆终端和电缆中间接头。电缆终端是安装在电缆线路末端，以保证与该系统其他部分的电气连接并保持绝缘至连接点的装置。电缆接头是安装在电缆与电缆之间，使两段及以上电缆导体连通，并具有一定绝缘、密封性能的装置。电缆接头除连通导体外，还具有其他功能。

50 电缆终端按使用场所不同可以分为哪几种？ 各适用于什么场合？

答：（1）户内终端。在既不受阳光直射又不暴露在气候环境下使用的终端。

（2）户外终端。在受阳光直射、暴露在气候环境下或二者都存在情况下使用的终端。

（3）设备终端。被连接的电气设备上带有与电缆相连接的相应结构或部件，以使电缆导体与设备的连接处于全绝缘状态。例如，GIS 终端、插入变压器的象鼻式终端、用于中压电缆的可分离连接器等。

51 电缆接头可以分为哪几种类型？

答：（1）直通接头。连接两根电缆形成连续电路的附件。

（2）分支接头。将分支电缆连接到主干电缆上的附件。

（3）过渡接头。把两根不同种类挤包绝缘电缆连接起来的直通接头或分支接头。

52 按照制作原材料分类，附件可以分为哪几类？

答：（1）预制式附件。应用乙丙橡胶、三元乙丙橡胶或硅橡胶材料，在工厂经过挤塑、模塑或铸造成型后，再经过硫化工艺制成的预制件，在现场进行装配的附件。

（2）热缩式附件。应用高分子聚合物的基料加工成绝缘管、应力管、分支套和伞裙等部件，在现场经装配、加热，紧缩在电缆绝缘线芯上的附件。

（3）冷缩式附件。应用乙丙橡胶、三元乙丙橡胶或硅橡胶加工成型，经扩张后用螺旋形尼龙条支撑，安装时按照逆时针方向抽去支撑尼龙条，绝缘管靠橡胶收缩特性紧缩在电缆线芯上的附件。

53 对电缆备品如何管理？

答：（1）电缆应储存在干燥的地方，有搭盖的遮棚。电缆盘下应放置枕垫，不许平卧放置。

（2）对充油电缆的备品，还应定期检查其油压是否在规定范围内和有无漏油现象。

（3）运行中各级电压的电缆和附件一般均应备有事故备品，以便能满足一次事故内替换损坏电缆和附件的需要，其数量应考虑节约资金和根据过去运行经验决定。有的备品可由电缆网络中的指定机构，集中贮备。

（4）电缆线路有部分通过桥梁或者排管者，应各有一段事故备品，其长度应足够跨越整个桥梁和排管的距离。

（5）水底电缆因检修困难，修复时间较长，故允许将事故备用电缆事先和线路平行敷设。此外，一般陆地上电缆不应事先敷设一条（或一相）备用电缆。

（6）各电缆运行部门应制订有关事故备品的管理办法。动用事故备品应参照事故备品管理办法执行。

54 对电力电缆的技术文件有哪些要求？

答：（1）各种型式电缆必须具备电缆截面图并注明必要的结构和尺寸。

（2）电缆网络的运行部门应备有该部门所属：

1）全部电缆线路的地形总图。比例尺一般为 1∶5000，主要检明线路名称和相对位置。

2）电缆网络的系统接线图。

3）电缆线路路径的协议文件。

（3）直埋电缆线路必须有详细的敷设位置图样，比例尺一般为 1∶5000，地下管线密集地段为 1∶100（甚至更大），管线稀少地段为 1∶1000。平行敷设的电缆线路，尽可能合用一张图纸，但必须标明各条线路相对位置，并标明地下管线剖面图。

（4）有油压的电缆线路应有供油系统压力分布图和油压整定值等资料，并有示警信号接线图。

（5）电缆线路必须有原始装置记录：准确的长度、截面积、电压、型号、安装日期线路的参数，中间接头及终端头的型号、编号、装置日期。

（6）沿电缆线路如有特殊结构，如桥梁、隧道、人井、排管等，应备有特殊结构的图样。

（7）电缆的接头和终端头的安装及检修，都应具有相应的工艺标准和设计装配总图；总图必需配有详细注明材料的分件图。

（8）电缆线路必须有运行记录、事故日期、地点及原因以及变动原有装置的记录。

（9）电缆线路发生事故或预防性试验击穿等，都必须做好调查记录：部位、原因、检修过程等，据此制订反事故措施计划，调查记录就逐年归入各条线路的运行档案。对原因不明的事帮或击穿，应积累后列入课题，集中研究。

（10）电缆线路上的任何变动或修改，都应及时更正相应的技术资料，保持资料的正确性。

第二节 电缆接头制作

55 干包式电力电缆头制作安装的特点是什么？ 制作工程量如何计算？

答：干包式电力电缆头使用塑料袋包缠电缆头制作安装不采用填充剂，也不用任何壳体，因而具有体积小、质量轻、成本低和施工方便等优点，但只适用于户内低压（不高于 1kV）全塑或橡皮绝缘电力电缆。

干包式电力电缆头分为户内终端头和户内中间接头，按电缆线芯截面积大小，以“个”为计量单位计算。定额中已包含了 1 个 ST 型手套，但终端盒、保护盒、铅套管和安装支架等项费用未包括，应另行计算。对于全塑电缆和橡皮绝缘电力电缆，其干包电缆头也可以不装设终端盒，属于“简包电缆头”制作安装。

56 浇注式电力电缆头制作安装的特点是什么？ 制作工程量如何计算？

答：浇注式电力电缆头是由环氧树脂外壳和套管，配以出线金具，经组装后浇注环氧树脂复合物而成。环氧树脂是一种优良的绝缘材料，特别是具有初始电性能好、机械强度高、成型容易、阻油能力强和粘接性优良等特点，因而获得广泛的使用。主要用于油浸纸绝缘电缆，分户内式、户外式两类，并区分浇注式电缆终端头和浇注式电缆中间接头，分高压（不超过10kV）和低压（不超过1kV）。

按电缆线芯截面积大小划分等级，以“个”为计量单位计算工程量，主材费应另计。另外，浇注式电力电缆中间接头制作安装定额未包括保护盒、铅套管和支架的制作安装，浇注式电力电缆终端头制作安装定额中则未包括电缆终端盒和支架的制作安装，应另行计算。

57 热缩式电力电缆头制作安装的特点是什么？ 制作工程量如何计算？

答：热缩式电力电缆头是由聚烯烃、硅酸胶和多种添加剂共混得到多相聚合物，经过γ射线或电子束等高能射线辐照而成的多相聚合物辐射交联热收缩材料，既电缆头是由辐射交联热收缩电缆附件制成的。热收缩电缆附件适用于0.5~10 kV交联聚乙烯电缆及各种类型的电缆头制作安装，应区分户内式、户外式和区分热缩式电缆终端头、热缩式电缆中间接头，以及区分高压（不超过10kV）和低压（不超过1kV）。

按电缆线芯截面大小划分等级，以“个”为计量单位计算工程量，主材费应另计。另外，热缩式电缆终端头制作安装定额中未包括支架和防护罩，户外热缩式电力电缆终端头制作安装定额中不包括安装支架，拖箍、螺栓及防护罩。热缩式电力电缆中间接头制作安装定额未包括保护盒、铅套管和支架的制作安装，均应另行计算。

58 电力电缆头制作安装工程量如何计算？

答：在进行电力电缆头制作安装计算时，一根电缆按两个终端头考虑，中间接头按设计确定，如设计没有规定时，按实际情况计算（一般可按250m一个中间接头考虑）。另外，干包式、环氧树脂浇注式和热缩式等三类均按照铝三芯（含四芯）电缆考虑，故铜三芯（含四芯）电力电缆制作安装应按规定进行调整，既按同截面积铝芯电缆头定额乘以系数1.2；如为双屏蔽电缆头制作安装，其定额的人工费乘以系数1.05；五芯电力电缆头制作安装按照同线芯材质、同截面三芯电缆头制作安装定额乘以系数1.2。240mm^{2}以上的电缆头接线端子属于异型端子，需要单独加工，应按实际加工价格计算。

59 常用的剥切工具有哪些？

答：电缆头制作需将电缆各护层进行切剥，故而需用金属刀具进行，要求其刀具具有专用性，不易伤害电缆导体，具体如下。

(1) 剖塑刀。用来剥切电缆塑料外护套。

(2) 切削刀。用来切削交联聚乙烯电缆绝缘。

(3) 可调节削刀（专用工器具）。用来剥削半导体层的工具。

(4) 电缆矫直机。将弯曲不规则的电缆进行机械矫直的机具。

60 制作电缆终端和中间接头的常用工具有哪些？

答：常用工器具及材料有：①加热喷枪或汽油喷灯，使用汽油喷灯时，油桶内加油不得超过油桶容积的3/4。②胀铅器。③剖铅刀。④钢锯。⑤铁皮剪子。⑥木尺、卷尺。

⑦各种锉刀。⑧木槌。⑨木锉。⑩电工钳。⑪鲤鱼钳。⑫钢丝刷。⑬漆刷。⑭电吹风。⑮医用手套。⑯护目镜。⑰电炉。⑱材料盘。⑲专用材料。⑳乙醇等。

61 10kV及以下交联聚乙烯电缆终端头和中间接头的制作需用哪些材料?

答: 由于交联聚乙烯电缆没有油，因而对电缆终端头和中间接头的密封性能也不需要像油浸纸绝缘电缆的要求那么严格。户内和户外的电缆终端头和中间接头都可以干包。制作电缆终端头和中间接头需用的材料有分支手套（由软聚氯乙烯塑料制成）和雨罩（硬质聚氯乙烯塑料制成）、聚氯乙烯胶粘带、自粘性橡胶带、黑色聚氯乙烯带。

62 10kV及以下交联聚乙烯电缆终端头和中间接头的制作中，雨罩的作用是什么?

答: 雨罩（硬质聚氯乙烯塑料制成）是制作电缆终端头所必需的，它能保证户外电缆终端头有足够的湿闪络电压。其顶部有四个阶梯，使用时可按电缆绝缘外径大小，将一部分阶梯切除。

63 10kV及以下交联聚乙烯电缆终端头和中间接头的制作中，聚氯乙烯胶粘带和自粘性橡胶带各自的作用是什么?

答: 10kV及以下交联聚乙烯电缆终端头和中间接头的制作中，聚氯乙烯胶粘带用于电缆终端头和中间接头的一般密封，但不能依靠它作长期密封用。

自粘性橡胶带是一种以丁基橡胶和聚异丁烯为主的非硫化橡胶，有良好的绝缘性能和自粘性能，在包绕半小时后即能自粘成一整体，因而有良好的密封性能。但自粘性橡胶带机械强度低，不能光照，容易产生龟裂，因此在其外面还要包两层黑色聚氯乙烯带作保护层。

64 10kV及以下交联聚乙烯电缆终端头和中间接头的制作中，黑色聚氯乙烯带的作用是什么?

答: 黑色聚氯乙烯带比一般的聚氯乙烯带的耐老化性好，其本身无黏性且较厚，因而在其包绕的尾端，为防松散，还要用线扎紧。

65 电缆终端和中间接头应满足的要求有哪些?

答:（1）导体连接良好。

（2）密封良好。

（3）绝缘可靠。

（4）有足够的机械强度。

（5）电缆终端头的接地线焊接牢固。

（6）能够经受电气设备交接试验标准规定的直流（或交流）耐压试验。

66 电缆终端和中间接头制作中，如何保证导体连接良好?

答：电缆终端导电芯线与出线鼻子之间要连接良好；电缆中间接头芯线要与连接管之间连接良好。要求接触点的电阻要小且稳定，与同长度、同截面积导线相比，对新装的电缆终端头和中间接头，其值要不大于1；对已运行的电缆终端头和中端接头，其比值应不大于1.2。

67 电缆终端和中间接头绝缘可靠指什么? 有足够的机械强度指什么?

答：(1) 绝缘可靠指要有能满足电缆线路在各种状态下长期安全运行的绝缘结构，所用绝缘材料不应在运行条件下加速老化而导致降低绝缘的电气强度。

(2) 足够的机械强度指能适应各种运行条件，能承受电缆线路上产生的机械压力和拉力。

68 电缆终端和中间接头密封良好指什么?

答：结构上要能有效地防止外界水分和有害物质侵入到绝缘中去，并能防止绝缘内部的绝缘剂向外流失，避免“呼吸”现象发生，保持气密性。

69 如何制作10kV热缩型电缆终端头?

答：(1) 剥切电缆和焊地线。

(2) 包绕填充胶带，固定手套。

(3) 剥铜屏蔽层，固定应力管。

(4) 固定应力管，装线鼻子。

(5) 固定绝缘管和相色管。

70 热缩型电缆终端头有什么特点? 适用于什么情况?

答：热缩型电缆终端头是辐射交联热收缩材料制成的电缆附件，具有体积小，质量轻，实用性强和安装工艺方便等特点。

它适用于交联、塑料和浸渍纸绝缘等各种电缆。目前已有35kV及以下适用于各种电缆的热缩型户内、户外终端头和中间接头等电缆附件。

71 制作10kV热缩型电缆终端头时，如何剥切电缆和焊地线?

答：在外护套切断口300mm处扎绑线，剥除其余钢铠。自钢铠断口处保留20mm内护层，其余剥离，摘除内部填充物，将三相线芯导体分开，抛光钢铠上焊接地线的部位，用地线连通每相铜屏蔽层和钢铠并焊牢。接地线应采用铜绞线或镀锡铜编织线，150mm^{2}及以上电缆的接地截面积不应小于25mm^2。

72 制作10kV热缩型电缆终端头时，如何包绕填充胶带，固定手套?

答：在三叉口根部包绕填充胶带，形状成橄榄状，最大直径为电缆外径加15mm。将手套套入三叉口根部，由手指根部开始依次向两端加热固定。

73 热缩电缆头施工采用什么加热工具？ 加热时注意事项有哪些？

答：热缩电缆头加热工具一般采用焊枪或丙烷火焰环形电炉或用喷灯加热。加热时，要注意火力不能过于集中一点，要均匀不停地移动并保持足够的距离，避免过热使其材料变质；应从热缩管的中部均匀加热向两端收缩，以利于管内存留空气排出。

74 简述交联电缆热缩型电缆中间接头制作过程。

答：（1）剥切电缆。

（2）锯芯线导体，剥离屏蔽层及半导体层。

（3）固定应力管，套入管材。

（4）压接连接管。

（5）缠半导带，包绕填充胶带，固定内外绝缘套。

（6）固定半导管，安装屏蔽网及地线。

（7）固定护套。

75 交联电缆热缩型电缆中间接头剥切电缆要注意什么？

答：剥切电缆时，先量取所需尺寸剥去护套，在距离断口 50mm 的钢铠上做绑线，其余钢铠剥除，保留 20mm 内护层，其余剥除并摘取填充物。

76 交联电缆热缩型电缆中间接头制作中，如何锯芯线导体，剥离屏蔽层及半导体层？

答：对正芯线导体，在中心点中锯断，自中心点向两端芯线导体各量取 300mm，剥去其余铜屏蔽层，自铜屏蔽层断口起保留 20mm 半导体层，其余剥除并清除芯线导体表面半导电质。

77 交联电缆热缩型电缆中间接头制作中，如何固定应力管，套入管材？

答：在两侧各相芯线上分别套入应力管，搭接铜屏蔽层 20mm 并加热固定。在剥切的电缆较长一端套入护套端头、密封套及护套筒部，每相芯线导体上套入绝缘管 2 根、半导层管 2 根和铜网。在剥切的较短一端套入护套端头及密封套。

78 交联电缆热缩型电缆中间接头制作中，如何压接连接管？

答：在芯体线端口量取 1/2 连接管加长 5mm，切剥绝缘体，由绝缘体断口量取 35mm，削成 30mm 长的锥体，留 5mm 半导层，然后对连接管进行压接。高压电缆接头采用围压，并压两道，第一道用六角模具压接，第二道用圆形模具压接。

79 交联电缆热缩型电缆中间接头制作中，如何包绕填充胶带，固定内外绝缘套？

答：在连接管上包半导层电带，并与两端半导层搭接。在连接管两端的外露芯体包绕填充胶带，其厚度不小于3mm，使其填平。再将内绝缘管套在两端应力管之间，进行加热固定。再将外绝缘管套在内绝缘管的中心位置上进行加热固定。

80 交联电缆热缩型电缆中间接头制作中，如何固定半导管，安装屏蔽网及地线?

答：将两根半导管套在绝缘管上，两端搭接铜屏蔽层各50mm，依次由两端向中间加热固定。用屏蔽网连通两端铜屏蔽层端部并绑扎焊牢，再用地线绕扎在其表层，两端在钢铠上绑紧焊牢，并在两侧屏蔽层焊牢。

81 交联电缆热缩型电缆中间接头制作中，如何固定护套?

答：将两端的护套端头与护套筒部安装好，两端绑扎在钢铠上，将密封套套在护套端头上，两端各搭接筒部和电缆外护套100mm，并加热固定。

82 进口硅橡胶材料有什么特性?

答：进口硅橡胶材料不但具有优良的电气性能，而且还具有优异的憎水性、高弹性、使用寿命长及恒定的收缩压力等物理特性。

83 如何制作冷缩型交联电缆头?

答：(1) 清洗电缆。
(2) 剥除外护套。
(3) 剥钢铠和内衬层。
(4) 固定地线。
(5) 缠填充胶。
(6) 固定铜屏蔽地线。
(7) 缠绕自粘带。
(8) 固定冷缩指套。
(9) 固定冷缩管。
(10) 剥铜屏蔽和外半导层。
(11) 缠绕半导电带。
(12) 固定冷缩终端。
(13) 固定密封管。
(14) 密封冷缩指套。

84 制作冷缩型交联电缆头中，如何剥钢铠和内衬层? 如何固定地线? 如何剥铜屏蔽和外半导层?

答：(1) 剥钢铠和内衬层时，留钢铠30mm，内护套10mm，用PVC带缠绕钢铠，铜屏蔽端头及铜屏蔽褶皱部位。

（2）固定地线时，用恒力弹簧（专用簧）将地线固定在钢铠上。

（3）剥铜屏蔽和外半导层时，距冷缩管15mm去掉铜屏蔽，记住相色线，距铜屏蔽15mm剥去外半导层，按接线端子的深度切除各相绝缘。将半导电层及绝缘体末端用刀具倒角，按原相色缠绕相角条，将端子插上并压紧。

85 制作冷缩型交联电缆头中，如何缠填充胶？ 如何缠绕自粘带？

答：（1）缠填充胶。自断口以下50mm至整个恒力簧，钢铠及内护层，用填充胶缠绕两层，三岔口处多缠一层。

（2）缠绕自粘带。在填充胶及恒力簧外缠一层黑色自粘带，以便于抽出冷缩指套内的塑料芯线。

86 制作冷缩型交联电缆头中，如何固定铜屏蔽地线？ 如何固定冷缩指套？如何固定冷缩管？

答：（1）固定铜屏蔽地线。将一端分成三股的地线分别用恒力簧固定在三相铜屏蔽上。钢铠地线与铜屏蔽地线分开，不要短接。

（2）固定冷缩指套。将指套套入并尽量下压，逆时针先将大口端塑料芯抽出，再抽出指端塑料芯。

（3）固定冷缩管。在指套指头上100mm之内缠绕PVC带，将冷缩管套至根部，逆时针抽塑料芯线。

87 制作冷缩型铰链电缆头中，如何缠绕半导电带？

答：在铜屏蔽上缠绕半导电带（和冷缩管缠平）用砂纸打磨绝缘层表面，并清洁处理，从线芯端头起擦拭到外半导层，注意不可来回擦，并将硅脂涂在线芯表面。

88 制作冷缩型铰链电缆头中， 如何固定冷缩终端？ 如何固定密封管？

答：（1）固定冷缩终端。慢慢拉动终端内支撑条，直到和终端口对齐。将终端穿过电缆线芯并和安装限位线对齐，轻轻拉动支撑条，使冷缩管收缩。

（2）固定密封管。用填充胶将端子压接部位的间隙和压痕缠绕平，从最上一个伞裙至整部填充胶外缠绕一层密封胶，终端上的密封胶外要缠一层PVC带，否则支撑条将和其粘连（一是支撑条不易拽出，二是密封管套在电部位收缩）。如密封管与端子间有间隙，可把密封管翻卷过来，在端子上缠绕一些密封胶后再把密封管翻卷回去。

89 制作冷缩型铰链电缆头中，如何密封冷缩指套？

答：将指套大口端连地线一起翻卷过来，用密封胶将地线连通电缆外护套一起缠绕，然后将指套翻卷回去，用扎线将指套外地线绑紧。

90 电缆终端和接头制作的一般规定和准备工作有哪些？

答：（1）电缆终端与接头的制作应由经过培训的熟悉工艺的人员进行。

（2）电缆终端及接头制作时，应严格遵守制作工艺规程；充油电缆尚应遵守油务及真空工艺等有关规程的规定。

（3）在室外制作 6kV 及以上电缆终端与接头时，其空气相对湿度宜为 70%及以下；当湿度大时，可提高环境温度或加热电缆。110kV 及以上高压电缆终端与接头施工时，应搭临时工棚，环境湿度应严格控制，温度宜为 10~30℃。制作塑料绝缘电力电缆终端与接头时，应防止尘埃、杂物落入绝缘内。严禁在雾或雨中施工。在室内及充油电缆施工现场应备有消防器材。室内或隧道中施工应有临时电源。

91 35kV 及以下电缆终端与接头应符合哪些要求？

答：（1）型式、规格应与电缆类型如电压、芯数、截面积、护层结构和环境要求一致。

（2）结构应简单、紧凑，便于安装。

（3）所用材料、部件应符合技术要求。

（4）主要性能应符合相关国家标准的规定。

92 35kV 及以下电缆终端与接头制作中，采用的附加绝缘材料性能有什么要求？

答：采用的附加绝缘材料电气性能应满足要求，并与电缆本体绝缘具有相容性。两种材料的硬度、膨胀系数、抗张强度和断裂伸长率等物理性能指标应接近。橡塑绝缘电缆应采用弹性大、粘接性能好的材料作为附加绝缘。

93 控制电缆在什么情况下可有接头，但必须连接牢固，并不应受到机械拉力？

答：（1）当敷设的长度超过其制造长度时。

（2）必须延长已敷设竣工的控制电缆时。

（3）当消除使用中的电缆故障时。

94 制作电缆终端和接头前，制作现场应符合哪些要求？

答：（1）电缆绝缘状况良好，无受潮；塑料电缆内不得进水；充油电缆施工前应对电缆本体、压力箱、电缆油桶及纸卷桶逐个取油样，做电气性能试验，并应符合标准。

（2）附件规格应与电缆一致；零部件应齐全无损伤；绝缘材料不得受潮；密封材料不得失效。壳体结构附件应预先组装，清洁内壁；试验密封，结构尺寸符合要求。

（3）施工用机具齐全，便于操作，状况清洁，消耗材料齐备，清洁塑料绝缘表面的溶剂宜遵循工艺导则准备。

（4）必要时应进行试装配。

95 电缆终端和接头制作要求有哪些？

答：（1）制作电缆终端与接头，从剥切电缆开始应连续操作直至完成，缩短绝缘暴露时间。剥切电缆时不应损伤线芯和保留的绝缘层。附加绝缘的包绕、装配、热缩等应清洁。

(2) 充油电缆线路有接头时，应先制作接头；两端有位差时，应先制作低位终端头。

(3) 电缆终端和接头应采取加强绝缘、密封防潮、机械保护等措施。6kV 及以上电力电缆的终端和接头，应有改善电缆屏蔽端部电场集中的有效措施，并应确保外绝缘相间和对地距离。

(4) 塑料绝缘电缆在制作终端头和接头时，应彻底清除半导电屏蔽层。

(5) 对包带石墨屏蔽层，应使用溶剂擦去碳迹；对挤出屏蔽层，剥除时不得损伤绝缘表面，屏蔽端部应平整。

(6) 三芯油纸绝缘电缆应保留统包绝缘 25mm，不得损伤。剥除屏蔽碳墨纸，端部应平整。弯曲线芯时应均匀用力，不应损伤绝缘纸；线芯弯曲半径不应小于其直径的 10 倍。包缠或灌注、填充绝缘材料时，应消除线芯分支处的气隙。

(7) 充油电缆终端和接头包绕附加绝缘时，不得完全关闭压力箱。制作中和真空处理时，从电缆中渗出的油应及时排出，不得积存在瓷套或壳体内。

(8) 电缆线芯连接时，应除去线芯和连接管内壁的油污及氧化层。压接模具与金具应配合恰当。压缩比应符合要求。压接后应将端子或连接管上的凸痕修理光滑，不得残留毛刺。采用锡焊连接铜芯，应使用中性焊锡膏，不得烧伤绝缘。

(9) 三芯电力电缆接头两侧电缆的金属屏蔽层（或金属套）、铠装层应分别连接良好，不得中断。直埋电缆接头的金属外壳及电缆的金属护层应做防腐处理。

(10) 三芯电力电缆终端处的金属护层必须接地良好；塑料电缆每相铜屏蔽和钢铠应锡焊接地线。电缆通过零序电流互感器时，电缆金属护层和接地线应对地绝缘，电缆接地点在互感器以下时，接地线应直接接地；接地点在互感器以上时，接地线应穿过互感器接地。

(11) 装配、组合电缆终端和接头时，各部件间的配合或搭接处必须采取堵漏、防潮和密封措施。铅包电缆铅封时应擦去表面氧化物；搪铅时间不宜过长，铅封必须密实无气孔。充油电缆的铅封应分两次进行，第一次封堵油，第二次成形和加强，高位差铅封应用环氧树脂加固。塑料电缆宜采用自粘带、粘胶带、胶粘剂（热熔胶）等方式密封；塑料护套表面应打毛，粘接表面应用溶剂除去油污，粘接应良好。电缆终端、接头及充油电缆供油管路均不应有渗漏。

(12) 电缆终端上应有明显的相色标志，且应与系统的相位一致。

(13) 控制电缆终端可采用一般包扎，接头应有防潮措施。

96 电缆头的制作安装要求有哪些?

答：(1) 在电缆头制作安装工作中，安装人员必须保持手和工具、材料的清洁与干燥，安装时不准抽烟。

(2) 做电缆头前，电缆应经过试验并合格。

(3) 做电缆头用的全套零部件、配套材料和专用工具、模具必须备齐。检查各种材料规格与电缆规格是否相符，检查全部零部件是否完好无缺陷。

(4) 应避免在雨天、雾天、大风天及湿度在 80%以上的环境下进行工作。如需紧急处理，应做好防护措施。

（5）在尘土较多及重污染区，应在帐篷内进行操作。

（6）气温低于0℃时，要将电缆预先加热后方可进行制作。

（7）应尽量缩短电缆头的操作时间，以减少电缆绝缘裸露在空气中的时间。

97　1kV及以下电力电缆终端头制作有哪些危险点分析与控制措施?

答：（1）为防止触电，挂接地线前，应使用合格验电器及绝缘手套，确认无电后再挂接地线。

（2）使用移动电气设备时必须装设漏电保护器。

（3）搬运电缆附件人员应相互配合，轻搬轻放，不得抛接。

（4）用刀或其他切割工具时，正确控制切割方向。

（5）使用液化气枪应先检查液化气瓶、减压阀、液化喷枪。点火时，火头不准对人，以免人员烫伤，其他工作人员应对火头保持一定距离，用后及时关闭阀门。

（6）吊装电缆终端时，保证与带电设备的安全距离。

98　作业前应准备的1kV热缩式电力电缆终端常用工器具有哪些?

答：安装1kV热缩式电力电缆终端常用工器具见表4-5。

表4-5　1kV热缩式电力电缆终端安装常用工器具

序号	名称	规格	单位	数量	备注
1	常用工具		套	1	电工刀、克丝钳、螺丝刀、卷尺
2	绝缘电阻表	1000V	块	1	
3	万用表		块	1	
4	验电器	1kV	把	1	
5	绝缘手套	1kV	副	2	
6	发电机	2kW	台	1	
7	电锯		把	1	
8	手动压钳		把	1	
9	手锯		把	2	
10	液化气罐	50L	瓶	2	
11	喷枪头		把	2	
12	电烙铁	1kW	把	1	
13	锉刀	平锉/圆锉	把	1/1	
14	电源轴		卷	2	
15	灭火器		个	2	

99　1kV热缩式电力电缆终端安装所需材料有哪些?

答：安装1kV热缩式电力电缆终端材料见表4-6。

表 4-6　　1kV 热缩式电力电缆终端安装所需要材料

序号	名称	规格	单位	数量	备注
1	热缩交联终端头	根据需要选用	套	1	分支手套、绝缘管、相色管
2	酒精	95%	瓶	1	
3	PVC 粘带	黄、绿、红色	卷	3	
4	清洁布		kg	2	
5	清洁纸		包	1	
6	铜绑线	ϕ2mm	kg	1	
7	焊锡膏		盒	1	
8	焊锡丝		卷	1	
9	铜编织带	25mm^2	m	1	
10	接线端子	根据需要选用	支	3	
11	砂布	180/240 号	张	2/2	

100 1kV 热缩式电力电缆终端附件安装作业条件有何要求?

答：(1) 室外作业时应避免在雨天、雾天、大风天气及湿度在 70 %以上的环境下进行。遇紧急故障处理，应做好防护措施并经上级主管领导批准。在尘土较多及重灰污染区，应搭临时帐篷。

(2) 冬季施工气温低于 0℃ 时，电缆应预先加热。

101 1kV 热缩式电力电缆终端安装操作步骤及要求分别是什么?

答：由于不同厂家其附件安装工艺尺寸会略有不同，此处所介绍的工艺尺寸仅供参考。

(1) 确定安装位置，量好电缆尺寸，锯掉多余电缆。

(2) 按图 4-2 所示尺寸剥除电缆外护套、铠装、内护套及填料。

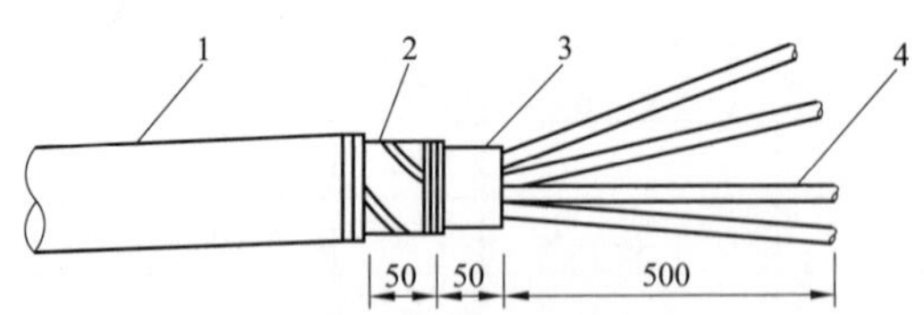

图 4-2　1kV 热缩终端剥切尺寸图
1—外护套；2—铠装；3—内护套；4—线芯

(3) 焊接铠装接地线。

1) 用锉刀打毛铠装表面，用铜绑线将一根铜编织带端头扎紧在铠装上，用锡焊牢，再在外面绕包几层 PVC 胶带。

2) 自外护套断口以下 40mm 长范围内的铜编织带均需进行渗锡处理，使焊锡渗透铜编织带间隙，形成防潮段。

（4）热缩分支手套。

1）在电缆内、外护套端口上绕包两层填充胶，将铜编织带压入其中，在外面绕包几层填充胶，再分别绕包三叉口，绕包后的外径应小于分支手套内径。

2）套入分支手套，并尽量拉向三芯根部。

3）取出手套内的隔离纸，从分支手套中间开始向下端热缩，然后向手指方向热缩。

（5）剥除绝缘层、压接接线端子。将电缆端部接线端子孔深加 5mm 长的绝缘剥除，擦净导体，套入接线端子进行压接。压接后将接线端子表面用砂纸打磨光滑、平整。

（6）热缩绝缘管。每相套入绝缘管，与分支手套搭接不少于 30mm，从根部向上加热收缩，绝缘管收缩后应平整、光滑、无皱纹、气泡。

（7）热缩相色管。将相色管按相位颜色分别套入各相，环绕加热收缩。

（8）连接接地线。将电缆接地线与电杆的接地引线连接（如图 4－3 所示）。户内终端接地线应与变电站内接地网连通。

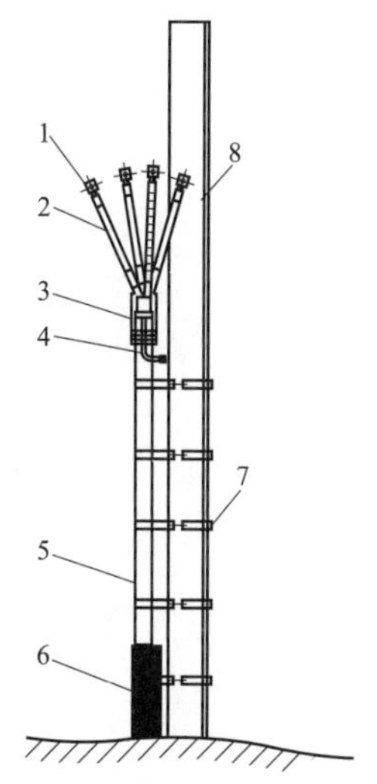

图 4－3　1kV 及以下橡塑电缆户外终端示意图

1—接线端子；2—热缩绝缘管；3—分支手套；4—地线；5—电缆；6—保护钢管；7—卡具；8—电杆

（9）与其他电气设备连接。将电缆终端导体端子与架空线或开关柜连接，确保接触良好。

（10）清理现场。施工结束后，工作负责人依据施工验收规范对施工工艺、质量进行自查验收，按要求清理施工现场，整理工具、材料，办理工作终结手续。

102　1kV 热缩式电力电缆终端安装有什么注意事项？

答：为了保证 1kV 热缩式电力电缆终端安装过程中的施工安全和施工质量，应在工作之前熟悉并掌握 1kV 热缩式电力电缆终端安装工艺文件等规程、规范的相关要求。

103　1kV 及以下电力电缆中间接头制作有哪些危险点与控制措施？

答：（1）明火作业，工作现场应配备灭火器，并及时清理杂物。

（2）使用移动电气设备时必须装设漏电保护器。

（3）搬运电缆附件时，人员应相互配合，轻搬轻放，不得抛接。

（4）用刀或其他切割工具时，正确控制切割方向。

（5）使用液化气枪前应先检查液化气瓶、减压阀。液化气喷枪点火时火头不准对人，以免人员烫伤，其他工作人员应对火头保持一定距离，用后及时关闭阀门。

（6）施工时，电缆沟边上方禁止堆放工具及杂物，以免掉落伤人。

104　1kV 热缩式电力电缆中间接头常用工器具有哪些？

答：安装 1kV 热缩式电力电缆中间接头常用工器具见表 4－7。

表 4-7　　1kV 热缩式电力电缆中间接头安装所需工器具

序号	名称	规格	单位	数量	备注
1	常用工具		套	1	电工刀、克丝钳、螺丝刀、卷尺
2	绝缘电阻表	1000V	块	1	
3	榔头		把	1	
4	验电器	1kV	把	1	
5	绝缘手套	1kV	副	2	
6	发电机	2kW	台	1	
7	电锯		把	1	
8	手动压钳		把	1	
9	手锯		把	2	
10	液化气罐	50L	瓶	1	
11	喷枪头		把	2	
12	电烙铁	1kW	把	1	
13	锉刀	平锉/圆锉	把	1/1	
14	电源轴		卷	2	
15	灭火器		个	2	

105 1kV 热缩式电力电缆中间接头所需材料有哪些?

答：安装 1kV 热缩式电力电缆中间接头所需材料见表 4-8。

表 4-8　　1kV 热缩式电力电缆中间接头安装所需要材料

序号	名称	规格	单位	数量	备注
1	热缩交联中间头	根据需要选用	套	1	外护套、绝缘管、相色管
2	酒精	95%	瓶	1	
3	PVC 粘带	黄绿红	卷	3	
4	清洁布		g	2	
5	清洁纸		包	1	
6	铜绑线	ϕ2mm	g	1	
7	焊锡膏		盒	1	
8	焊锡丝		卷	1	
9	铜编织带	25mm^2	根	1	
10	接管	根据需要选用	支	3	
11	砂布	180/240 号	张	2/2	
12	接头盒		套	1	直埋时使用
13	盖板		块	30	
14	防外力标示布	10m×0. 5m	块	2	
15	阻燃带	60mm×0. 7mm	盘	16	工井内用

106 1kV 热缩式电力电缆中间接头电缆附件安装的作业条件是什么？

答：(1) 室外作业应避免在雨天、雾天、大风天气及湿度在 70% 以上的环境下进行。遇紧急故障处理，应做好防护措施并经上级主管领导批准。在尘土较多及重灰污染区，应搭临时帐篷。

(2) 冬季施工气温低于 0℃时，电缆应预先加热。

107 简述 1kV 及以下热缩式电力电缆中间接头制作的操作步骤及要求。

答：由于不同厂家其附件安装工艺尺寸会略有不同，这里所介绍的工艺尺寸仅供参考。

(1) 定接头中心、预切割电缆。将电缆调直，确定接头中心。电缆长端 500mm，短端 350mm，两电缆重叠 200mm，锯掉多余电缆。

(2) 套入护套管。将电缆两端外护套擦净，在两端电缆上依次套入外护套，将护套管两端包严，防止进入尘土影响密封。

(3) 剥除外护套、铠装和内护套。按图 4-4 所示，剥除电缆的外护套、铠装、内护套和线芯间的填料。

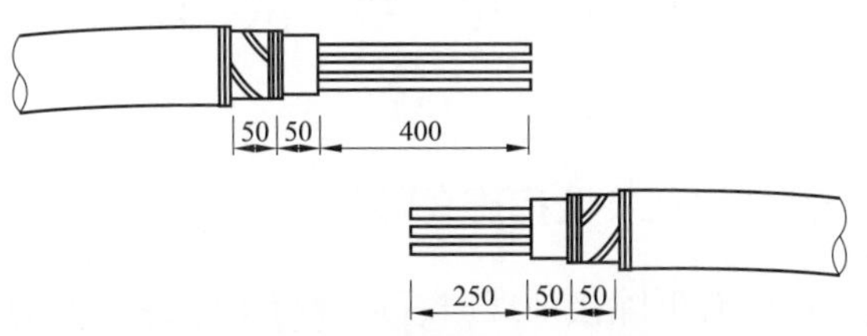

图 4-4　1kV 热缩接头剥切尺寸图

(4) 锯线芯。按相色要求将各对应线芯绑好，将多余线芯锯掉。锯线芯前，应按要求核对接头长度。

(5) 套入绝缘管。分开线芯，绑好分相支架，固定电缆线芯，将 300mm 长的热缩绝缘管套入各相长端。

(6) 剥去线芯末端绝缘。将长度为 1/2 接管长加 5mm 的末端绝缘去除，擦净油污，把导体绑扎圆整。

(7) 压连接管。套上压接管，两侧导体对实后进行压接（先压接管两端，后压中间）。将压接管修整光滑，拆去分相支架，把线芯及接管用干净的布擦拭干净。

(8) 热缩绝缘管。用自粘绝缘带将接管两端导体包平后，将各相热缩绝缘管移至中心，由一端开始均匀加热收缩。绝缘管收缩后应平整、光滑，无皱纹、气泡。

(9) 连接两端铠装。

1) 收紧线芯，用白布带绕包扎牢。

2) 用恒力弹簧或用焊接方式将铠装两端用铜编织地线连接在一起。

(10) 热缩外护套。按图 4-5 所示，将预先套入的护套管移至接头中央，由中间向两端加热收缩（管两端内侧涂有密封胶）。

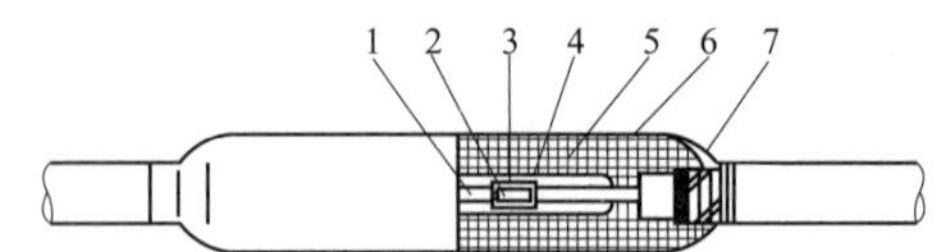

图 4-5　1kV 及以下橡塑电缆中间接头安装示意图

1—线芯；2—连接管；3—自粘带；4—热缩绝缘管；5—白布带；6—铜编织地线；7—热缩护套管

（11）装保护盒。组装好机械保护盒，盒内填入软土，防机械损伤。

（12）清理现场。施工作业结束后，工作负责人依据施工验收规范对施工工艺、质量进行自查验收，按要求清理施工现场，整理工具、材料，办理工作终结手续。

108 为了保证 1kV 热缩式电力电缆中间接头施工安全和施工质量，应熟悉掌握哪些规程规范？

答：为了保证 1kV 热缩式电力电缆中间接头安装过程中的施工安全和施工质量，应在工作之前熟悉掌握 1kV 热缩式电力电缆中间接头安装工艺文件等规程、规范的相关要求。

第三节　电　缆　试　验

109 电力电缆线路试验安全措施有哪些？

答：（1）电力电缆试验要拆除接地线时，应征得工作许可人的许可（根据调度员指令装设的接地线，必须征得调度员的许可）方可进行。工作完毕后立即恢复。

（2）电缆耐压试验前，加压端应做好安全措施，防止人员误入试验场所。另一端应挂上警告牌。如另一端是上杆的或是锯断电缆处，应派人看守。

（3）电缆的试验过程中，更换试验引线时，应先对设备充分放电，作业人员应戴好绝缘手套。

（4）电缆耐压试验分相进行时，另两相电缆应接地。

（5）电缆试验结束，应对被试电缆进行充分放电，并在被试电缆上加装临时接地线，待电缆尾线接通后才可拆除。

（6）电缆故障声测定点时，禁止直接用手触摸电缆外皮或冒烟小洞，以免触电。

110 电缆试验中直流耐压测试的目的是什么？

答：电力电缆直流耐压测试主要用来反映油纸绝缘电缆的耐压特性，检验电缆的耐压强度。直流耐压考验电缆的绝缘强度，是检查油纸电缆绝缘干枯、气泡、纸绝缘中机械损伤和工艺包缠缺陷的有效办法，能直观地反映电缆内部的缺陷。

111 为什么直流耐压试验可以检验电缆的耐压强度？

答：在直流电压下，绝缘介质中的电位将按电阻分布，所以当介质有缺陷时，电压主要被与缺陷部分串联的未损坏介质的电阻承受，较有利于发现介质缺陷。电缆绝缘在直流电压下的击穿强度约为交流电压下的两倍，所以可以施加更高的直流电压对绝缘介质进行耐压强度的考验。

112 直流耐压试验是否对发现所有类型电缆缺陷均有效？ 为什么？

答：直流耐压试验对发现多数电缆绝缘缺陷十分有效，但对交联聚乙烯绝缘电缆则未必，甚至可能产生副作用。原因如下。

（1）交联聚乙烯绝缘在交流电压下的电场分布不同于施加直流电压时的电场分布。

（2）直流耐压试验中会积累单极性空间电荷，若电荷为完全释放前投入运行，容易造成电缆在工频交流电压下查过额定电压，加速电缆绝缘老化。

（3）现场进行直流耐压试验，如果发生闪络或击穿可能会对其他正常的电缆和接头的绝缘造成危害。

（4）直流耐压试验会在交联聚乙烯材料中产生累积效应，将加速绝缘老化，缩短使用寿命。

（5）电缆的某些部分，如电缆头，在交流情况下存在某些缺陷，在直流耐压试验时却不会击穿。

113 电力电缆预防性试验有什么缺点？

答：（1）电缆耐压击穿后停电时间较长，可达3~5天，甚至更长。

（2）预防性试验时间集中在春季，要在很短的时间对所管辖的电缆进行试验，劳动强度大，很难以对每条电缆都进行仔细分析。

（3）长期对交联聚乙烯电缆和不滴流纸绝缘电缆用5~6倍电压做预防性耐压试验，会加速绝缘老化，影响电缆使用寿命。

（4）有些电缆，一经试验肯定击穿，不做试验反而能运行很长时间。

114 电缆泄漏电流与直流耐压试验有什么不同？

答：电缆泄漏电流的测量与直流耐压试验在发现绝缘缺陷的原理上是有区别的。一般来说，直流耐压试验对于暴露在介质中的气泡和机械损伤等局部缺陷等比较灵敏，而泄漏电流能够反映介质整体受潮与整体劣化情况。两者在试验中又密不可分，泄漏电流实际上是在直流耐压试验中测得的。

115 交联电力电缆的预防性试验实施中，有哪些规定的试验项目？

答：（1）测量电缆外护套绝缘电阻值和内衬层绝缘电阻值。

（2）测量钢铠对地的绝缘电阻值，检查直埋电缆的外护套有无损伤。

（3）测量铜屏蔽层对钢铠的绝缘电阻值，检查内衬层有无损伤。

（4）采用500V绝缘电阻表测量外护套和内衬层绝缘电阻值。

（5）使用2500V或5000V绝缘电阻表，测量电缆的绝缘电阻值。

（6）使用万用表测量铜屏蔽的连续性。

116 当绝缘电阻很低时，如何用万用表测量铜屏蔽层对钢铠的绝缘电阻值?

答：当绝缘电阻很低时，应用万用表的“正”“负”表笔交换测量铠装层对地或铠装层对铜屏蔽层的绝缘电阻值。若两次测得的绝缘电阻值相差较大时，就可判明外护套和内衬层已经破损进水。

117 电力电缆预防性试验的周期如何规定?

答：(1) 对于受电电缆及 2000kW 以上机组电缆，试验周期一般为 1 年。

(2) 对其他配出开路电缆，试验周期为 3 年。若电缆运行 10 年以上，试验周期为 1 年。

118 电力电缆预防性试验的标准是什么?

答：(1) 用 500V 绝缘电阻表测量电缆外护套的绝缘电值不低于 1MΩ/km。

(2) 用 500V 绝缘电阻表测量电缆内衬层绝缘电阻值不低于 0. 5MΩ/km。

(3) 用 2500V 或 5000V 绝缘电阻表测量电缆主绝缘电阻值不低于 1000MΩ/km。

119 什么是交联电力电缆的鉴定性试验?

答：交联电缆鉴定性试验是指新制作终端头或中间头、处理电缆护层或铜屏蔽后的主绝缘电阻值低于规定值时，需对电缆作直流耐压试验和 0. 1Hz 超低频交流耐压试验。

第四节 电缆敷设及工器具

120 电缆敷设前应进行哪些方面的检查?

答：(1) 电缆通道畅通，排水良好。金属部分的防腐层完整。隧道内照明、通风符合要求。

(2) 电缆型号、电压、规格应符合设计。

(3) 电缆外观应无损伤、绝缘良好，当对电缆的密封有怀疑时，应进行潮湿判断；直埋电缆与水底电缆应经试验合格。

(4) 充油电缆的油压不宜低于 0. 15MPa；供油阀门应在开启位置，动作应灵活；压力表指示应无异常；所有管接头应无渗漏油；油样应试验合格。

(5) 电缆放线架应放置稳妥，钢轴的强度和长度应与电缆盘质量和宽度相配合。

(6) 敷设前应按设计和实际路径计算每根电缆的长度，合理安排每盘电缆，减少电缆接头。

(7) 在带电区域内敷设电缆，应有可靠的安全措施。

121 电缆敷设时的一般注意事项有哪些?

答：(1) 并联使用的电力电缆，其长度、型号、规格宜相同。

(2) 三相四线制系统中应采用四芯电力电缆，不应采用三芯电缆另加一根单芯电缆或以导线、电缆金属护套作中性线。

(3) 电缆敷设时，不应损坏电缆沟、隧道、电缆井和人井的防水层。

(4) 电力电缆在终端头与接头附近宜留有备用长度。

122 电缆各支持点间的距离应遵守哪些规定？

答：电缆各支持点间的距离应符合设计规定。当设计无规定时，不应大于表 4-9 中所列数值。

表 4-9　　电缆各支持点间的距离　　(mm)

<table>
<tr><th colspan="2" rowspan="2">电缆种类</th><th colspan="2">敷设方式</th></tr>
<tr><th>水平</th><th>垂直</th></tr>
<tr><td rowspan="3">电力电缆</td><td>全塑型</td><td>400</td><td>1000</td></tr>
<tr><td>除全塑型外的中低压电缆</td><td>800</td><td>1500</td></tr>
<tr><td>35kV 及以上高压电缆</td><td>1500</td><td>2000</td></tr>
<tr><td colspan="2">控制电缆</td><td>800</td><td>1000</td></tr>
</table>

注　全塑型电力电缆水平敷设沿支架能把电缆固定时，支持点间的距离允许为 800mm。

123 电缆的最小弯曲半径应遵守的规定是什么？

答：电缆的最小弯曲半径应符合表 4-10 的规定。

表 4-10　　电缆最小弯曲半径

<table>
<tr><th colspan="3">电缆型式</th><th>多芯</th><th>单芯</th></tr>
<tr><td colspan="3">控制电缆</td><td>10D</td><td></td></tr>
<tr><td rowspan="3">橡皮绝缘电力电缆</td><td colspan="2">无铅包、钢铠护套</td><td colspan="2">10D</td></tr>
<tr><td colspan="2">裸铅包护套</td><td colspan="2">15D</td></tr>
<tr><td colspan="2">钢铠护套</td><td colspan="2">20D</td></tr>
<tr><td colspan="3">聚氯乙烯绝缘电力电缆</td><td colspan="2">10D</td></tr>
<tr><td colspan="3">交联聚乙烯绝缘电力电缆</td><td>15D</td><td>20D</td></tr>
<tr><td rowspan="3">油浸纸绝缘电力电缆</td><td colspan="2">铅包</td><td colspan="2">30D</td></tr>
<tr><td rowspan="2">铅包</td><td>有铠装</td><td>15D</td><td>20D</td></tr>
<tr><td>无铠装</td><td>20D</td><td></td></tr>
<tr><td colspan="3">自容式充油（铅包）电缆</td><td></td><td>20D</td></tr>
</table>

注　表中 *D* 为电缆外径。

124 黏性油浸纸绝缘电缆最高点与最低点之间的最大位差有何规定？

答：黏性油浸纸绝缘电缆最高点与最低点之间的最大位差不应超过表 4-11 的规定，当不能满足要求时，应采用适应于高位差的电缆。

表 4-11　　黏性油浸纸绝缘铅包电力电缆的最大允许敷设位差

电压（kV）	电缆护层结构	最大允许敷设位差（m）
1	无铠装	20
	铠装	25
6~10	铠装或无铠装	15
35	铠装或无铠装	5

125 用机械敷设电缆时的最大牵引强度有何规定?

答：用机械敷设电缆时的最大牵引强度宜符合表 4-12 的规定，充油电缆总拉力不应超过 27kN。

表 4-12　　电缆最大牵引强度　　N/mm^2

牵引方式	牵引头		钢丝网套		
受力部位	铜芯	铝芯	铅套	铝套	塑料护套
允许牵引强度	70	40	10	40	7

126 用机械敷设电缆时的一般规定是什么?

答：（1）机械敷设电缆时，应在牵引头或钢丝网套与牵引钢缆之间装设防捻器。

（2）机械敷设电缆的速度不宜超过 15m/min，110kV 及以上电缆或在较复杂路径上敷设时，其速度应适当放慢。

（3）在复杂的条件下用机构敷设大截面积电缆时，应进行施工组织设计，确定敷设方法、线盘架设位置、电缆牵引方向，校核牵引力和侧压力，配备敷设人员和机具。

（4）电缆敷设时，电缆应从盘的上端引出，不应使电缆在支架上及地面摩擦拖拉。

（5）电缆上不得有铠装压扁、电缆绞拧、护层折裂等未消除的机械损伤。

（6）110kV 及以上电缆敷设时，转弯处的侧压力不应大于 3kN/m。

127 敷设电缆时允许敷设的最低温度有何规定?

答：在敷设前 24h 内的平均温度以及敷设现场的温度不应低于表 4-13 的规定；当温度低于表 4-13 规定值时，应采取措施。

表 4-13　　电缆允许敷设最低温度

电缆类型	电缆结构	允许敷设最低温度（℃）
油浸纸绝缘电力电缆	充油电缆	-10
	其他油纸电缆	0
橡皮绝缘电力电缆	橡皮或聚氯乙烯护套	-15
	裸铅套	-20

续表

电缆类型	电缆结构	允许敷设最低温度（℃）
橡皮绝缘电力电缆	铅护套钢带铠装	-7
塑料绝缘电力电缆		0
控制电缆	耐寒护套	-20
	橡皮绝缘聚氯乙烯护套	-15
	聚氯乙烯绝缘聚氯乙烯护套	-10

128 电力电缆接头布置应符合哪些要求?

答: (1) 电缆明敷时的接头，应用托板托置固定。

(2) 并列敷设的电缆，其接头的位置宜相互错开。

(3) 直埋电缆接头盒外面应有防止机械损伤的保护盒（环氧树脂接头盒除外）。位于冻土层内的保护盒，盒内宜注以沥青。

129 电力电缆标志牌的装设应符合哪些要求?

答: (1) 在电缆接头、电缆终端头、夹层内、拐弯处、隧道及竖井的两端、人井内等地方，电缆上应装设标志牌。

(2) 标志牌上应注明线路编号。当无编号时，应写明电缆型号、规格及起讫地点；并联使用的电缆应有顺序号。

(3) 标志牌的字迹应清晰不易脱落。

(4) 标志牌规格宜统一。

(5) 标志牌应能防腐，挂装应牢固。

130 电力电缆敷设过程中，什么地方必须将电缆加以固定?

答: (1) 垂直敷设或超过 45°倾斜敷设的电缆在每个支架上；桥架上每隔 2m 处。

(2) 水平敷设的电缆，在电缆首末两端及转弯、电缆接头的两端处；当对电缆间距有要求时，每隔 5~10m 处。

131 裸铅（铝）套电缆的固定处应如何处理? 护层有绝缘要求的电缆固定处应如何处理?

答: (1) 裸铅（铝）套电缆的固定处，应加软衬垫保护。

(2) 护层有绝缘要求的电缆，在固定处应加绝缘衬垫。

132 电力电缆接地线应符合哪些要求?

答: 电力电缆接地线应采用铜绞线或镀锡铜编织线，其截面积不应小于表 4-14 的规定。110kV 及以上电缆的截面积应符合设计规定。

表 4-14　　电缆终端接地线截面　　mm²

电缆截面积	接地线截面积
120 及以下	16
150 及以上	25

133 35kV 及以下电缆在剥切线芯绝缘、屏蔽、金属护套时，线芯沿绝缘表面至最近接地点（屏蔽或金属护套端部）的最小距离应符合什么要求？

答：35kV 及以下电缆在剥切线芯绝缘、屏蔽、金属护套时，线芯沿绝缘表面至最近接地点（屏蔽或金属护套端部）的最小距离应符合表 4-15 中规定。

表 4-15　　电缆终端和接头中最小距离

额定电压（kV）	最小距离（mm）
1	50
6	100
10	125
35	250

134 电缆敷设时，不同地区应采取什么敷设方式？

答：（1）在地下水位较高的地区及多雨地区，不宜采用直埋方式。

（2）电缆数量比较集中的地区应用电缆隧道或电缆井。

（3）对距变电所较远的个别用户可采用架空或防水型电缆。

（4）在南方电缆隧道内黄梅季节容易结露，应采用合适的通风措施。

（5）电缆隧道的各电缆入口处应有封堵措施，避免下雨时雨水沿电缆流入隧道内。

（6）隧道内应设有防水设施。

（7）电缆沟的电缆应有防止雨水侵入致使电缆泡在水中的措施，必要时应加装排水泵。

135 如何选择质量好的电缆？

答：电缆质量的好坏对防止水树脂劣化至关重要。电缆的质量问题主要是由生产设备不良、材料选用不当、工艺落后、质量管理和生产管理不善等原因造成的。在选择电缆时应对电缆的生产工艺、管理等有一定了解，以便能买到质量好的电缆。

136 提高电缆施工质量， 关键要注意哪几方面？

答：（1）重视热缩接头施工质量，尤其是密封。电缆线芯压接前后，应充分地打磨和冲洗，以消除棱角和尖端。同时还必须做好应力处理和清洁工作，尽量缩短接头的制作时间。

（2）尽量避免外护套破损。电缆施工中由于机械外力、制造过失等原因导致外护套破损，会影响电缆的使用寿命和正常运行。

137 对地埋电力线路一般有什么要求?

答：(1) 地埋线的敷设路径和电线的计算负荷，应与农村发展规划相结合通盘考虑，一般不应少于5年。

(2) 白蚁聚居、鼠类活动频繁、土壤中含有腐蚀塑料的物质、岩石或碎石地区，不宜敷设地埋线。

(3) 地埋电力线路（简称地埋线）的电线必须符合相关国家标准的规定。

138 对地埋电力线的选择有什么要求?

答：(1) 地埋线的型号选择，北方宜采用耐寒护套或聚乙烯护套型，严禁用无护套的普通塑料绝缘电线代替。

(2) 地埋线的截面选择，其截面积不应小于4mm^2。

139 对地埋电力线的接续有什么要求?

答：地埋线的接续宜采用压接法。接头处的绝缘和护套的恢复，可用自粘性塑料绝缘带缠绕包扎或用热收缩管的办法。当采用缠绕包扎时，一般至少缠绕5层作绝缘恢复，再缠5层作为护套。包扎长度应在接头两端各伸延100mm，缠绕时严防灰尘、水分混入，严禁用黑胶布包扎接头。此外，地埋线的接续也可引出地面用接线箱连接。

140 地埋线敷设的注意事项有哪些?

答：(1) 地埋线一般应水平敷设，线间距离为50~100mm，电线至沟边距离不应小于50mm。

(2) 地埋线应敷设在冻土层以下，其深度不宜小于0.8m。

(3) 地埋线施放前，必须浸水24h后，用2500V绝缘电阻表摇测1min，其稳定绝缘电阻应符合有关技术标准的规定。

(4) 地埋线的沟底应平坦坚实，无石块和坚硬杂物，并铺设一层100~200mm厚的松软细土或细砂，当地形高度变化时应作平缓斜坡。线路转向时，拐弯半径不应小于地埋线外径的15倍。

(5) 环境温度低于0℃或雨、雪天，不宜敷设地埋线。

141 地埋线与其他地下工程设施相互交叉、平行时，其最小距离应符合什么规定?

答：地埋线与其他地下工程设施相互交叉、平行时，其最小距离应符合表4-16的规定。

表4-16　地埋线与其他地下设施交叉、平行时允许的最小距离　m

地下设施名称	平行	交叉	备注
地埋电力线路	0.5	0.5（0.25）	
10kV及以下电力电缆	0.5	0.5（0.25）	

续表

地下设施名称	平行	交叉	备注
通信电缆	0.5	0.5（0.25）	
自来水管	0.5	0.5（0.25）	

注 表中括号内数字是指地埋线有穿管保护或加隔板的最小距离。

142 地埋线放线时外表检查有哪些项目？

答：（1）绝缘护套不得有机械损伤、砂眼、气泡、鼓肚、漏芯、粗细不匀、偏心、硬弯、断股、腐蚀霉变等现象。

（2）放线时应将地埋线托起，严禁在地面上拖拉。谨防打卷、扭折和其他机械损伤。

（3）地埋线在沟内应水平面蛇形敷设，遇有接头、接线箱、转弯处、穿管处，应留有余度伸缩弯的半径不应小于地埋线外径的15倍，沟内各相接头应错开。

（4）地埋线与其他地下工程设施相互交叉、平行时，其最小距离应符合相关规定。

（5）地埋线穿越铁路、公路时，应加钢管套保护，管的内径不应小于地埋线外径的1.5倍，管内不得有接头，保护管距公路路面、铁轨路基面，不应小于1.0m。

（6）地埋线引出地面时，自埋设深处起至接线箱应套装硬质保护管，管的内径不应小于地埋线外径的1.5倍。

143 对地埋线的接线箱有何要求？

答：（1）地埋线路的分支、接户、终端及引出地面的接线处，应装设地面接线箱，其位置应选择在便于维护管理、不易碰撞的地方。

（2）接线箱内应采用符合相关国家标准的产品。

（3）接线箱应牢固安装在基础上，箱底距地面不应小于1m。

144 地埋线的填埋有什么注意事项？

答：（1）回填土前应核对相序，做好路径、接头与地下设施交叉的标志和保护。

（2）回填土应按以下步骤进行。

1）回填土应从放线端开始，逐步向终端推移，不应多处同时进行。

2）电线周围应填细土或细砂，覆土200mm后，可放水让其自然下沉或用人排步踩平，禁用机械夯实。

3）用2500V绝缘电阻表复测绝缘电阻，并与埋设前所测电阻相比，若阻值明显下降时，应查明原因并进行处理。

4）当复测绝缘电阻无明显下降时，才可全面回填土，回填土时禁用大块泥土投击，回填土应高出地面200mm。

145 电缆敷设有什么要求？

答：（1）敷设电缆前，应检查电缆表面有无机械损伤，并用1kV绝缘电阻表遥测绝缘，绝缘电阻一般不低于 10MΩ。

(2) 敷设电缆时应符合下列要求。

1) 直埋电缆的深度不应小于 0.7m，穿越农田时不应小于 1m。直埋电缆的沟底应无硬质杂物，沟底铺 100mm 厚的细土或黄沙，电缆敷设时应留全长 0.5%~1%的裕度，敷设后再加盖 100mm 的细土或黄沙，然后用水泥盖板保护，其覆盖宽度应超过电缆两侧各 500mm，也可用砖块替代水泥盖板。

2) 电缆穿越道路及建筑物或引出地面高度在 2m 以下的部分，均应穿钢管保护。保护管长度在 30m 以下者，内径不应小于电缆外径的 1.5 倍，超过 30m 以上者不应小于 2.5 倍，两端管口应做成喇叭形，管内壁应光滑无毛刺，钢管外面应涂防腐漆。电缆引入及引出电缆沟、建筑物及穿入保护管时，出入口和管口应封闭。

3) 交流四芯电缆穿入钢管或硬质塑料管时，每根电缆穿一根管子。单芯电缆不允许单独穿在钢管内（采取措施者除外），固定电缆的夹具不应有铁件构成的闭合磁路。

146 电缆敷设时电缆与各种设施接近及交叉的距离有什么要求?

答：电缆与各种设施接近及交叉的距离，电缆之间的距离和电缆明装时的支持间距离应符合表 4-17 的规定。

表 4-17　　电缆装置中的最小距离　　m

项目		最小距离	
		平行	交叉
电力电缆间及其与控制电缆间	一般情况	0.1	0.5
	穿管或用隔板隔开	0.1	0.25
电缆与各种设施接近及交叉净距离	公路	1.5	1.0
	集镇街道路面	1.00	0.70
	可燃气体与易燃液体管道（沟）	1.00	0.50
	热力管道（沟）	2.00	0.50
	其他管道	0.50	0.50
	建筑物基础（边线）	0.60	—
	杆基础（边线）	1.00	—
	排水沟	1.00	0.50

147 敷设电缆时，对敷设路径有什么要求?

答：(1) 应使电缆不易受到机械、振动、化学、水锈蚀、热影响、白蚁、鼠害等各种损伤。

(2) 便于维护。

(3) 应避开规划中的施工用地或建设用地。

(4) 电缆路径不宜过长。

148 充油电缆在切断后应符合的要求有哪些?

答:(1)充油电缆的切断处必须高于邻近两侧的电缆。

(2)连接油管路时,应排除管内空气,并采用喷油连接。

(3)在任何情况下,充油电缆的任一段都应有压力油箱保持油压。

(4)切断电缆时不应有金属屑及污物进入电缆。

149 什么是电缆的直埋敷设? 直埋敷设有什么特点?

答:将电缆敷设于地下壕沟中沿沟底和电缆上覆盖有软土层或沙,且设有保护板再埋齐地坪的敷设方式称为电缆直埋敷设。直埋敷设的特点如下。

(1)直埋敷设适用于电缆线路不太密集和交通不太繁忙的城市地下走廊,如市区人行道、公共绿化、建筑物边缘地带等。直埋敷设不需要大量的前期土建工程,施工周期较短,是一种比较经济的敷设方式。电缆埋设在土壤中,散热条件较好,线路输送容量较大。

(2)直埋敷设较容易遭受机械外力损坏和周围土壤的化学或电化学腐蚀,以及白蚁和老鼠危害。地下管网较多的地段,可能有熔化金属、高温液体和对电缆有腐蚀液体溢出的场所,待开发、有较频繁开挖的地方,不宜采用直埋。

(3)直埋敷设法不宜敷设电压等级较高的电缆,通常35kV及以下电压等级铠装电缆可直埋敷设于土壤中。直埋电缆上方应铺设警示带,地面埋设路径标桩或设置路径牌等警示标志。

150 简述直埋敷设作业前的准备事项。

答:(1)根据敷设施工设计图所选择的电缆路径,必须经城市规划管路部门确认。敷设前应申办电缆线路管线制执照、掘路执照和道路施工许可证。沿电缆路径开挖样洞,查明电缆线路路径上邻近地下管线和土质情况,按电缆电压等级、品种结构和分盘长度等,制订详细的分段施工敷设方案。如有邻近地下管线、建筑物或树木迁让,应明确各公用管线和绿化管理单位的配合、赔偿事宜,办理书面协议。

(2)明确施工组织机构,制订安全生产保证措施、施工质量保证措施及文明施工保证措施。熟悉施工图纸,根据开挖样洞的情况,对施工图作必要修改。确定电缆分段长度和接头位置,并编制敷设施工作业指导书。

(3)确定各段敷设方案和必要的技术措施,施工前应对各盘电缆验收,检查电缆有无机械损伤,封端是否良好,有无电缆“保质书”,应进行绝缘校潮试验、油样试验和护层绝缘试验。

(4)除电缆外,主要材料包括各种电缆附件、电缆保护盖板、过路导管。机具设备包括各种挖掘机械、敷设专用机械、工地临时设施(工棚)、施工围栏、临时路基板。运输方面的准备,应根据每盘电缆的质量、制订运输计划。同时应备有相应的运输装卸设备。

151 什么是电缆排管敷设？电缆排管敷设有何特点？

答： 将电缆敷设于预先建设好的地下排管中的安装方法称为电缆排管敷设。排管敷设的特点如下。

（1）电缆排管敷设保护电缆效果比直埋敷设好，电缆不容易受到外部机械损伤，占用空间小且运行可靠。当电缆敷设回路数较多、平行敷设于道路的下面、穿越公路、铁路和建筑物时为一种较好的选择。排管敷设适用于交通比较繁忙、地下走廊比较拥挤、敷设电缆数较多的地段。敷设在排管中的电缆应有塑料外护套，不得有金属铠装层。

（2）工井和排管的位置一般在城市道路的非机动车道，也有设在人行道或机动车道的情况。工井和排管的土建工程完成后，除敷设近期的电缆线路外，以后相同路径的电缆线路安装维修或更新电缆，不必重复挖掘路面。

（3）电缆排管敷设施工较为复杂，敷设和更换电缆不方便，散热差且影响电缆载流量。土建工程投资较大，工期较长。当管道中电缆或工井内接头发生故障，往往需要更换两座工井之间的整段电缆，修理费用较大。

152 排管敷设作业前要做哪些准备？

答： 排管建好后，敷设电缆前，应检查电缆管安装时的封堵是否良好。电缆排管内不得有因漏浆形成的水泥结块及其他残留物。衬管接头处应光滑，不得有尖突。如发现问题，应进行疏通清扫，以保证管内无积水、无杂物堵塞。在疏通检查过程中发现排管内有可能损伤电缆护套的异物必须及时清除。清除的方法可用钢丝刷、铁链和疏通器来回牵拉。必要时，用管道内窥镜探测检查。只有当管道内异物清除、整条管道双向畅通后，才能敷设电缆等。

153 简述排管敷设的质量标准及注意事项。

答：（1）电缆排管内径应不小于电缆外径的 1.5 倍，且最小不宜小于 150mm。管子内部必须光滑，管子连接时，管孔应对准，接缝应严密，不得有地下水和泥浆渗入。管子接头相互之间必须错开。

（2）电缆管的埋设深度，自管子顶部至地面的距离，一般地区应不小于 0.7m，在人行道下不应小于 0.5m，室内不宜小于 0.2m。

（3）为了便于检查和敷设电缆，应在埋设电缆管的直线段电缆牵引张力限制的间距处（包含转弯、分支、接头、管路坡度较大的地方）设置电缆工作井，电缆工作井的高度不小于 1.9m，宽度应不小于 2.0m，应满足施工和运行要求。

（4）穿入管中的电缆应符合设计要求，交流单芯电缆穿管不得使用铁磁性材料或形成磁性闭合回路材质的管材，以免因电磁感应在钢管内产生损耗。

（5）排管内部应无积水，且无杂物堵塞。穿电缆时，不得损伤护层，可采用无腐蚀性的润滑剂。

（6）电缆排管在敷设电缆前，应进行疏通，清除杂物。

（7）管孔数应按发展预留适当备用。

(8) 电缆导体工作温度相差较大的电缆，宜分别置于适当间距的不同排管组。

(9) 排管地基应坚实、平整，不得有沉陷。不符合要求时，应对地基进行处理并夯实并在排管和地基之间增加垫块，以免地基下沉损坏电缆。管路顶部土壤覆盖厚度不宜小于 0.5m。纵向排水坡度不宜小于 0.2%。

(10) 管路纵向连接处的弯曲度应符合牵引电缆时不致损伤的要求。

(11) 管孔端口应有防止损伤电缆的措施。

154 什么是电缆沟敷设？电缆沟敷设有什么特点？

答：封闭式不通行、盖板与地面相齐或稍有上下、盖板可开启的电缆构筑物为电缆沟。将电缆敷设于预先建设好的电缆沟中的安装方法，称为电缆沟敷设。电缆沟敷设的特点如下。

(1) 电缆沟敷设适用于并列安装多根电缆的场所，如发电厂及变电站内、工厂厂区或城市人行道等。电缆不容易受到外部机械损伤，占用空间相对较小。根据并列安装的电缆数量，需在沟的单侧或双侧装置电缆支架，敷设的电缆应固定在支架上。敷设在电缆沟中的电缆应满足防火要求，如具有不延燃的外护套或钢带铠装，重要的电缆线路应具有阻燃外护套的电缆。

(2) 地下水位太高的地区不宜采用普通电缆沟敷设，电缆沟内容易积水、积污，而且清除不方便。电缆沟施工复杂，周期长，电缆沟中电缆的散热条件较差，影响其允许载流量，但电缆维修和抢修相对简单，费用较低。

155 电缆沟敷设前要做哪些准备工作？

答：电缆施工前需揭开部分电缆沟盖板。在不妨碍施工人员下电缆沟工作的情况下，可以采用间隔方式揭开电缆沟盖板；然后在电缆沟底安放滑轮，清除沟内外杂物、检查支架预埋情况并修补，并把沟盖板全部置于沟上面不利展放电缆的一侧，另一侧应清理干净。采用钢丝绳牵引电缆，电缆牵引完毕后，用人力将电缆定位在支架上；最后将所有电缆沟盖板恢复原状。

156 电缆沟敷设的质量标准及注意事项有哪些？

答：(1) 电缆沟应采用钢筋混凝土或砖砌结构，应使用预制钢筋混凝土或钢制盖板覆盖，盖板顶面与地面相平。电缆可直接放在沟底或电缆支架上。

(2) 电缆固定于支架上，在设计无明确要求时，各支撑点间距应符合相关规定。

(3) 电缆沟的内净距尺寸应根据电缆的外径和总计电缆条数决定。电缆沟内最小允许距离应符合表 4-18 规定。

表 4-18　电缆沟内最小允许距离

名称		最小允许距离（mm）
通道高度	两侧有电缆支架时	500
	单侧有电缆支架时	450

续表

名称		最小允许距离（mm）
电力电缆之间的水平净距		不小于电缆外径
电缆支架的层间净距	电缆为 10kV 及以下	200
	电缆为 20kV 及以下	250
	电缆在防火槽盒内	1.6×槽盒高度

（4）电缆沟内金属支架、裸铠装电缆的金属护套和铠装层应全部和接地装置连接。为了避免电缆外皮与金属支架间产生电位差，从而发生交流腐蚀或电位差过高危及人身安全，电缆沟内全程应装设有连续的接地线装置，接地线的规格应符合规范要求。电缆沟中应用扁钢组成接地网，接地电阻应小于4Ω。电缆沟中预埋铁件应与接地网以电焊连接。

电缆沟中的支架，按结构不同有装配式和工厂分段制造的电缆托架等种类；按材质分，有金属支架和塑料支架。金属支架应采用热浸镀锌，并与接地网连接。以硬质塑料制成的塑料支架又称绝缘支架，具有一定的机械强度并耐腐蚀。

（5）电缆沟盖板必须满足道路承载要求。钢筋混凝土盖板应有角钢或槽钢包边。电缆沟的齿口也应有角钢保护。盖板的尺寸应与齿口相吻合，不宜有过大间隙。盖板和齿口的角钢或槽钢要除锈后刷红丹漆二度，黑色或灰色漆一度。

（6）室外电缆沟内的金属构件均应采取镀锌的防腐措施，室内外电缆沟，也可采用涂防锈漆的防腐措施。

（7）为保持电缆沟干燥，应适当采取防止地下水流入沟内的措施。在电缆沟底设不小于0.3%的排水坡度，在沟内设置适当数量的积水坑。

（8）充砂电缆沟内，电缆平行敷设在沟中，电缆间净距不小于35mm，层间净距不小于100mm，中间填满砂子。

（9）敷设在普通电缆沟内的电缆，因防火需要，应采用裸铠装或阻燃性外护套的电缆。电缆线路上如有接头，为防止接头故障时殃及邻近电缆，可将接头用防火保护盒保护或采取其他防火措施。

（10）电力电缆和控制电缆应分别安装在沟的两边支架上。若不能时，则应将电力电缆安置在控制电缆之下的支架上，高电压等级的电缆宜敷设在低电压等级电缆的下面。

157　什么是电缆隧道敷设？电缆隧道敷设有什么特点？

答：容纳电缆数量较多、有供安装和巡视的通道、全封闭的电缆构筑物为电缆隧道。将电缆敷设于预先建设好的隧道中的安装方法，称为电缆隧道敷设。电缆隧道敷设的特点如下。

（1）电缆隧道应具有照明、排水装置，并采用自然通风和机械通风相结合的通风方式。隧道内还应具有烟雾报警、自动灭火、灭火箱、消防栓等消防设备。

（2）电缆敷设于隧道中，消除了外力损坏的可能性，对电缆的安全运行十分有利。但是隧道的建设投资较大，建设周期较长。

158 电缆隧道一般适用于什么场合?

答: (1) 大型电厂或变电所,进出线电缆在 20 根以上的区段。

(2) 电缆并列敷设在 20 根以上的城市道路。

(3) 有多回高压电缆从同一地段跨越的内河河堤。

159 电缆隧道敷设前有哪些应做的准备工作?

答: (1) 电缆隧道敷设一般采用卷扬机钢丝绳牵引和电缆输送机牵引相结合的办法。在敷设电缆前,电缆端部应制作牵引端。将电缆盘和卷扬机分别安放在隧道入口处,并搭建适当的滑轮、滚轮支架。在电缆盘处和隧道中转弯处设置电缆输送机,以减小电缆的牵引力和侧压力。

(2) 当隧道相邻入口相距较远时,电缆盘和卷扬机安置在隧道的同一入口处。

(3) 电缆隧道敷设,必须有可靠的通信联络设施。

160 简述电缆隧道敷设的质量标准及注意事项。

答: (1) 电缆隧道一般为钢筋混凝土结构,也可采用砖砌或钢管结构,可视当地的土质条件和地下水位高低而定。一般隧道高度为 1.9~2m,宽度为 1.8~2.2m。

(2) 电缆隧道两侧应架设用于放置固定电缆的支架。电缆支架与顶板或底版之间的距离,应符合规定要求。支架上蛇形敷设的高压、超高压电缆应按设计节距用专用金具固定或用尼龙绳绑扎。

(3) 深度较浅的电缆隧道应至少有两个以上的人孔,长距离一般每隔 100~200m 应设一人孔,设置人孔时,应综合考虑电缆施工敷设,在敷设电缆的地点设置两个人孔,一个用于电缆进入,另一个用于人员进出。近人孔处装设进出风口,在出风口处装设强迫排风装置;深度较深的电缆隧道,两端进出口一般与竖井相连接,并通常使用强迫排风管道装置进行通风。电缆隧道内的通风要求在夏季不超过室外空气温度 10℃ 为原则。

(4) 在电缆隧道内设置适当数量的积水坑,一般每隔 50m 左右设积水坑一个,排水坡度不小于 0.5%,使水及时排出。

(5) 隧道内应有良好的电气照明设施及排水装置,并采用自然通风和机械通风相结合的通风方式。隧道内还应具有烟雾报警、自动灭火、灭火箱、消防栓等消防设备。

(6) 电缆隧道内应装设贯通全长的连续的接地线,所有电缆金属支架应与接地线连通。电缆的金属护套、铠装除有绝缘要求(如单芯电缆)以外,应全部相互连接并接地,这是为了避免电缆金属护套或铠装与金属支架间产生电位差,从而发生交流腐蚀。

161 电缆隧道敷设方式选择应遵循哪些原则?

答: (1) 统一通道的地下电缆数量众多,电缆沟不足以容纳时应采用隧道。

(2) 同一通道的地下电缆数量较多,且位于有腐蚀性液体或经常有地面水流溢的场所,或含有 35kV 以上高压电缆,或穿越公路、铁路等地段,宜用隧道。

（3）受城镇地下通道条件限制或交通流量较大的道路下，与较多电缆沿同一路径有非高温的水、气和通信电缆管线共同配置时，可在公用性隧道中敷设电缆。

162 什么是气镐？ 气镐的工作原理是什么？

答：气镐是以压缩空气为动力，用镐杆敲凿路面结构层的气动工具。空气压缩机有螺杆式和活塞式两种，通常采用柴油发动机。螺杆式空气压缩机具有噪声较小的优点，较适宜城市道路的挖掘施工。

气镐的工作原理是：由空气压缩机提供压缩空气，压缩空气经管状分配阀轮流进入缸体两端，在工作压力下，压缩空气做功，使锤体进行往复运动，冲击镐杆尾部，把镐杆打入路面的结构层中，实施路面开挖。

163 气镐使用时有哪些注意事项？

答：（1）保持气镐内部清洁和气管接头接牢。

（2）在软矿层工作时，勿使镐钎全部插入矿层，以防空击。

（3）镐钎卡在岩缝中，不可猛力摇动气镐，以免缸体和连接套螺纹部分受损。

（4）工作时应检查镐钎尾部和衬套配合情况，间隙不得过大、过小，以防镐钎偏歪或卡死。

164 气镐维护有什么要求？

答：（1）气镐正常工作时，每隔 2~3h 加注润滑油一次，注油时卸掉气管接头，斜置气镐，按压镐柄，由连接处注入。如滤网被污物堵塞，应及时排除，不得取掉滤网。

（2）气镐在使用期间，每星期至少拆卸两次，用清洁的柴油洗净，吹干，并涂以润滑油，再行装配和试验，发现有易损件严重磨损或失灵，应及时调换。

165 什么是水平导向钻机？ 水平导向钻机使用注意事项有哪些？

答：水平导向钻机是一种能满足在不开挖地表的条件下完成管道埋设的施工机械，即通过它实现“非开挖施工技术”。水平导向钻机的特点是具有液压控制和电子跟踪装置，能够有效控制钻头的前进方向。

水平导向钻机使用注意事项：在水平导向钻机开机后，要对定向钻头进行导向监控。一般每钻进 2m 用电子跟踪装置测一次钻头位置，以保证钻头不偏离设计轨迹。

166 如何使用水平导向钻机？

答：按经可视化探测设计的非开挖钻进轨迹路径，先钻定向导向孔，同时注入适量以膨润土加水调匀地钻进液，以保持管壁稳定，并根据当地土壤特性调整泥浆黏度、密度、固相含量等参数。在全线贯通后再回头扩孔，当孔径符合设计要求时拉入电缆管道。

167 起重运输机械包括哪些设备？ 有何用途？

答： 起重运输机械包括汽车、吊车和自卸汽车等。

起重运输机械用于电缆盘、各种管材、保护盖板和电缆附件的装卸和运输，以及电缆沟余土的外运。

168 什么是电动卷扬机？ 简述电动卷扬机的工作原理。

答： 电动卷扬机是由电动机作为动力，通过驱动装置使卷筒回转的机械装置。在电缆敷设时，可以用来牵引电缆。

电动卷扬机的工作原理是：当卷扬机接通电源后，电动机逆时针方向转动，通过连接轴带动齿轮箱的输入轴转动，齿轮箱的输出轴上装的小齿轮带动大齿轮转动，大齿轮固定在卷筒上，卷筒和大齿轮一起转动，卷筒卷进钢丝绳使电缆前行。

169 简述电动卷扬机的使用注意事项。

答：（1）卷扬机应选择合适的安装地点，并固定牢固。

（2）开动卷扬机前应对各卷扬机的各部分进行检查，查看有无松脱或损坏。

（3）钢丝绳在卷扬机滚筒上的排列要整齐，工作时不能放尽，至少要留 5 圈。

（4）卷扬机操作人员应与相关工作人员保持密切联系。

170 电动卷扬机日常维护项目有哪些？

答：（1）工作中检查运转情况，有无噪声、振动。

（2）检查电动机、减速箱及其他连接部的紧固；制动器是否灵活可靠，弹性联轴器是否正常；传动防护是否良好。

（3）检查电控箱各操作开关是否正常，阴雨天应特别注意检查电器的防潮。

（4）定期清洁设备表面油污，对卷扬机开式齿轮、卷筒轴两端加油润滑，并对卷扬机钢丝绳润滑。

171 什么是电缆输送机？ 简述电缆输送机工作原理。

答： 电缆输送机包括主机架、电动机、变速装置、传动装置和输送轮，是一种电缆输送机械。

电缆输送机的工作原理是：电缆输送机以电动机驱动，用凹型橡胶带夹紧电缆，并用预压弹簧调节对电缆的压力，使之对电缆产生一定的推力。

（1）使用前应检查输送机各部分有无损坏，履带表面无异物。

（2）在电缆敷设施工时，如果同时使用多台输送机和牵引车，则必须要有联动控制装置，使各台输送机和牵引车的操作能集中控制，关停同步，速度一致。

172 电缆输送机日常维护项目有哪些？

答：（1）输送机运行一段时间以后，链条可能会松弛，应进行调整，并在链条部位加机油润滑。

(2) 检查各个连接部位的紧固件的连接是否松动，对出现异常的进行恢复，避免因零部件松动损坏设备。

(3) 检查履带的磨损状况，及时更换，以免正常夹紧力时敷设电缆时的输送力不够，夹紧力太大又会损伤电缆的外护套。

173 电缆盘支承架、液压千斤顶和电缆盘制动装置有什么作用?

答：电缆盘支承架一般用钢管或型钢制作，要求坚固，有足够的稳定性和适用于多种电缆盘的通用性。

电缆盘支承架上配有液压千斤顶，用以顶升电缆盘和调整电缆盘离地面的高度及盘轴的水平度。

为了防止由于电缆盘转动速度过快导致盘上外圈电缆松弛下垂，以及为满足敷设过程中临时停车的需要，电缆盘应安装有效的制动装置。千斤顶和电缆盘制动装置如图 4-6 所示。

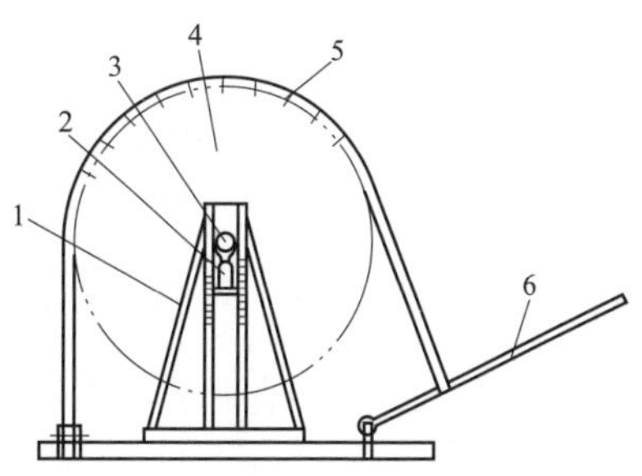

图 4-6　千斤顶和电缆盘制动装置

1—电缆盘支架；2—千斤顶；3—电缆盘轴；4—电缆盘；5—制动带；6—制动手柄

174 什么是防捻器？ 防捻器的作用是什么?

答：防捻器是安装在电缆牵引端和牵引钢丝绳之间的连接器，用钢丝绳牵引电缆时必备的重要器具之一。因它具有两侧可相对旋转，并有耐牵引的抗张强度的特性，所以用他来消除牵引钢丝绳在受张力后的退扭力和电缆自身的扭转应力。

175 电缆牵引端的作用是什么?

答：电缆牵引端是装在电缆端部用作牵引电缆的一种金具，它将牵引钢丝绳上的拉力传递到电缆的导体和金属套。电缆牵引端能承受电缆敷设时的拉力，又是电缆端部的密封套头，安装后应具有与电缆金属套相同的密封性能。有的牵引端的拉环可以转动，牵引时有退扭作用，如果拉环不能转动，则需连接一个防捻器。用于不同结构电缆的牵引端，有不同的设计和式样。高压电缆的牵引端通常由制造厂在电缆出厂之前便安装好，有的则需要在现场安装。

176 牵引网套的作用是什么?

答：牵引网套用于牵引力较小或作辅助牵引。这时牵引力小于电缆护层的允许牵引力。牵引网套是用细钢丝绳、尼龙绳或麻绳经编结而成，如图 4-7 所示。

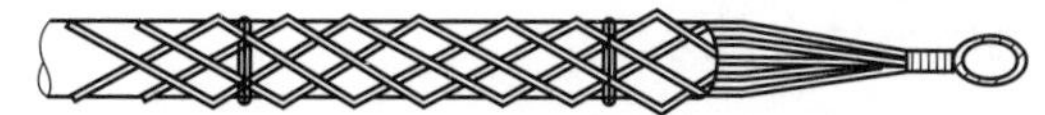

图 4-7　电缆牵引网套

177 电缆滚轮有什么作用?

答: 正确使用电缆滚轮，可有效地减小电缆的牵引力、侧压力，并避免电缆外护层遭到损伤。滚轮的轴与其支架之间，可采用耐磨轴套，也可采用滚动轴承。后者的摩擦力比前者小，但必须经常维护。为适应各种不同敷设现场的具体情况，电缆滚轮有普通型、加长型和“L”型等。一般是在电缆敷设路径上每 2~3m 放置一个，以电缆不拖地为原则。

178 电缆外护套防护用具有什么作用?

答: 为防止电缆外护套在管孔口、工井口等处由于牵引时受力被刮破擦伤，应采用适当防护用具。通常在管孔口安装一副由两个半件组合的防护喇叭，在工井口、隧道、竖井口等处，采用波纹聚乙烯管防护，将其套在电缆上。

179 钢丝绳有哪些使用及注意事项?

答: (1) 钢丝绳使用时不得超过允许最大使用拉力。

(2) 钢丝绳中有断股、磨损或腐蚀达到及超过原钢丝绳直径的 40%时，或钢丝绳受过严重火灾或局部电火烧过时，应予以报废。

(3) 钢丝绳在使用中断丝增加很快时应予以换新。

(4) 环绳或双头绳结合段长度不应小于钢丝绳直径的 20 倍，但最短不应小于 300mm。

(5) 当钢丝绳起吊有棱角的重物时，必须垫以麻袋或木板等物，以避免物件尖锐边缘割伤绳索。

180 钢丝绳有哪些日常维护项目?

答: (1) 钢丝绳上的污垢，应用抹布和煤油清除，不得使用钢丝刷及其他锐利的工具清除。

(2) 钢丝绳须定期上油，并放置在通风良好的室内架上保管。

(3) 钢丝绳必须定期进行拉力试验。

181 什么是导体压接机具?

答: 用来实现导体连接的专用工具称为导体压接机具，如压接钳。可以分为人力压接和电动油压。

(1) 人力压接，即手工操纵下机械或油压。

(2) 电动油压，即电动机传动下的机械油压。

182 导体压接机具有什么要求?

答: 压接机具应具备足够的压强能力，以满足导体截面所需压力；具有小巧轻便、操作方便的技术特征，并应有齐全的模具，压接模具是导体截面压接成型的专用模具，是一钳多模的配置，应做到一钳多用（根据不同截面积可共享一钳之用），见表 4-19。

表 4-19　　导体压接钳分类及适用压接截面

类型		出力（t）	适用导体截面积（mm^2）
机械压接钳		12	16~70
油压	手动式	7~18	70~150
	脚踏式	16~35	95~400
电动油压	充电式	5.5~12	70~400
	分离式	36~200	300~2500

183 电缆的防火阻燃应采取哪些措施？

答：（1）在电缆穿过竖井、墙壁、楼板或进入电气盘、柜的孔洞处，用防火堵料密实封堵。

（2）在重要的电缆沟和隧道中，按要求分段或用软质耐火材料设置阻火墙。

（3）对重要回路的电缆，可单独敷设于专门的沟道中或耐火封闭槽盒内，或对其施加防火涂料、防火包带。

（4）在电力电缆接头两侧及相邻电缆 2~3m 长的区段施加防火涂料或防火包带。

（5）采用耐火或阻燃型电缆。

（6）设置报警和灭火装置。

184 对电缆线芯连接金具有什么要求？

答：电缆线芯连接金具，应采用符合标准的连接管和接线端子，其内径应与电缆线芯紧密配合，间隙不应过大；截面积宜为线芯截面积的 1.2~1.5 倍；采用压接时，压接钳和模具应符合规格要求。

185 充油电缆供油系统的安装应符合哪些要求？

答：（1）每相电缆线路应装设油压监视或报警装置。

（2）仪表应安装牢固，室外仪表应有防雨措施，施工结束后应进行整定。

（3）供油系统的金属油管与电缆终端间应有绝缘接头，其绝缘强度不低于电缆外护层。

（4）当每相设置多台压力箱时，应并联连接。

（5）调整压力油箱的油压，使其在任何情况下都不应超过电缆允许的压力范围。

186 电力电缆工作使用携带型火炉或喷灯时，火焰与带电部分的距离有什么规定？

答：（1）电压在 10kV 及以下者，不得小于 1.5m。

（2）电压在 10kV 以上者，不得小于 3m。

（3）不得在带电导线、带电设备、变压器、油断路器附近以及在电缆夹层、隧道、沟洞内对火炉或喷灯加油及点火。

187 电力电缆工作非开挖施工的安全措施有哪些?

答:(1)采用非开挖技术施工前,应首先探明地下各种管线及设施的相对位置。

(2)非开挖的通道,必须离开地下各种管线及设施足够的安全距离。

(3)通道形成的同时,应及时对施工的区域进行灌浆等措施,防止路基的沉降。

188 电力电缆作业时,对进入电缆隧道、电缆井、电缆沟作业时的规定是什么?

答:电缆隧道应有充足的照明,并有防火、防水、通风的措施。在电缆井内工作时,禁止只打开一只井盖(单眼井除外)。进入电缆井、电缆隧道前,应先用吹风机排除浊气,再用气体检测仪检查井内或隧道内的易燃易爆及有毒气体的含量是否超标,并做好记录。电缆沟的盖板开启后,应自然通风一段时间后方可下井沟工作。在电缆井、隧道内工作时,通风设备应保持常开,以保证空气流通。

189 电力生产中,电力电缆工作的基本要求是什么?

答:(1)工作前应详细核对确保电缆标志牌的名称与工作票所填写的相符,安全措施正确可靠后方可开始工作。

(2)填用电力电缆第一种工作票的工作应经调度的许可,填用电力电缆第二种工作票的工作可不经调度的许可。若进入变配电站、发电厂工作,都应经当值运行人员许可。

(3)电力电缆设备的标志牌要与电网系统图、电缆走向图和电缆资料的名称一致。

(4)变配电站的钥匙与电力电缆附属设施的钥匙应专人严格保管,使用时要登记。

190 农村低压电缆敷设有哪些注意事项?

答:(1)敷设电缆时,应防止电缆扭伤和过分弯曲。电缆弯曲半径与电缆外径比值,不应小于下列规定。

1)聚氯乙烯护套多芯电力电缆为10倍。

2)交联聚乙烯护套多芯电力电缆为15倍。

(2)低压塑料绝缘电力电缆室内终端头可采用自粘性绝缘带包扎或采用预制式绝缘首套;室外终端头宜采用热缩终端头加绝缘带包扎或预制式绝缘首套加绝缘带包扎的方式。

(3)直埋电缆拐弯、接头、交叉、进入建筑物等地段,应设明显的方位标桩。直线段应适当增设标桩,标桩露出地面以150mm为宜。

(4)电缆经过含有酸碱、矿渣、石灰等场所,不应直接埋设。若必须经过该地段时,应采用缸瓦管、水泥管等防腐保护措施。在有腐蚀性气体的场所电缆明敷时,应采用防腐型电缆。

(5)直埋电缆不应平行敷设在各种管道上面或下面。

(6) 电缆沿坡敷设时，中间接头应保持水平，多条电缆同沟敷设时，中间接头的位置应前后错开，其净距不应小于 0.5m。

(7) 在钢索上悬吊电缆固定点间的距离应符合设计要求，无特殊规定的不应超过下列数值。

1) 水平敷设的电力电缆为 750mm。

2) 垂直敷设的电力电缆为 1500mm。

(8) 电缆钢支架及安装应符合的要求。

1) 所用钢材应平直，无显著扭曲，切口处应无卷边、毛刺。

2) 支架应安装牢固、横平竖直。

3) 支架必须先涂防腐底漆、油漆应均匀完整。

4) 安装在湿热、盐雾以及有化学腐蚀地区的电缆支架，应作特殊的防腐处理或热镀锌，也可采用其他耐腐蚀性能较好的材料制作支架。

(9) 电缆在支架上敷设时，支架间距离不应大于下列数值。

1) 水平敷设的电力电缆为 0.8m。

2) 垂直敷设的电力电缆为 1.5m。

(10) 易燃、易爆及腐蚀性气体场所内电缆明敷时，应穿管保护，管口应封闭。

(11) 同一电缆芯线的两端，相色应一致，且与连接的母线相色相同。

(12) 三相四线制系统中，不应采用三芯电缆另加单芯电缆作零线，严禁利用电缆外皮作零线。

191 电缆施工的安全措施有哪些?

答： (1) 电缆直埋敷设施工前应先查清图纸，再开挖足够数量的样洞和样沟，摸清地下管线分布情况，以确定电缆敷设位置及确保不损坏运行电缆和其他地下管线。

(2) 为防止损伤运行电缆或其他地下管线设施，在城市道路红线范围内不应使用大型机械来开挖沟槽，硬路面层破碎可使用小型机械设备，但应加强监护，不得深入土层。若要使用大型机械设备时，应履行相应的报批手续。

(3) 掘路施工应具备相应的交通组织方案，做好防止交通事故的安全措施。施工区域应用标准路栏等严格分隔，并有明显标记，夜间施工人员应佩带反光标志，施工地点应加挂警示灯，以防行人或车辆等误入。

(4) 沟槽开挖深度达到 1.5m 及以上时，应采取措施防止土层塌方。

(5) 沟槽开挖时，应将路面铺设材料和泥土分别堆置。堆置处和沟槽应保留通道供施工人员正常行走。在堆置物堆起的斜坡上不得放置工具材料等器物，以免滑入沟槽损伤施工人员或电缆。

(6) 挖到电缆保护板后，应由有经验的人员在场指导，方可继续进行，以免误伤电缆。

(7) 挖掘出的电缆或接头盒，如下面需要挖空时，应采取悬吊保护措施。电缆悬吊应每 1~1.5m 吊一道；接头盒悬吊应平放，不得使接头盒受到拉力；若电缆接头无保护盒，则应在该接头下垫上加宽加长木板，方可悬吊。电缆悬吊时，不得用铁丝或钢丝等，以免损伤电缆护层或绝缘。

(8) 移动电缆接头一般应停电进行。如必须带电移动，应先调查该电缆的历史记录，由有经验的施工人员，在专人统一指挥下，平正移动，以防止损伤绝缘。

(9) 锯电缆以前，应与电缆走向图纸核对相符，并使用专用仪器（如感应法）确切证实电缆无电后，用接地的带绝缘柄的铁钎钉入电缆芯后，方可工作。扶绝缘柄的人应戴绝缘手套并站在绝缘垫上。

(10) 开启电缆井井盖、电缆沟盖板及电缆隧道人孔盖时应使用专用工具，同时注意所立位置，以免滑脱后伤人。开启后应设置标准路栏围起，并有人看守。工作人员撤离电缆井或隧道后，应立即将井盖盖好，以免行人碰盖后摔跌或不慎跌入井内。

(11) 充油电缆施工应做好电缆油的收集工作，对散落在地面上的电缆油要立即覆上黄沙或砂土，及时清除，以防行人滑跌。

(12) 在 10kV 跌落熔丝与 10kV 电缆头之间，宜加装过渡连接装置，使工作时能与熔丝上桩头有电部分保持安全距离。在 10kV 跌落熔丝上桩头有电的情况下，未采取安全措施前，不得在熔丝下桩头新装、调换电缆尾线或吊装、搭接电缆终端头。如必须进行上述工作，则应采用专用绝缘罩隔离，在下桩头加装接地线。工作人员站在低位，伸手不得超过熔丝下桩头，并设专人监护。上述加绝缘罩的工作应使用绝缘工具。雨天禁止进行以上工作。

(13) 制作环氧树脂电缆头和调配环氧树脂工作过程中，应采取有效的防毒和防火措施。

(14) 电缆施工完成后应将穿越过的孔洞进行封堵，以达到防水或防火的要求。

192 电缆埋地敷设在沟内应如何施工?

答：电缆埋地敷设是在地上挖一条深度 0.8m 左右的沟，沟宽 0.6m，如果电缆根数较多，沟宽要加大，电缆间距不小于 100mm。沟底平整后，铺上 100mm 厚筛过的松土或细砂土，作为电缆的垫层。电缆应松弛地敷在沟底，以便伸缩。在电缆上再铺上 100mm 厚的软土或细砂土，上面盖混凝土盖板或黏土砖，覆盖宽度应超过电缆直径两侧 50mm，最后在电缆沟内填土，覆土要高出地面 150~200mm，并在电缆线路的两端转弯处和中间接头处竖立一根露出地面的混凝土标示桩，以便检修。

由于电缆的整体性好，不易做接头，每次维修需要截取很长一段电缆，所以在施工时要预留有一段备检修时截取。

埋设电缆时，电缆间、电缆与其他管道、道路、建筑物等之间平行和交叉时的最小距离，应符合规程的规定。电缆穿过铁路、公路、城市街道、厂区道路和排水沟时，应穿钢管保护，保护管两端宜伸出路基两边各 2m，伸出排水沟 0.5m。

直埋电缆要用铠装电缆，但工地施工用电使用周期短，一年左右就需挖出，这时可以用普通电缆。

193 电缆在排管内的敷设时有何要求?

答：(1) 排管顶部距地面，在人行道下为 0.5m，一般地区为 0.7m。施工时，先按设计要求挖沟，并将沟底夯实，再铺 1∶3 水泥砂浆垫层，将清理干净的管下到沟底，排列整齐，管孔对正，接口缠上胶条，再用 1∶3 水泥砂浆封实。整个排管对电缆人孔井方向有不小于 1%的坡度，以防管内积水。

(2) 为了便于检修和接线，在排管分支、转弯处和直线段每 50~100m 处要挖一供检修用的电缆人孔井。为便于电缆在井内架在支架上便于施工与检修。人孔井要有积水坑。

(3) 为了保证管内清洁无毛刺，拉入电缆前，先用排管扫除器通入管孔内来回拉。

(4) 在排管中敷设电缆时，把电缆盘放在井口，然后用预先穿入排管眼中的钢丝绳把电缆拉入孔内，每孔内放一根电力电缆。排管口套上光滑的喇叭口，坑口装设滑轮。

194 简述直埋敷设作业质量标准及注意事项。

答：(1) 直埋电缆一般选用铠装电缆。只有在修理电缆时，才允许用短段无铠装电缆，但必须外加机械保护。选择直埋电缆路径时，应注意直埋电缆周围的土壤中不得含有腐蚀电缆的物质。

(2) 电缆表面距地面的距离应不小于 0.7m。冬季土壤冻结深度大于 0.7m 的地区，应适当加大埋设深度，使电缆埋于冻土层以下。引入建筑物或地下障碍物交叉时可浅一些，但应采取保护措施，并不得小于 0.3m。

(3) 电缆壕沟底必须具有良好的土层，不应有石块或其他硬质杂物，应铺 0.1m 的软土或砂层。电缆敷设好后，上面再铺 0.1m 的软土或砂层。沿电缆全长应盖混凝土保护板，覆盖宽度应超出电缆两侧 0.05m。在特殊情况下，可以用砖代替混凝土保护板。

(4) 电缆中间接头盒外面应有防止机械损伤的保护盒（有较好机械强度的塑料电缆中间接头例外）。

(5) 电缆线路全线应设立电缆位置的标志，间距合适。

(6) 电缆与电缆、管道、道路、构筑物等之间的容许最小距离，应符合表 4-20 中规定。

表 4-20　电缆与电缆、管道、道路、构筑物等之间的容许最小距离　m

电缆直埋敷设时的配置情况		平行	交叉
控制电缆之间		—	0.5*
电力电缆之间或与控制电缆之间	10kV 及以下电力电缆	0.1	0.5*
	10kV 以上电力电缆	0.25**	0.5*
不同部门使用的电缆		0.5**	0.5*
电缆与地下管沟	热力管道	2***	0.5*
	油管或易（可）燃气管道	1	0.5*
	其他管道	0.5	0.5*
电缆与铁路	非直流电气化铁路路轨	3	1.0
	直流电气化铁路路轨	10	1.0
电缆与建筑物基础		0.6***	—

续表

电缆直埋敷设时的配置情况	平行	交叉
电缆与公路边	1.0***	—
电缆与排水沟	1.0***	—
电缆与树木的主干	0.7	—
电缆与1kV以下架空线电杆	1.0***	—
电缆与1kV以上架空线杆塔基础	4.0***	—

*用隔板分隔或电缆穿管时不得小于0.25m。

**用隔板分隔或电缆穿管时不得小于0.1m。

***特殊情况时，减小值不得大于50%（电缆穿管敷设时，与公路、街道路面、杆塔基础、建筑物基础、排水沟等的平行最小间距可按表中数据减半）。

（7）电力电缆间、控制电缆间以及它们相互之间，不同使用部门的电缆间在交叉点前后1m范围内，当电缆穿入管中或用隔板隔开时，其交叉净距可降低为0.25m。

（8）电缆与热管道（沟）、油管道（沟）、可燃气体及易燃液体管道（沟）、热力设备或其他管道（沟）之间，虽净距能满足要求，但检修路可能伤及电缆时，在交叉点前后1m范围内，应采取保护措施；电缆与热管道（沟）及热力设备平行、交叉时，应采取隔热措施，使电缆周围土壤的温升不超过10℃。

（9）当直流电缆与电气化铁路路轨平行、交叉其净距不能满足要求时，应采取防电化腐蚀措施；防止的措施主要有增加绝缘和增设保护电极。

（10）直埋电缆穿越城市街道、公路、铁路，或穿过有载重车辆通过的大门，进入建筑物的墙角处，进入隧道、人井，或从地下引出到地面时，应将电缆敷设在满足强度要求的管道内，并将管口封堵好。

（11）直埋敷设的电缆与铁路、公路或街道交叉时，应穿保护管，保护范围应超出路基、街道路两边以及排水沟边0.5m以上。引入构筑物，在贯穿墙孔处应设置保护管，管口应施阻水堵塞。

（12）直埋敷设电缆采取特殊换土回填时，回填土的土质应对电缆外护层无腐蚀性。在电缆线路路径上有可能使电缆受到机械性损伤、化学作用、地下电流、振动、热影响、腐蚀物质、虫害等危害的地段，应采取保护措施（如穿管、铺砂、筑槽、毒土处理等）。

（13）直埋电缆回填土前，应经隐蔽工程验收合格，并分层夯实。

第五节　电缆故障原因及故障测寻

电力电缆预防性试验如何测寻故障点?

答：电力电缆预防性试验需将运行中的电缆按计划停运，加入5~6倍电压试验，如电缆受潮、外层损坏自然可以出现击穿，然后测故障点、修复，再用5~6倍电压施加

5~10min，正常后投入运行。如仍击穿或泄漏电流不正常，再进行一次测故障点、修复，直至电缆完全正常。

196 电力电缆发生故障的原因有哪些?

答：(1) 绝缘老化变质。

(2) 电缆过热。

(3) 机械损伤。

(4) 护层腐蚀。

(5) 过电压造成击穿。

(6) 中间接头、终端头的设计和制作工艺问题。

197 电力电缆绝缘水平下降的原因有哪些?

答：电力电缆使用过程中，绝缘受到伴随电作用带来的热、化学及机械作用，从而使绝缘介质发生物理及化学变化，使介质的绝缘水平下降。电缆绝缘受潮，加速绝缘老化。中间接头或终端头因结构上下密封或安装质量不好、制造电缆包铅时留下砂眼或裂纹等缺陷，会使电缆绝缘受潮，导致绝缘水平下降。

198 电缆过热的内因是什么？ 外因是什么?

答：造成电缆过热的原因有很多，大体可以分为内因和外因两方面。内因是电缆绝缘内部气隙游离造成局部受热，从而使绝缘炭化。外因是安装在电缆密集地区、电缆隧道等处的电缆，穿在干燥管中的电缆以及与管道接近的电缆，会因电缆过负荷或散热不良，而使绝缘加速损坏。

199 造成电力电缆机械损伤的原因主要有哪些?

答：(1) 受直接外力作用造成的电缆损伤。在电缆路径或电缆附近进行施工，使电缆受到直接的外力损伤。

(2) 车辆振动或冲击下负荷等机械作用，使电缆变形或铅（铝）包裂损。

(3) 安装时损伤。

(4) 自然现象造成的损伤。

200 针对电力电缆故障的原因维修对策有哪些?

答：(1) 对中间接头和终端头制作工艺，可以加强入网电缆头附件试验，在执行相关规定的基础上，严格把关；剥离护套、绝缘屏蔽层半导体层时细心操作，对绝缘表面进行彻底打磨和清洁，防止杂质颗粒遗留在绝缘上；安装环境的湿度保持低于70%。

(2) 对电缆安装作出一系列明确规定：铠装层和铜屏蔽层必须单独接地，且其截面积不小于25mm^2；单芯电缆必须是受电端一点接地，三芯电缆必须两端接地，同时要对电缆线鼻做镀锡处理。

201 电力电缆施工中，如何防止电缆因外力受损？

答：为防止电缆因外力受损，可以对受力部位做穿管保护并加以固定，中间接头外部加以防护，接头两边加固定防护；在施工过程中，保证线鼻不被外力扭动变形，如果必须要做扭动处理的，应采取措施使表面平整；电缆附近有施工队施工时，要增加醒目示牌，必要时派人提醒施工人员。

202 查询电缆故障点时，首先要进行什么诊断？

答：在查找电缆故障点时，首先要进行电缆故障性质的诊断，即确定故障的类型及故障电阻阻值，以便于测试人员选择适当的故障测距与定点方法。

203 为便于故障测寻，一般将电缆故障分为哪几类？

答：(1) 接地故障。电缆一芯主绝缘对地击穿故障。

(2) 短路故障。电缆两芯或三芯短路。

(3) 断线故障。电缆一芯或数芯被故障电流烧断或受机械外力拉断，造成导体完全断开。

(4) 闪络性故障。这类故障一般发生于电缆耐压试验击穿中，多出现在电缆中间接头或终端头内。试验时绝缘被击穿，形成间歇性放电通道。

(5) 混合性故障。同时具有上述接地、短路、断线中两种以上性质的故障称为混合性故障。

204 什么是开放性闪络故障？ 什么是封闭性闪络故障？

答：闪络性故障一般发生于电缆耐压试验击穿中。当试验电压达到某一定值时，发生击穿放电；而当击穿后放电电压降至某一值时，绝缘又恢复而不发生击穿，这种故障称为开放性闪络故障。有时在特殊条件下，绝缘击穿后又恢复正常，即使提高试验电压，也不再击穿，这种故障称为封闭性闪络故障。以上两种现象均属于闪络性故障。

205 电缆故障发生后，为什么首先要准确地确定电缆故障的性质？

答：电缆发生故障后，除特殊情况（如电缆终端头的爆炸故障，当时发生的外力破坏故障）可直接观察到故障点外，一般均无法通过巡视发现，必须使用电缆故障测试设备进行测量，从而确定电缆故障点的位置。由于电缆故障类型很多，测寻方法也随故障性质的不同而异。因此在故障测寻工作开始之前，须准确地确定电缆故障的性质。

206 按发生原因， 电缆故障可分为哪几种？

答：电缆故障若按故障发生的直接原因可以分为两大类，一类为试验击穿故障，另一类为在运行中发生的故障。若按故障性质来分，又可分为接地故障、短路故障、断线故障、闪络故障及混合故障。

207 试验中电缆故障有什么特点?

答: 在试验过程中发生击穿的故障，其性质比较简单，一般为一相接地或两相短路，很少有三相同时在试验中接地或短路的情况，更不可能发生断线故障。其另一个特点是故障电阻均比较高，一般不能直接用绝缘电阻表测出，而需要借助耐压试验设备进行测试。

208 试验中电缆发生故障，如何判断其故障类型?

答:（1）在试验中发生击穿时，对于分相屏蔽型电缆均为一相接地；对于统包型电缆，则应将未试相地线拆除，再进行加压。如仍发生击穿，则为一相接地故障，如果将未试相地线拆除后不再发生击穿，则说明是相间故障，此时则应将未试相分别接地，以查验是哪两相之间发生短路故障。

（2）在试验中，当电压升至某一定值时，电缆发生闪络，电压降低后，电缆绝缘恢复，这种故障即为闪络性故障。

209 如何确定电力电缆运行故障性质?

答: 运行电缆故障的性质和试验击穿故障的性质相比，就比较复杂，除发生接地或短路故障外，还有断线故障。因此，在测寻前，还应作电缆导体连续性的检查，以确定是否发生断线。

210 如何用仪表确定电缆故障的性质?

答:（1）首先在任意一端用绝缘电阻表测量 A—地、B—地及 C—地的绝缘电阻值，测量时另外两相不接地，以判断是否为接地故障。

（2）测量各相间 A—B、B—C 及 C—A 的绝缘电阻，以判断有无相间短路故障。

（3）分相屏蔽型电缆（如交联聚乙烯电缆和分相铅包电缆），一般均为单相接地故障，应分别测量每相对地的绝缘电阻。当发现两相短路时，可按照两个接地故障考虑。在小电流接地系统中常发生不同两点同时发生接地的“相间”短路故障。

（4）如用绝缘电阻表测得电阻为零时，则应用万用表测出各相对地的绝缘电阻和各相间的绝缘电阻值，以区分低阻、高阻故障。

（5）如用绝缘电阻表测得电阻很高，无法确定故障相时，应对电缆进行耐压试验，判断电缆是否存在故障。

（6）因为运行电缆故障有发生断线的可能，所以还应作电缆导体连续性是否完好的检查。其方法是在一端将 A、B、C 三相短接（不接地），到另一端用万能表的低阻挡测量各相间电阻值是否为零，检查是否完全通路。

211 如何确定电缆低阻、高阻故障?

答: 电缆低阻、高阻故障的区分，不能简单用某个具体的电阻数值来界定，而是由所使用的电缆故障查找设备的灵敏度确定的。

212 电缆线路的故障寻测分为哪两部分?

答: 电缆线路的故障寻测一般包括初测和精确定点两部分,电缆故障的初测是指故障点的测距,而精确定点是指确定故障点的准确位置。

213 电缆故障初测分为几大类?

答: 根据仪器和设备的测试原理,电缆故障初测大致分为电桥法和脉冲法两大类。用直流单桥测量电缆故障是测试方法中最早的一种,目前仍广泛应用,尤其在较短电缆的故障测试中,其准确度仍是最高的。脉冲法是应用行波信号进行电缆故障测距的测试方法。

214 简述电桥法测量电缆单相接地故障原理。

答: 电桥法测量电缆单相接地故障接线如图 4-8 所示。

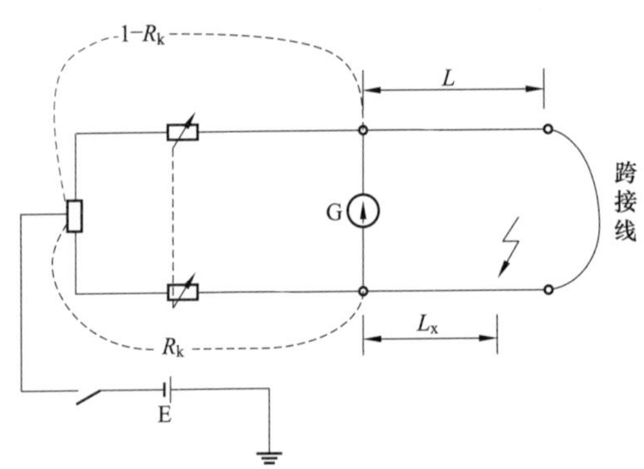

图 4-8 测试单相接地故障原理接线图

当电桥平衡时(同种规格电缆导体的直流电阻与长度成正比)得:

$$\frac{1-R_k}{R_k}=\frac{2L-L_x}{L_x} \tag{4-1}$$

简化后得:

$$L_x=R_k\times 2L \tag{4-2}$$

式中 L_x——测量端至故障点的距离,m;

L——电缆全长,m;

R_k——电桥读数。

215 简述电桥法测量电缆两相短路故障原理。

答: 在三芯电缆中测量两相短路故障,基本上和测量单相接地故障一样。其接线如图 4-9 所示。

与测量接地故障不同之处,就是利用两短路相中的一相作为单相接地故障测量中的地线,以接通电桥的电源回路。如为单纯的短路故障,电桥可不接地,当故障为短路且

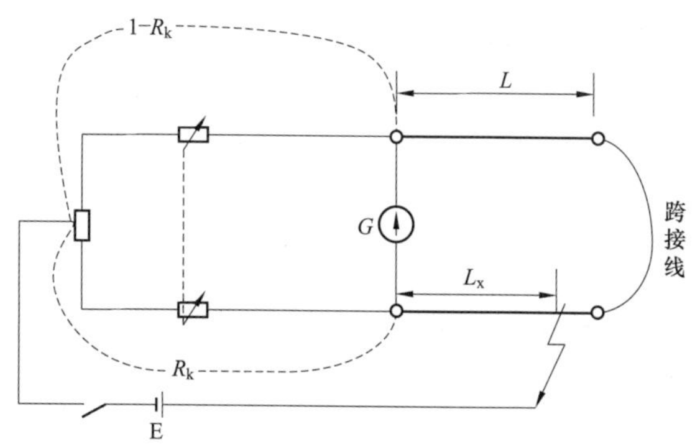

图 4-9 测量两相短路故障原理接线图

接地故障时，则应将电桥接地。其测量方法和计算方法与单相接地故障完全相同。

216 什么是脉冲法？简述脉冲法测量电缆故障的原理。

答：脉冲法是应用行波信号进行电缆故障测距的测试方法。它分为低压脉冲法、闪络法（直闪法、冲闪法）、二次脉冲法。

脉冲法测试原理：在测试时，从测试端向电缆中输入一个行波信号，该信号沿着电缆传播，当遇到电缆中的阻抗不匹配点（如开路点、短路点、低阻故障点和接头点等）时，会产生折反射，反射波传播回测试端，被仪器记录下来。假设从仪器发射出脉冲信号到仪器接收到反射脉冲信号的时间差为Δt，也就是脉冲信号从测试端到阻抗不匹配点往返一次的时间为Δt，同时如果已知脉冲电磁波在电缆中传播的速度是v，那么根据公式$L=v \cdot \Delta t/2$即可计算出阻抗不匹配点距测试端的距离L的数值。

217 电磁波在电缆中传播速度与哪些因素有关？

答：电磁波在电缆中传播的速度v，简称为波速度。理论分析表明波速度只与电缆的绝缘介质材质有关，而与电缆的线径、线芯材料以及绝缘厚度等都无关。油浸纸绝缘电缆的波速度一般为160m/μs，而对于交联电缆，其波速度一般在170~172m/μs。

218 简述低压脉冲法适用范围。

答：低压脉冲法主要用于测量电缆断线、短路和低阻接地故障的距离，同时还可用于测量电缆的长度、波速度和识别定位电缆的中间头、T形接头与终端头等。

219 什么是电缆开路故障的反射脉冲波形？

答：电缆开路故障的反射脉冲波形如图 4-10 所示。

220 什么是电缆近距离开路时的反射脉冲波形图？

答：当电缆近距离开路，若仪器选择的测量范围为几倍的开路故障距离时，示波器就会显示多次反射波形，每个反射脉冲波形的极性都和发射脉冲相同，如图 4-11 所示。

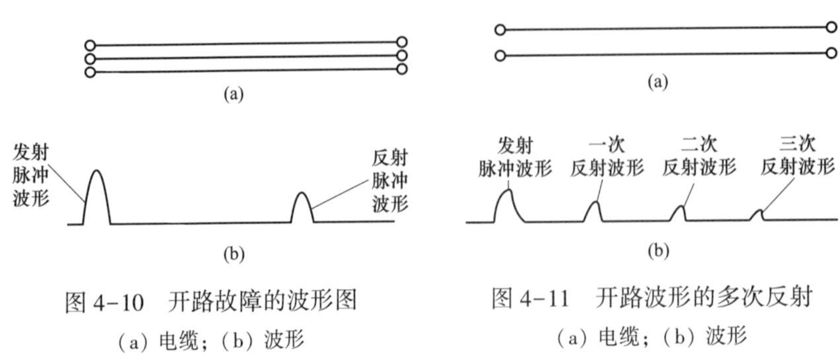

图 4-10　开路故障的波形图
（a）电缆；（b）波形

图 4-11　开路波形的多次反射
（a）电缆；（b）波形

221 什么是短路或低阻接地故障波形?

答：短路或低阻接地故障的反射脉冲与发射脉冲极性相反，如图 4-12 所示。

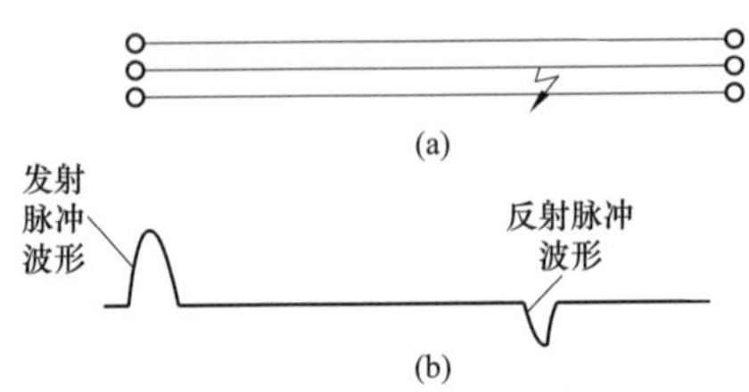

图 4-12　短路或低阻接地故障波形
（a）电缆；（b）波形

222 电缆近距离短路或低阻接地故障波形有何特点?

答：当电缆发生近距离短路或低阻接地故障时，若仪器选择的测量范围为几倍的低阻短路故障距离，示波器就会显示多次反射波形。其中第一、三等奇数次反射脉冲的极性与发射脉冲相反，而二、四等偶数次反射脉冲的极性则与发射脉冲相同。

223 闪络法测量电缆故障有何优点?

答：对于闪络性故障和高阻故障，采用闪络法测量电缆故障，可以不必经过烧穿过程，而直接用电缆故障闪络测试仪（简称闪测仪）进行测量，从而缩短了电缆故障的测量时间。

224 简述闪络法测量故障的基本原理。

答：闪络法测量故障基本原理和低压脉冲法相似，也是利用电波在电缆内传播时在故障点产生反射的原理，记录下电波在故障电缆测试端和故障之间往返一次的时间，再根据波速来计算电缆故障点位置。由于电缆的故障电阻很高，低压脉冲不可能在故障点产生反射，因此在电缆上加上一直流高压（或冲击高压），使故障点放电而形成一突跳电压波，此突跳电压波在电缆测试端和故障点之间来回反射。用闪测仪记录下两次反射波之间的时间，用 $L=v\cdot\Delta t/2$ 这一公式来计算故障点位置。

225 电缆故障闪络测试仪具有哪些测试功能?

答: 电缆故障闪络测试仪具有三种测试功能,其一是用低压脉测试断线故障和低阻接地、短路故障;其二是测闪络性故障;其三是能测高阻接地故障。

226 电缆故障精确定点常用哪几种方法?

答: 电缆故障的精确定点是故障探测的重要环节,目前比较常用的方法是冲击放电声测法、声磁信号同步接收定点法、跨步电压法及主要用于低阻故障定点的音频感应法。实际应用中,往往因电缆故障点环境因素复杂,如振动噪声过大、电缆埋设深度过深等,造成定点困难,成为快速找到故障点的主要矛盾。

227 什么是冲击放电声测法?

答: 冲击放电声测法(简称声测法)是利用直流高压试验设备向电容器充电、储能,当电压达到某一数值时,球间隙击穿,高压试验设备和电容器上的能量经球间隙向电缆故障点放电,产生机械振动声波,用人耳的听觉予以区别。声波的强弱,决定于击穿放电时的能量。能量较大的放电,可以在地坪表面辨别,能量小的就需要用灵敏度较高的拾音器(或"听棒")沿初测确定的范围加以辨认。

228 请画出冲击放电声测法接线图。

答: 声测试验的接线图按故障类型不同而有所差别,图 4-13 所示为短路(接地)、断线不接地和闪络三种类型故障的声测接线图。

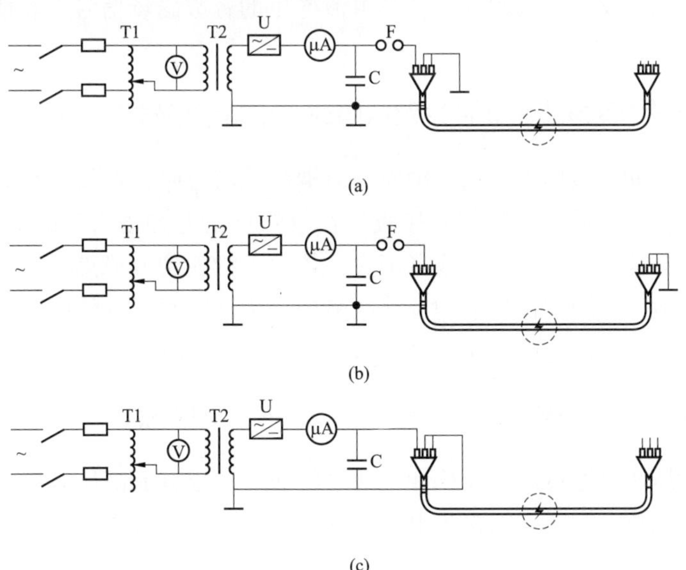

图 4-13 声测试验接线图

(a) 短路(接地)故障;(b) 断线不接地故障;(c) 闪络故障

T1—调压器;T2—试验变压器;U—硅整流器;F—球间隙;C—电容器

229 声测试验主要设备有哪些？设备容量是多少？

答：调压器和试验变容量为1.5kVA，高压硅整流器额定反峰电压为100kV，额定整流电流为200mA，球间隙直径为10~20mm，电力电容器容量为2~10μF。

230 简述声磁信号同步接收定点法的工作原理。

答：向电缆施加冲击直流高压使故障点放电，在放电瞬间电缆金属护套与大地构成的回路中形成感应环流，从而在电缆周围产生脉冲磁场。应用感应接收仪器接收脉冲磁场信号和从故障点发出的放电声信号。仪器根据探头检测到的声、磁两种信号时间间隔为最小的点即为故障点。

231 声磁同步检测法如何估计故障点位置？优点是什么？

答：声磁同步检测法，提高了抗振动噪声干扰的能力，通过检测接收到的磁声信号时间差，可以估计故障点距离探头的位置。比较在电缆两侧接收到脉冲磁场的初始极性，亦可以在进行故障定点的同时寻找电缆路径。

用这种方法定点的最大优点是，在故障点放电时，仪器有一个明确直观的指示，从而易于排除环境干扰，同时这种方法定点的精度较高，信号易于理解、辨别。声磁同步法与声测法相比较，前者的抗干扰性较好。

232 音频信号法如何探测电缆敷设路径？

答：在电缆两相间或者相和金属护层之间（在对端短路的情况下）加入一个音频电流信号，用音频信号接收器接收这个音频电流产生的音频磁场信号，就能找出电缆的敷设路径。

233 电缆中间发生金属性短路故障时，用音频信号法如何查找故障点？

答：在电缆中间有金属性短路故障时，对端就不需短路，在发生金属性短路的两者之间加入音频电流信号后，音频信号接收器在故障点正上方接收到的信号会突然增强，过了故障点后音频信号会明显减弱或者消失，依次可以找到故障点。这种方法主要用于查找金属性短路故障或距离比较近的开路故障的故障点，对于故障电阻大于几十欧姆以上的短路故障或距离比较远的开路故障，这种方法不再适用。

234 什么是跨步电压法？跨步电压法有什么优缺点？

答：跨步电压法是通过向故障相和大地之间加入一个直流高压脉冲信号，在故障点附近用电压表检测放电时两点间跨步电压突变的大小和方向，来找到故障点的方法。

这种方法的优点是可以指示故障点的方向，对测试人员的指导性较强；但此方法只能查找直埋电缆外皮破损的开放性故障，不适用于查找封闭性的故障或非直埋电缆的故障；同时，对于直埋电缆的开放性故障，如果在非故障点的地方有金属护层外的绝缘护层被破坏，使金属护层对大地之间形成多点放电通道时，用跨步电压法可能会找到很多跨步电压突变的点，这种情况在 10kV 及以下等级的电缆中比较常见。

235 电桥法测寻电缆故障需要哪些仪器设备?

答：电桥法测寻电缆故障需要仪器设备见表 4-21。

表 4-21　电力电缆电桥法故障测寻所需仪器设备

序号	名称	规格	单位	数量	备注
1	惠斯顿电桥		台	1	
2	电缆故障探伤仪		台	1	
3	万用表		块	1	
4	绝缘电阻表		块	1	1~2.5kV

236 电桥法测寻电缆故障需要哪些工具材料?

答：电桥法测寻电缆故障需要工具材料见表 4-22。

表 4-22　电力电缆电桥法故障测寻所需要工具材料

序号	名称	规格	单位	数量	备注
1	试验引线		条	若干	
2	被试电缆		条	1	三相
3	透明塑料带		卷	1	
4	铜绑线	ϕ2mm	kg	2	
5	清洁纸		包	1	
6	放电棒		支	1	
7	短路线		条	1	
8	电源轴		个	1	带漏电保护器

237 简述电桥法测寻电缆故障步骤。

答：（1）试验前准备。

1）准备场地，试验场地围好围栏。

2）挂标牌和清洁表面，电缆另一端挂好警示标牌，擦去电缆头表面上的污迹。

3）检查故障测寻设备是否齐全、完好。

（2）试验接线。

1）检查交流 220V 电源是否接通，漏电保护器是否良好。

2）设备接线应正确、牢固。

3）高压引线对地应保持足够的安全距离，测量接线应尽量短、粗、少，并且要保证接触良好，以减少误差。

4）接地线接地牢靠。

（3）故障测试。

1）判断故障相。

2）确定故障电阻或击穿电压。

3）确定电缆导体连续性。

4）检流计调零。

5）加压对电缆充分充电后，再调整桥臂。

6）平衡电桥，在电桥未接近平衡前，只能轻按检流计开关并迅速放开，避免使检流计指针猛烈撞击。

7）反接法再次进行测量。

8）降压、放电、封地。

9）计算故障点距离。

（4）结束工作。工作完成后拆除接线，将设备摆放整齐。

238 低压脉冲法测寻电缆故障需要准备哪些设备？

答：低压脉冲法测寻电缆故障需要设备见表4-23。

表4-23　电力电缆低压脉冲法故障测寻所需仪器设备

序号	名称	规格	单位	数量	备注
1	电缆测距仪		套	1	
2	万用表		块	1	
3	绝缘电阻表		块	1	1~2.5kV

239 低压脉冲法测寻电缆故障需要准备哪些工具材料？

答：低压脉冲法测寻电缆故障需要准备工具材料见表4-24。

表4-24　电力电缆低压脉冲法故障测寻所需要工具材料

序号	名称	规格	单位	数量	备注
1	试验引线		条	若干	
2	被试电缆		条	1	
3	PVC自粘带		卷	1	
4	铜绑线	ϕ2mm	kg	2	
5	清洁纸		包	1	
6	放电棒		支	1	
7	电源轴		个	1	带漏电保护器

240 简述低压脉冲法测寻电缆故障步骤。

答：（1）试验前准备。

1）准备场地，试验场地围好围栏。

2）挂标牌和清洁表面，电缆另一端挂好警示标牌，擦去电缆头表面上的污迹。

3）检查故障测寻设备是否齐全、完好。

（2）试验接线。

1）检查交流 220V 电源是否接通，漏电保护器是否良好。

2）设备接线应正确、牢固。

3）接地线接地牢靠。

（3）故障测试。

1）检查测距仪。

2）检查低压脉冲导引线及电源电量等。

3）接线由两人以上进行，至少设一个监护人。

4）按接线图正确接线。

5）接线顺序是：先接金属护层接地线，再接电缆待测线芯。

6）检查接线由两人进行，一人唱线一人检查。

7）操作应由两人进行，一人操作一人监护。

8）打开电源开关。

9）选择测距仪，测试方法为低压脉冲。

10）调整波速、范围、增益、光标。

11）确定粗测距离。

12）经计算机打印波形或存储波形数据。

13）人工编写测试报告或连接计算机，调取波形数据，自动生成测试报告。

14）经计算机打印或保存测试报告。

（4）结束工作。工作完成后断开电源及相关设备，拆除接线、收拾仪器、测试用引线、电源线等。恢复现场或进行下一步测试。

241　使用电桥法测寻电缆故障时，安全措施有哪些？

答：（1）试验场地设安全围栏并悬挂“高压危险”警示牌。

（2）电源轴必须装设漏电保护器。

（3）试验现场设专人进行安全监护。

（4）试验结束后必须进行放电、封地。

242　操作人员利用低压脉冲反射仪测量电缆故障距离为什么会增大误差？

答：一般的低压脉冲反射仪器依靠操作人员移动标尺或电子光标来测量故障距离，由于每个故障点反射脉冲波形的陡度不同，有的波形比较平滑，实际测试时人们往往不能准确地标定反射脉冲的起始点，从而增加故障测距的误差，所以准确地标定反射脉冲的起始点非常重要。

243　低压脉冲法测试时，如何利用波形来确定反射脉冲的起始点？

答：利用低压脉冲发测试故障距离时，应选波形上反射脉冲造成的拐点作为反射脉冲的起始点，如图 4-14（a）虚线所标定处；亦可从反射脉冲前沿作一切线，与波形水平线相交点，可作为反射脉冲起始点，如图 4-14（b）所示。

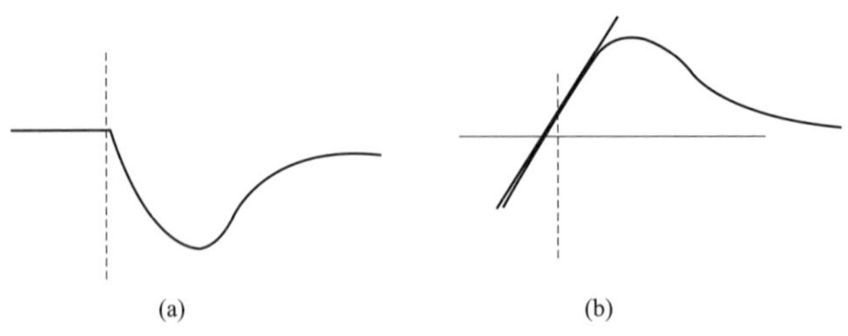

图 4-14 反射脉冲起始点的标定

（a）拐点法；（b）切线法

244 低压脉冲比较测量法可用于什么情况下电缆故障的测量?

答：在实际测量时，电缆线路结构可能比较复杂，存在着接头点、分支点或低阻故障点等，特别是低阻故障点的电阻相对较大时，反射波形相对比较平滑，其大小可能还不如接头反射，更使得脉冲反射波形不太容易理解，波形起始点不好标定，对于这种情况可以用低压脉冲比较测量法测试。

245 什么是低压脉冲比较法测量单相低阻接地故障时的波形?

答：图 4-15（a）所示为一条带中间接头的电缆，发生单相低阻接地故障。首先通过故障线芯对地（金属护层）测量得一低压脉冲反射波形，如图 4-15（b）所示；然后在测量范围与波形增益都不变的情况下，再用良好的线芯对地测得一个低压脉冲反射波形，如图 4-15（c）所示；最后把两个波形进行重叠比较，会出现了一个明显的差异点，这是由于故障点反射脉冲所造成的，如图 4-15（d）所示，该点所代表的距离即是故障点位置。

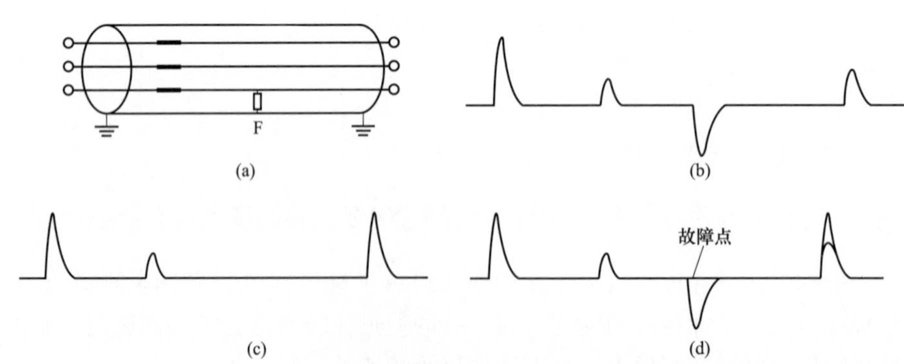

图 4-15 波形比较法测量单相对地故障

（a）电缆单相低阻接地故障；（b）故障线芯低压脉冲反射波形；（c）良好线芯低压脉冲反射波形；（d）波形重叠

246 微机化低压脉冲反射仪使用过程中，如何通过波形差异寻找故障点?

答：现代微机化低压脉冲反射仪具有波形记忆功能，即以数字的形式把波形保存起来，同时，可以把最新测量的波形与记忆波形同时显示。利用这一特点，操作人员可以通过比较电缆良好线芯与故障线芯脉冲反射波形的差异，来寻找故障点，避免了理解复杂脉冲反射波形的困难，故障点容易识别，灵敏度高。在实际中，电力电缆三相均有故障的可能性很小，绝大部分情况下有良好的线芯存在，可方便地利用波形比较法来测量故障点的距离。

247 利用波形比较法如何精确测定电缆长度或校正波速?

答：由于脉冲在传播过程中存在损耗，电缆终端的反射脉冲传回到测试点后，波形上升沿比较圆滑，不好精确地标定出反射脉冲到达时间，特别当电缆距离较长时，这一现象更突出。而把终端头开路与短路的波形同时显示时，二者的分叉点比较明显，容易识别，如图 4-16 所示。

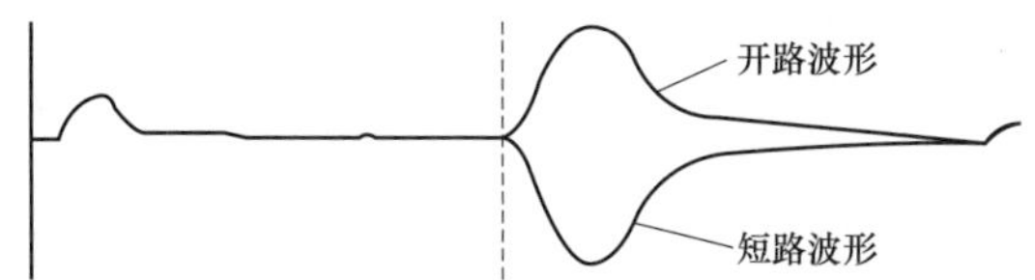

图 4-16　缆终端开路与短路脉冲反射波形比较

248 什么是二次脉冲法？ 简述二次脉冲法的基本原理。

答：二次脉冲法是近几年来出现的比较先进的一种测试方法。是基于低压脉冲波形容易分析、测试精度高的情况下开发出的一种新的测距方法。

其基本原理是：通过高压发生器给存在高阻或闪络性故障的电缆施加高压脉冲，使故障点出现弧光放电。由于弧光电阻很小，在燃弧期间原本高阻或闪络性的故障就变成了低阻短路故障。此时，通过耦合装置向故障电缆中注入一个低压脉冲信号，记录下此时的低压脉冲反射波形（称为带电弧波形），则可明显地观察到故障点的低阻反射脉冲；在故障电弧熄灭后，再向故障电缆中注入一个低压脉冲信号，记录下此时的低压脉冲反射波形（称为无电弧波形），此时因故障电阻恢复为高阻，低压脉冲信号在故障点没有反射或反射很小。把带电弧波形和无电弧波形进行比较，两个波形在相应的故障点位上将明显不同，波形的明显分歧点离测试端的距离就是故障距离。

249 使用二次脉冲法测试电缆故障距离需要满足什么条件?

答：（1）故障点处能在高电压的作用下发生弧光放电。

（2）测量装置能够对故障点加入延长弧光放电的能量。

（3）测距仪器能在弧光放电的时间内发出并能接收到低压脉冲反射信号。在实际工作中，一般是通过在放电的瞬间投入一个低电压大电容量的电容器来延长故障点的弧光放电时间，或者精确检测到起弧时刻，再注入低压脉冲信号，来保证能得到故障点弧光放电时的低压脉冲反射波形。

250 二次脉冲法测试电缆故障距离主要用来测量什么故障的距离？

答：二次脉冲法主要用来测试高阻及闪络性故障的故障距离，这类故障一般能产生弧光放电，而低阻故障本身就可以用低压脉冲法测试，不需再考虑用二次脉冲法测试。

251 如何用直流高压闪络法测量故障？

答：直流高压闪络法简称直闪法，这种方法能测量闪络性故障及一切在直流电压下能产生突然放电（闪络）的故障。在电缆的一端加上直流高压，当电压达到某一值时，电缆被击穿而形成短路电弧，使故障点电压瞬间突变到零，产生一个与所加直流负高压极性相反的正突跳电压波。此突跳电压波在测试端至故障点间来回传播反射。图 4-17 所示为闪测仪开始工作后，测量的第一个反射波形，其中 t_0-t_1 为电波沿电缆从测量端到故障点来回传播一次的时间，根据这一时间间隔可算出故障点位置，即：

$$L_x = v\Delta t/2 \tag{4-3}$$

式中 v——波速，160m/μs。

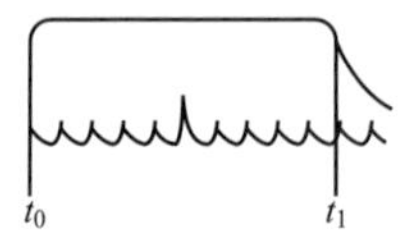

图 4-17 直闪法波形

252 如何用冲击高压闪络法测量故障？

答：用高压直流设备向储能电容器充电，当电容器充电到一定电压后（此电压由放电间隙的距离决定），间隙击穿放电，向故障电缆加一冲击高压脉冲，使故障点放电，电弧短路把所加高压脉冲电压波反射回来。此电波在测量端和故障点之间来回反射，其波形如图 4-18 所示。测量两次反射波之间的时间间隔（图 4-18 中 a、b 两点间的时间差）即可算出测试端到故障点的距离。

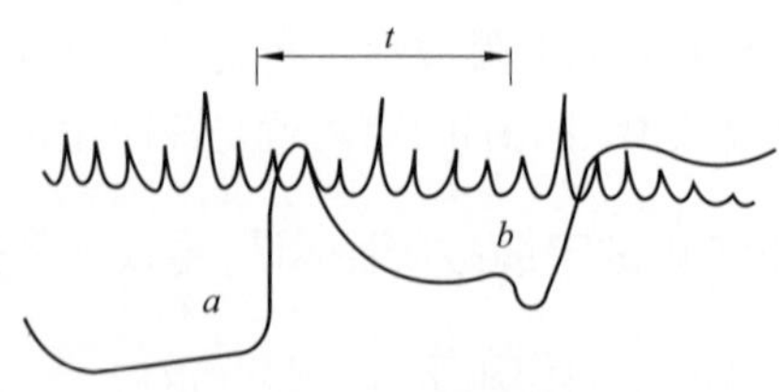

图 4-18 冲闪法波形

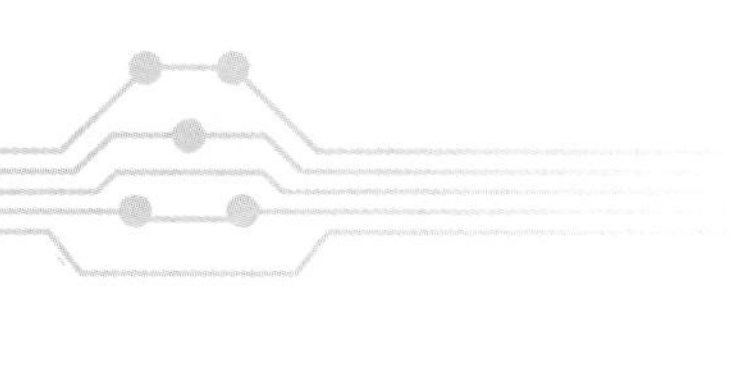

带 电 作 业

第一节　带电作业基本原理与作业方法

1 什么是电场强度?

答: 在电荷(带电体)的周围空间存在着一种特殊形式的物质,它对放在其中的任何电荷(带电体)均表现为力的作用。这种特殊形式的物质,就称之为电场。在电场中某一位置上受到的作用力 F 与电荷 q 的比值,称之为某点的电场强度。法定单位为伏(特)每米(V/m),即:

$$E = F/q$$

式中　E——电场强度(V/m);

F——电场力(N);

q——试验电荷的电量(C)。

2 什么是静电感应?

答: 静电感应指的是在电场作用下导体上电荷分离的现象。如果一个不带电的物体移近带电的物体(但没有接触),在不带电的物体上接近带电体的一面产生与带电体异性的电荷;而在另一面产生同性的电荷,这种现象叫静电感应。比如杆塔上的带电作业人员,由于穿用绝缘胶底鞋,使人体与接地体具有一定的绝缘,人体上就会产生一定的静电感应电压。作业人员离带电体越近,感觉越强烈。防静电感应措施是穿静电屏蔽服及导电鞋。

3 什么是人体电阻?影响人体电阻大小的因素有哪些?

答: 人体电阻是指人体上最远两点之间的电阻,包括皮肤电阻和躯体电阻,通常可按 1000Ω 估算。人体各种组织的电阻各不相同,其中血液的电阻值最小(约 500Ω),肌肉、神经、骨骼、脂肪、皮肤按顺序电阻值增大,表皮角层的电阻最大。角质层虽然很薄,却占人体总电阻的很大比例。

人体电阻的大小与所加电压的大小、电流持续时间的长短、频率的高低、接触压力的大小、皮肤湿度和温度的高低有关，一般来说，电压越大、电流持续时间越长、频率越高、接触压力越大、皮肤湿度和温度越高，人体的电阻就越小。皮肤潮湿和出汗会使人体电阻降低，人体通过电流时电阻也会发生变化；接触的电压越高，通过的电流越大，通电的时间越长，人体电阻也就越低。总之，人体电阻在不同的情况下其数值是变化的，在工作中若皮肤损伤或大量出汗，人体电阻值将大大降低，导电性能大大增加。一般情况下，按人体出汗状况取人体电阻为 1500Ω，在分析带电作业原理时，常常把人体看成良导体。

当人体处在强电场中，人体皮肤表层附件的电场称为人体体表电场。人体电阻与容抗的矢量和称为人体阻抗。人体能承受而不造成伤害的最高电压称为安全电压，一般指不超过 36V 的电压。

4 电击对人体的损伤主要可分为哪几种?

答：电击一般可分为暂态电击和稳态电击两种。电击对人体伤害的主要因素是流经人体电流的大小。

暂态电击是指人接触电场中对地绝缘的导体瞬间，积累在导体上的电荷以火花放电的形式通过人体对地突然放电。此时流经人体的电流是一频率很高的电流，且电流的变化非常复杂，通常都以火花放电的能量来衡量其对人体产生的危害程度。

人体对工频稳态电流的生理反应可以分为感知、震惊、摆脱、呼吸痉挛和心室纤维颤动。其中心室纤维颤动是电击引起人死亡的主要原因，但超过摆脱电流的限值也会致人死亡。引起心室纤维颤动电流的限值为 100mA，摆脱电流的限值男性为 10mA、女性为 10.5mA。

5 人体对电场的感知水平是怎样的?

答：带电作业时人体可看作良导体，工作人员作业时的位置与带电体或杆塔构件构成各种各样的电极结构。其中主要的电极结构有导线—人与构架、导线—人与横担、导线与人—构架、导线与人—横担、导线与人—导线等。这些电极结构在电压的作用下，电极间产生空间电场，并且都是极不均匀电场。在带电部分周围具有较高电场强度的区域，称为强场区。

在空间电场场强达到一定的强度时，即使人体距离带电体符合安全距离的要求，也常有“针刺感”“微风感”“蛛网感”“异声感”等。

（1）针刺感。在电场中，人体上的感应电荷对接地体放电引起。冬天皮肤干燥，穿着羊毛衫等易发生摩擦静电，当手碰到接地的金属物件时会有强烈的刺痛感，还可看到明显的小电火花。

（2）微风感。电场引起气体游离和电荷移动的一种现象。

（3）蛛网感。在强电场作用下，当静电感应使电荷在人体汗毛上聚集，使汗毛竖起牵动皮肤，会使人有沾上蜘蛛网的感觉。

（4）异声感。在电场强度较大且电场极其不均匀的带电体附近，作业人员手握金属工具快速移动的过程中，会听到一种类似运行变压器所发出的“嗡嗡”声。

因此，在强电场下，为保证带电作业人员安全、舒适地工作，必须考虑电场的影响，必要时采取防护措施。场强限制的选择依据为：①限制由于电场长期作用引起的生理效应；②防止暂态电击引起的不愉快感。

6　带电作业如何规定人体体表场强的允许值？

答：当人体体表场强约为240kV/m时，人体即有“微风感”。这一人体对电场感知的临界值被公认为人体皮肤对表面局部场强的电场感知水平。据试验研究，人站在地面时头顶部的局部最高场强为周围场强的13.5倍。一个中等身材的人站在地面场强为10kV/m的均匀电场中，头顶部最高处体表场强为135kV/m，小于人体皮肤的电场感知水平。所以，国际大电网会议认为在高压输电线路下地面场强为10kV/m时是安全的。但由于带电作业是电力系统的一个特殊工种，且作业人员的工作时间较短，GB/T 6568—2008《带电作业用屏蔽服装》中规定，带电作业时人体体表场强的允许值为240kV/m。

需要注意的是，带电作业时的人体体表场强允许值不同于国家环境保护部在HJ 24—2014《环境影响评价技术导则　输变电工程》的规定：“推荐暂以4kV/m作为居民区工频电场评价标准，推荐应用国际辐射防护协会关于对公众全天辐射的工频限值0.1mT作为磁感应强度的评价标准”。这是因为居民是长期居住在工频电场中，必须应低于高压输电线路下地面场强。

数十年来，国内有关单位针对带电作业环境下的人体表面电场强度与人体感应电流进行了大量研究，在研究过程中发现对10kV、20kV电压等级配电网络的带电作业来说，工频电场对人体的安全不构成威胁，所以研究数据相对较少。

7　要保证带电作业安全必须满足哪些条件？

答：（1）流经人体的电流不超过人体的感知水平1mA。

（2）人体表面的局部电场强度不超过人体的感知水平240kV/m。

（3）与带电体保持规定的安全距离。

8　带电作业中，电对人体的主要危害是什么？配网带电作业应着重防护哪种危害？

答：在带电作业中，电对人体中的危害作用主要有两种，一种是人体的不同部位同时接触有电位差的带电体而产生的电流危害；另一种是人体在带电体附近工作时，尽管人体没有接触带电体，但人体仍然会由于空间电场的静电感应而产生的风吹、针刺等不舒适之感。

配电线路由于其导线布置紧凑、空气间距小、空间电场强度相对低的缘故，作业时应着重防护电流的危害。

9 人体触电方式分为哪几种？ 触电时人体表现的特征是怎样的？

答：人体触电的方式有单相触电、两相触电、跨步电压和接触电压触电。从带电作业人员的位置和带电作业事故统计表明，单相触电的机会最多，所占比例最大，其触电电流的大小和系统中性点运行方式密切相关。

触电时，人体受害程度决定于通过人体的电流即电击。电击一般分为稳态电击和暂态电击。稳态电击电流的持续时间较长，频率与电网频率基本一致。表 5-1 列出了在稳态电击下人体表现的特征。

表 5-1　　稳态电击下人体表现的特征

电流（mA）	50~60Hz 交流电	直流电
0.6~1.5	手指开始感觉麻	没有感觉
2~3	手指感觉强烈麻	没有感觉
5~7	手指感觉肌肉痉挛	感到灼伤和刺痛
8~10	手指关节和手掌感觉痛，手已难于脱离电源，但仍能摆脱	灼热增加
20~25	手指感觉剧痛，迅速麻痹，不能摆脱电源，呼吸困难	灼热更增，手的肌肉开始痉挛
50~80	呼吸麻痹，心房开始振颤	强烈灼痛，手的肌肉痉挛，呼吸困难
90~100	呼吸麻痹，持续 3s 钟或更长时间后心脏麻痹或心房停止跳动	呼吸麻痹

10 什么是暂态电击？ 暂态电击可以分为哪两种情况？

答：由于静电感应，人体和异电位物体上积累着大量的异种电荷，在人体接触异电位物体的瞬间以火花放电的形式突然放电，这种现象称为暂态电击。暂态电击电流的频率很高，变化复杂，通常以火花放电的能量来衡量对人体的危害程度。

暂态电击可以分为以下两种情况：

（1）人体对地绝缘。当人体对地绝缘时，因静电感应使人体处于某一电位，此时，如果人体的暴露部位（例如人手）触及接地体，人体上的感应电荷通过接触点对接地体放电。

（2）人体处于地电位。对地绝缘的金属物体在电场中，由于静电感应在表面感应出异性电荷。感应电荷总是分布在导体表面，且其分布与导体表面的曲率半径有关，平滑处电荷稀少，电位较低；尖端、棱角、弯曲度大的部位电荷较为密集，电位较高。当处于地电位的作业人员用手触摸金属物体时，金属物体上的感应电荷通过人体对地放电。

11 触电伤害的程度和什么因素有关？

答：当不同数值电流作用到人体的神经系统时，由于神经系统对电流的敏感性很强，人体将表现出不同的反应特征。交流电和直流电比较，交流电流对人体的危害更严重。触电伤害的程度跟以下几个因素有关。

（1）电流大小。电流是触电伤害的直接因素，电流越大，伤害越严重。一般通过人体的交流电流（50Hz）超过 10mA（男性约 13.7mA、女性约 10.6mA），直流电流超过 50mA 时，触电人就不容易自己脱离电源了。

（2）电压高低。作用于人体的电压越高，造成人体皮肤击穿的可能性越大，人体电阻会急剧下降，使通过人体的电流大为增加，所以电压越高越危险。

（3）人体电阻。人体电阻主要取决于皮肤的角质层。皮肤完好干燥则电阻大，如果皮肤破损、大量出汗或受到电击，人体电阻会显著降低，电流急剧增大。

（4）电流通过人体的途径。电流通过人体的路径不同，使人体出现的生理反应及对人体的伤害程度是不同的。电流路径与流经心脏的电流的比例关系：左手至脚的电流途径，由于流经心脏的电流与通过人体总电流的比例最大，因而是最危险的；右手至脚的电流路径的危险性相对较小。电流从左脚至右脚这一电流途径，危险性小，但人体可能因痉挛而摔倒，导致电流通过全身或发生二次触电而产生严重后果。

（5）触电时间的长短。触电时间越长越危险。有时虽然触电的电流只有 20~30mA，但由于触电时间长，电流通过心脏，造成心脏颤动，直至心脏停止跳动。一般认为触电电流的毫安数乘触电时间的秒数超过 50mA·s，人就有生命危险，所以触电时急剧迅速脱离电源最重要。

（6）人的精神状态。人的生理和精神上的好坏对触电后果也有影响。心脏病、内分泌失调病、肺病等患者触电比较危险；酒醉、疲劳过度、出汗过多等，往往也可以促成触电事故的发生和增加触电伤害程度。

电流很小时（如在 0.6mA 以下），人体都感觉不到。50Hz 交流电流 10mA 以下，直流电流 50mA 以下，虽然使人有麻电、热、痛的感觉，但是对人还没有别的伤害，并且有可能自己脱离电源。但大于上述数值的电流就很危险了。所以一般安全技术规定 50Hz 交流电流 10mA 和直流电流 50mA 为人体的安全电流。

电流对人体的伤害不仅与电流的大小有关，还与电流流经人体的时间有关，时间越长，伤害越大。如家庭剩余电流保护装置的动作电流为 30mA，动作时间不超过 0.1s。但带电作业是高危作业，作业中作业人员长时间接触带电体，人体安全电流的取值比一般规定要小得多，为 1mA。另外，1mA 也是衡量带电作业绝缘工具好、坏的物理量。

12 防止人身触电的原理是什么?

答：触电时，通过人体的电流与加在人体上的电压成正比，与回路阻抗成反比。如果在触电回路中，作用于人体的电压极小或回路阻抗极大，那么流过人体的电流就会很小。当通过人体的电流小于带电作业安全电流时，就能保证带电作业人员不会遭到触电伤害。因此，可以从两条途径着手降低带电作业时通过作业人员的电流。

（1）减少作用于人体的电压。带电作业时退出线路重合闸的措施，以及禁止在有雷电情况下进行带电作业等均是为了避免带电作业中过电压（前者为断路器连续开断、合闸而产生的操作过电压，后者为大气过电压）对带电作业的安全造成影响。

（2）增大触电回路的阻抗。在 10kV 中性点不接地系统中，运行人员穿戴绝缘手套并使用绝缘性能良好的绝缘操作杆，站在地面或电杆上操作高压跌落式熔断器熔丝具时，由于绝缘手套和绝缘操作杆的绝缘电阻增大了带电体—人体—大地这个触电回路的阻抗，有效限制了触电电流。假设操作杆和绝缘手套的绝缘电阻达到1000MΩ（绝缘杆的电阻一般可达到千兆欧级），那么通过人体的电流很小，可见，增大触电回路阻抗可使通过人体的电流远小于1mA的带电作业安全电流的数值。

13 按作业人员与带电体的相对位置来分，带电作业方式分为哪几种？

答：按作业人员与带电体的相对位置来分，带电作业方式分为间接作业与直接作业两种方式。

（1）间接作业是作业人员不直接接触带电体，保持一定的安全距离，利用绝缘工具操作高压带电部件的作业。从操作方法来看，检测作业、中间电位作业、带电水冲洗和带电气吹清扫绝缘子等都属于间接作业。间接作业也称为距离作业。

（2）直接作业也称为徒手作业或自由作业。在送电线路带电作业中，它是作业人员穿戴全套屏蔽防护用具，借助绝缘工具进入带电体，人体与带电体处于同一电位，对带电体直接进行作业。它对防护用具的要求是导电性能越强越好；在配电线路带电作业中，作业人员穿戴全套绝缘防护用具直接对带电体进行作业。虽然与带电体之间无间隙距离，但人体与带电体是通过绝缘用具隔离开来，人体与带电体不是同一电位，对防护用具的要求是绝缘性能越强越好。

14 按作业人员所处的电位来划分，带电作业方式分为哪几种？

答：按作业人员所处的电位来划分，带电作业方式可分为地电位作业、中间电位作业、等电位作业三种方式。

（1）地电位作业是作业人员保持人体与大地（或杆塔）同一电位，通过绝缘工具接触带电体的作业。这时人体与带电体关系是：地（杆塔）人→绝缘工具→带电体。

（2）等电位作业是作业人员保持与带电体（导线）同一电位，此时，人体与带电体的关系是：带电体（人体）→绝缘体→大地（杆塔）。

（3）中间电位作业是在地电位法和等电位法不便采用的情况下，介于两者之间的一种作业方法。此时人体的电位是介于地电位和带电体电位之间的某一悬浮电位，它要求作业人员既要保持对带电体有一定的距离，又要保持对地有一定的距离。这时，人体与带电体的关系是：大地（杆塔）→绝缘体→人体→绝缘工具→带电体。

15 带电作业对气象条件的要求是什么？ 带电作业为什么要研究和正确掌握空气绝缘特性？

答：带电作业应在良好的天气下进行。如遇雷、雹、雨、雪、雾等天气，不得进行带电作业。风力大于5级时，一般不宜进行作业。当湿度大于80%时，如果进行带电作业，应使用防潮绝缘工具。在特殊情况下，必须在恶劣天气进行带电抢修时，应针对现场气候和工作条件，应组织相关人员充分讨论并编制必要的安全措施，经本单位分管生产领导（总工程师）批准后方可进行。带电作业过程中如遇天气突变，有可能危及人身或设备安全时应立即停止工作，在保证人身安全的情况下，尽快恢复设备正常状况，或采取其他安全措施。

空气是一种重要的绝缘介质，在架空线路相与相之间，相与地之间都是靠空气绝缘的。空气放电的特点是击穿电压具有较大的分散性。带电作业各种安全距离的确定及保护间隙的使用都是按空气的击穿放电特性考虑的。因此，为了保证带电作业的安全性，必须研究和正确掌握空气的绝缘特性。

16 空气放电的特点是什么？50%操作冲击放电电压的含义是什么？

答：空气放电的特点是为自恢复绝缘；击穿电压具有较大的分散性。

选定某一固定幅值的操作冲击电压，加到一个空气间隙上，如果施加电压的次数足够多，且该间隙被击穿的概率为50%时（即有50%的次数间隙被击穿），则所选定的电压为该间隙的50%放电电压，并以U_{50}表示。施加到空气间隙上，在施加电压的次数足够多时，如果该间隙发生放电的概率为50%（即有50%的次数间隙被击穿），则选定的电压就为该间隙的50%操作冲击放电电压，并以U_{50}表示。

17 空气湿度对带电作业有什么影响？

答：空气湿度大于80%时，不宜进行带电作业。因为空气湿度会影响到绝缘工器具的沿面闪络电压、性能和空气间隙的击穿强度。

如绝缘绳，在干燥、清洁条件下，蚕丝、锦纶（丙纶）绳电气性能基本等同，但在淋雨后，其击穿电压会大大下降。受潮后的绝缘绳泄漏电流值比干燥时的泄漏电流增大10~14倍，对蚕丝绳和锦纶绳而言，湿闪电压分别下降到其原有击穿电压的26%和33.5%。受潮的绝缘绳因泄漏电流增大，会导致绝缘绳发热，甚至产生明火，易使人造纤维合成的锦纶、锦纶绳熔断。

18 雷电对带电作业有什么影响？

答：带电作业最小安全距离和绝缘工具最低耐压水平是按浮士德-孟善经验公式设定5km外雷电落在线路上后沿导线传播的电压波最大值计算的。也就是说即使远方（5km外）雷电击中导线，由于导线电阻、线间或对地间电容、导线集肤效应、空气介质极化、电晕等影响，雷电波在导线传播中发生变形和衰减，当传输到工作地点，已衰减到安全值以下，但现场作业时是无法判断落雷点到作业点的距离的，所以为防止雷电对带电作业的安全造成影响，规定“听见雷声、看见闪电”不得进行带电作业。

19 风力对带电作业有什么影响？

答：5级风属于清劲风，风速为10m/s。现象为小树摇动，内陆水面有小波。当风力达到6级，风速为12m/s，属于强风，现象为大树枝摇动，电线呼呼有声晃动加大。此时进行带电作业上下指挥呼叫、绝缘绳索吊装传递困难。故规定当风力大于5级一般不宜进行带电作业。

20 温度对带电作业有什么影响？

答：高温天气时，绝缘工具和绝缘隔离、遮蔽用具、个人绝缘防护用具的闪络强度会下降，如绝缘工具的闪络强度比同等长度的空气间隙降低20%~30%。当绝缘工具上有干态带状物污染时，温度升高，其操作波强度可能降低50%。另外，高温作业易使作业人员疲劳，出汗影响绝缘工器具性能。但考虑到我国幅员辽阔，温差太大，不可能用一个温度满足全国不同地区，故以往的规程均未作统一规定，各地可根据当地实际情况确定进行带电作业的具体温度范围。一般规定温度高于35℃不宜开展带电作业。

21 带电作业与停电作业比较有哪些优越性?

答：(1) 提高电力工业自身和整个社会生产活动的经济效益。体现为电力部门多卖电，工业用户多创产值，城镇居民用户提高生活质量等方面。

(2) 及时消除事故隐患，提高供电可靠性。由于缩短了设备带病运行时间，减少甚至避免了事故停电，提高设备全年供电小时数。

(3) 检修工作不受时间约束，提高工时利用率。停电作业必须提前数日集中人力、物力、运力，有效工时的比重很少；带电作业既可随时安排，又可计划安排，增加了有效工时。

(4) 促进检修工艺技术进步，提高检修工效。带电作业需要优良工具和优化流程，促使检修技术不断提升和完善。

(5) 避免误操作、误登有电设备的事故。误操作事故发生在复杂的倒闸操作中，误登有电设备触电事故发生在多回线一回停电的作业中，带电作业不存在此类事故发生的温床。

22 带电作业有哪些特点?

答：(1) 带电作业是科学和安全的。虽然是在高空和强电场条件下进行的作业，但因为其使用的是特殊的绝缘工具，有严格的规程规定、严密的组织分工、可靠的试验数据，因此操作也是安全可靠的。

(2) 带电作业效率高。它减少了停电时间，并因其使用特殊材料制作的工具，轻便灵活、安全可靠、使用方便，作业人员又较少，检修的效率也较高。

(3) 带电作业环境特殊。带电作业和停电作业有很大的区别，是在高空，又是在强电场中进行作业，所以这就要求带电作业人员必须经过专业培训，在工作中要胆大心细，时刻确保必要的安全距离。

(4) 带电作业是团队作业。他要求所有人员密切配合，共同完成作业，同时作业中要求专人监护，监护人不得兼任其他工作。

(5) 带电作业不受停电时间的限制，既可保证检修的计划性，又可保证检修质量。

(6) 带电作业在一定范围内受环境和气候的限制。在雷、雨、雪、雾等恶劣天气条件下不得进行带电作业；当风力大于5级或湿度大于80%RH，一般不宜进行带电作业；当设备绝缘不良和安全距离不够时，不能进行带电作业，因此它与停电作业相比有一定的局限性。

(7) 开展带电作业具有极大的经济效益。带电作业能及时消除变电设备的缺陷，对保证电网安全运行有积极的作用。广泛开展带电作业能减少对用户的停电，提高供电可靠性，对完成更多的售电量是一个积极的因素；可使系统调度方便灵活，减少备用设备和容量，减少停电的操作和系统联系，对减少事故的发生是一个有利因素。

（8）输电线路带电作业可以提高系统稳定性。减少由于停电检修期间与其相邻线路再出现故障而出现的超过 $N-1$ 停电模式，造成可能的系统振荡失稳大面积的停电现象。

23 带电作业的一般规定有哪些？

答：（1）适用于在海拔 1000m 及以下交流 10~500kV 的高压架空电力线路、变电所（发电厂）电气设备上，采用等电位、中间电位和地电位方式进行的带电作业，以及低压带电作业。

在海拔 1000m 以上带电作业时，应根据作业区不同海拔高度，修正各类空气与固体绝缘的安全距离和长度、绝缘子片数等，编制带电作业现场安全规程，经本单位主管生产领导（总工程师）批准后执行。

（2）带电作业应在良好天气下进行。如遇雷电（听见雷声、看见闪电）、雪雹、雨雾不得进行带电作业，风力大于 5 级时，一般不宜进行带电作业。

在特殊情况下，必须在恶劣天气进行带电抢修时，应组织有关人员充分讨论并编制必要的安全措施，经本单位主管生产领导（总工程师）批准后方可进行。

（3）对于比较复杂、难度较大的带电作业新项目和研制的新工具，应进行科学试验，确认安全可靠，编制操作工艺方案和安全措施，并经本单位主管生产领导（总工程师）批准后，方可进行和使用。

（4）参加带电作业的人员，应经专门培训，并经考试合格，企业书面批准后，方能参加相应的作业。带电作业工作票签发人和工作负责人、专责监护人应由具有带电作业实践经验的人员担任。

（5）带电作业必须设专责监护人。监护人不得直接操作。监护的范围不得超过一个作业点。复杂或高杆塔作业必要时应增设（塔上）监护人。

（6）带电作业工作票签发人或工作负责人认为有必要时，应组织有经验的人员到现场查勘，根据查勘结果做出能否进行带电作业的判断，并确定作业方法和所需工具以及应采取的措施。

（7）带电作业有下列情况之一者应停用重合闸，并不得强送电：

1）中性点有效接地的系统中有可能引起单相接地的作业。

2）中性点非有效接地的系统中有可能引起相间短路的作业。

3）工作票签发人或工作负责人认为需要停用重合闸的作业。

4）严禁约时停用或恢复重合闸。

（8）带电作业工作负责人在带电作业工作开始前，应与值班调度员联系。需要停用重合闸的作业和带电断、接引线应由值班调度员履行许可手续。带电工作结束后应及时向值班调度员汇报。

（9）在带电作业过程中如设备突然停电，作业人员应视设备仍然带电。工作负责人应尽快与调度联系，值班调度员未与工作负责人取得联系前不得强送电。

24 带电作业可以取得哪些效益？ 是否可以计算？

答： 带电作业取得的效益包括直接效益和间接效益两个层面，前者由电力企业获取，后者由全社会获取。直接效益由多供电量和减少线损电量两部分构成，它们都是可以精确计算的。

间接效益也称为社会效益，由可计算和难计算两部分组成。一般认为，可计算的社会效益是直接效益的60~80倍；难计算的效益是指减少了因停电在政治层面、社会生活质量等方面带来的负面影响。

25 带电作业能够完成哪些类型的工作？

答：（1）直接在带电设备上完成包括消除缺陷、修复设备等方面的工作（如处理导线断股、更换各类绝缘子、拆装避雷器等）。

（2）用带电作业方法将一段线路退出运行，在停电状态下完成预期检修工作（例如，并联运行断路器、切断空载线路，在停电状态下完成断路器、线路的常规检修工作）。

（3）在临近带电设备的无电设备上完成检修、施工工作（如更换架空地线、跨越带电线路架设导、地线等）。

26 按采用的绝缘工具来划分，带电作业方式分为哪几种？

答： 根据作业人员采用的绝缘工具来划分，带电作业方式可以分为绝缘杆作业法、绝缘手套作业法等。

（1）绝缘杆作业法是指作业人员与带电体保持规定的安全距离，戴绝缘手套和穿绝缘靴，通过绝缘工具进行作业的方式。在杆上作业人员伸展身体各部分有可能同时触及不同电位（带电体和接地体）的设备时，作业人员应对带电体进行绝缘遮蔽，并穿戴全套绝缘防护用具。绝缘杆作业法既可在登杆作业中采用，也可在斗臂车的工作斗或其他绝缘平台上采用。绝缘杆作业法中，绝缘杆为相地之间主绝缘，绝缘防护用具为辅助绝缘。

（2）绝缘手套作业法是指作业人员使用绝缘承载工具（绝缘斗臂车、绝缘梯、绝缘平台等）与大地保持规定的安全距离，穿戴绝缘防护用具，与周围物体保持绝缘隔离，通过绝缘手护用具，与周围物体保持绝缘隔离，通过绝缘手套对带电体进行检修和维护的作业方式。采用绝缘手套作业法时无论作业人员与接地体和邻相导线的空气间隙是否满足安全距离，作业前均需对人体可能触及范围内的带电体和接地体进行绝缘遮蔽。在作业范围小、电气设备布置密集处，为保证作业人员对相邻带电体或接地体的有效隔离，在适当的位置还应装设绝缘隔板等限制作业人员的活动范围。绝缘手套作业法中，绝缘承载工具为相地主绝缘，空气间隙为相间主绝缘，绝缘遮蔽用具、绝缘防护用具为辅助绝缘。

27 配电线路带电作业与高压送电线路带电作业在作业原理和安全防护方面有什么区别?

答：在高压输电线路的带电作业中，空间电场强度高、作业间隙大，作业人员穿屏蔽服进入高电位并采用等电位作业法进行检修和维护，是一种安全、便利的作业方式。因此在高压输电线路的带电作业安全防护中，主要是解决强电场对作业人员的安全威胁问题。

在配电线路的带电作业中，由于配电网络的电压低，电场强度低，三相导线之间的空间距离小，而且配电设施密集，使作业范围小，在人体活动范围内很容易触及不同电位的电力设施。因此，配电网的带电作业中，要解决的是相间短路和对地短路对作业人员的安全威胁。

28 GB/T 18857—2008《配电线路带电作业技术导则》中对带电作业人员应具备的条件提出了哪些具体要求?

答：(1) 配电带电作业人员应身体健康，无妨碍作业的生理和心理障碍。应具有电工原理和电力线路的基础知识，掌握配电带电作业的基本原理和操作方法，熟悉作业工器具的适用范围和使用方法。通过专责培训机构的理论、操作培训，考试合格并具有上岗证。

(2) 熟悉相关规程和技术导则，应会紧急救护法，特别是触电解救。

(3) 工作负责人（包括安全监护人）应具有三年以上的配电带电作业实际工作经验，熟悉设备状况，具有一定的组织能力和事故处理能力，经专门培训，考试合格并具有上岗证，经本单位总工程师或主管生产的领导批准。

29 为什么在配电线路带电作业中作业人员禁止穿屏蔽服进行作业?

答：在配电线路的带电作业中，由于配电网络的电压低，电场强度低，三相导线之间的空间距离小，而且配电设施密集，作业范围小，在人体活动范围内很容易触及不同电位的电力设施，一旦出现带电体没遮盖或遮盖不全且作业人员动作幅度大，造成相对地短路或同时接触两相带电体时，较大的短路电流将通过屏蔽服，不仅造成设备短路，而且会因短路电流超过屏蔽服的通流能量（Ⅰ型为5A，Ⅱ型为30A），直接造成人员伤亡。所以，在配电网的带电作业中，不应穿屏蔽服进行等电位作业，而应穿绝缘服进行作业。

30 采用绝缘杆作业法时，其绝缘防护是如何设置的?

答：绝缘杆作业法是作业人员通过登杆工具登杆至适当位置，系上安全带，保持与带电体足够的安全距离，作业人员采用端部装配有不同工具附件的绝缘杆进行的作业。

采用绝缘杆作业法时，一是以绝缘工具、绝缘手套、绝缘靴组成带电体与地之间的纵向绝缘；二是在相与相之间，以空气间隙、绝缘遮蔽罩组成横向绝缘。纵向绝缘中，绝缘工具是主要绝缘，绝缘手套、绝缘靴是辅助绝缘。横向绝缘中，空气间隙是主要绝缘，绝缘遮蔽罩是辅助绝缘。

31 在绝缘平台或绝缘梯上采用绝缘杆作业法时，绝缘防护是如何设置的？

答：在绝缘人字梯、独脚梯等绝缘平台上，作业人员采用绝缘杆作业法（间接作业）时，在相与地之间，绝缘梯与绝缘工具形成的组合绝缘起主绝缘作用，绝缘手套、绝缘靴起辅助绝缘作用；在相与相之间，空气间隙起主绝缘作用，绝缘遮蔽罩形成相间后备防护，是辅助绝缘。

32 在绝缘平台或绝缘梯上采用绝缘手套作业法时，绝缘防护是如何设置的？

答：在相与地之间，绝缘平台或绝缘梯起主绝缘作用，绝缘手套、绝缘靴起辅助绝缘作用。绝缘遮蔽罩及全套绝缘防护用具（绝缘手套、绝缘袖套、绝缘服、绝缘安全帽）防止作业人员偶然同时触及带电体和接地构件造成电击，形成后备防护。在相与相之间，空气间隙为主绝缘，绝缘遮蔽罩起辅助绝缘隔离作用，作业人员穿着全套绝缘防护用具，形成最后一道防线，防止作业人员偶然触及两相导线造成电击。

33 在绝缘斗臂车上采用绝缘杆作业法时，绝缘防护是如何设置的？

答：在绝缘斗臂车上采用绝缘杆作业法时，在相与地之间，绝缘工具和绝缘斗臂形成组合绝缘，其中绝缘斗臂车的臂起到主绝缘作用，绝缘工具和绝缘手套、绝缘靴起辅助绝缘作用。在相与相之间，空气间隙起到主绝缘作用，绝缘手套、绝缘靴、绝缘服起辅助绝缘作用。绝缘遮蔽罩形成相间后备防护。

34 在绝缘斗臂车上采用绝缘手套作业法时，绝缘防护是如何设置的？

答：在绝缘斗臂车上采用绝缘手套作业法时，在相—地之间，绝缘臂起主绝缘作用，绝缘斗、绝缘手套、绝缘靴、绝缘服起到辅助绝缘作用。在相—相之间，空气间隙起主绝缘作用，绝缘遮蔽罩及全套绝缘防护用具（手套、袖套、绝缘服、绝缘安全帽）可防止作业人员偶然触及两相导线造成电击。

35 采用绝缘杆作业法时，泄漏电流对作业人员有何影响？

答：由于杆上作业人体电阻比绝缘杆和绝缘手套（主绝缘和辅助绝缘）的绝缘电阻和人体与导线间的容抗都要小得多，人体电阻可以忽略不计。流过人体的电流为绝缘杆、绝缘手套的泄漏电流和导体对人体的电容电流的相量和，带电作业所利用的环氧树脂类绝缘材料的电阻率都很高。所以绝缘操作杆等绝缘工具的泄漏电流在正常的情况下，在微安（μA）级及以下，这比带电作业时人体安全电流 1mA 的要求小得多了，所以使用合格的绝缘工具，间接作业人员对泄漏电流毫无感觉。

人体电容电流也只不过是微安级的数量，远远地小于人体的安全电流。总的来看，绝缘杆间接法带电作业时只要人体与带电体保持足够的安全距离，采用绝缘性能良好的绝缘工具进行作业，通过人体的泄漏电流和电容电流都非常小（微安级电流）。这样小的电流人体是感觉不到的，对人体毫无影响，从理论上说是十分安全的。但是必须指出，绝缘工具的绝缘状态是直接关系到操作人员的生命安全的，如果表面脏污，有汗水、盐分存在，或绝缘严重受潮，那么泄漏电流将大大增加，就可能造成麻电甚至触电事故。因此，在绝缘工具制作时要注意表面绝缘处理，使用时要保持表面干燥洁净，并注意妥善保管防污防潮。

36　采用绝缘杆作业法时有何注意事项？

答：保证绝缘杆作业法安全的基本条件一是工具的绝缘性能可靠；二是满足最小的空气间隙，即安全距离。在一般情况下，空气可以视为绝缘体，在间接作业中起天然屏障的作用，失去它的保护是危险的。

另外，人身与带电导体的安全距离以及操作杆的最短有效绝缘长度应满足要求。

37　高架绝缘斗臂车有什么特点？

答：高架绝缘斗臂车是带电作业的一种专用车辆。载人绝缘斗安装于一根能伸缩的绝缘臂上，绝缘臂又装在一个可以旋转的水平台上。悬臂由单根或双根液压缸支持，可以在铅垂面内改变角度，可平行电线或电杆作水平或垂直移动。因此，绝缘斗能在一定高度下到达一定半径内所选择的任意位置接近带电体。它具有升空便利、机动性强、作业范围大、机械强度高、电气绝缘性能高、劳动强度低等优点，很适合交通方便的城市和郊区的带电作业。带电作业高架绝缘斗臂车自 20 世纪 30 年代在欧美国家开始研制，到 50 年代以后在送、配电线路带电作业中得到广泛的应用。但高架绝缘斗臂车也有它的局限性，如城市中的小街和小巷、农村、山区等，高架绝缘斗臂车难以进入，这就限制了它的操作范围。

38　采用绝缘手套作业法时有哪些注意事项？

答：(1) 绝缘手套直接作业人员处在高电位，因此对地（包括处于地电位的横担、拉线等构件）及邻相导线要有足够的安全距离。

(2) 绝缘手套直接作业人员与其他异电位的人员（包括地面作业人员）严禁直接传递金属工具和材料，即使是绝缘工具和材料也必须有一定的空气距离和绝缘有效长度，原因如下。

1) 若直接接触或传递金属工具，由于二者之间的电位差，将可能出现静电电击现象。

2) 若地面作业人员直接接触绝缘手套直接作业人员，相当于短接了绝缘平台或高架绝缘斗臂车，不仅可能使泄漏电流急剧增大，而且因组合间隙变为单间隙，有可能发生空气间隙击穿，导致作业人员伤亡。

(3) 直接作业人员应注意作业时的技术动作和动作幅度。

(4) 拆搭引线应注意下述安全问题。

1) 严禁带负荷拆、搭。

2) 采用相应的消弧措施，操作人员还应戴护目镜。

3）严禁用搭引线的方法并列两个电源。

4）要确定相位才能搭引线。

5）断、接空载线路时，已断开相或未接通相导线因感应而带电，为防止电击，应采取措施后才能触及。

（5）严禁用棉纱、汽油、酒精等擦拭带电体及绝缘部分，防止起火。

（6）选择合适的工作位置。作业人员要选择合适的工作位置，使带电体始终处在本人的视线范围内，并尽量避免与带电体处在同一水平面上工作。如必须处在这位置时，则应特别注意动作轻巧稳重，避免大动作及使用非绝缘工具。

（7）特殊作业项目还应遵守相应的安全规定。

（8）要注意防止两相触电事故。需要特别强调的是，斗内（绝缘平台）作业人员作业时，带电导体相与相之间的主绝缘是空气，高架绝缘斗臂车或绝缘平台此时都不起保护作用。作业人员在空中接触带电体或地电位物体（如铁横担、电杆等）与邻近的异电位物体间的主绝缘是空气，高架绝缘斗臂车或绝缘平台此时都不起保护作用。

（9）高架绝缘斗臂车作业前的试操作必须在下部控制台进行，作业中应由绝缘斗中人员控制。

39 地电位作业的基本工作原理是什么？

答：作业人员位于地面或杆塔上，人体电位与大地（杆塔）保持同一电位。此时通过人体的电流有两条回路：①带电体→绝缘操作杆（或其他工具）→人体→大地，构成电阻回路；②带电体→空气间隙→人体→大地，构成电容电流回路。这两个回路电流都经过人体流入大地（杆塔）。

在应用地电位作业方式时，只要人体与带电体保持足够的安全距离，且采用绝缘性能良好的工具进行作业，通过工具的泄漏电流和电容电流都非常小（微安级），远远小于人体电流的感知值1mA。这样小的电流对人体毫无影响，足以保证作业人员的安全。

40 采用地电位作业时应注意什么？

答：地电位作业时，绝缘工具的性能直接关系到作业人员的安全，如果绝缘工具表面脏污、内外表面受潮或安全距离不足，泄漏电流将急剧增加。当增加到人体的感知电流以上时，就会出现麻电甚至触电事故。因此在使用时应特别保持工具表面干燥清洁和足够的安全距离，并注意妥当保管防止受潮。

41 中间电位作业的基本原理是什么？

答：当作业人员站在绝缘梯上或绝缘平台上，用绝缘杆进行的作业即属中间电位作业，此时人体电位是低于导电体电位、高于地电位的某一悬浮的中间电位。

一般来说，只要绝缘操作工具和绝缘平台的绝缘水平满足规定、两段空气间隙达到规定的作业间隙，即可将通过人体的电容电流限制到1mA以下的微安级水平，足以保证作业人员的安全。

42 采用中间电位作业时应注意什么事项?

答:（1）地面作业人员是不允许直接用手向中间电位作业人员传递物品的，原因如下。

1）若直接接触或传递金属工具，由于两者之间的电位差，将可能出现静电电击现象。

2）若地面作业人员直接接触中间电位人员，相当于短接了绝缘平台，使绝缘平台的电阻和人与地之间的电容趋于零，不仅可能使泄漏电流急剧增大，而且因组合间隙变为单间隙，有可能发生空气间隙击穿，导致作业人员电击伤亡。

（2）当系统电压较高时，空间场强较高，中间电位作业人员应穿屏蔽服，避免因场强过大引起人的不适感。但在配电线路带电作业中，由于空间场强低，且配电系统电力设施密集，空间作业间隙小，作业人员不允许穿屏蔽服，而应穿绝缘服进行作业。

（3）绝缘平台和绝缘杆应定期检验，保持良好的绝缘性能，其有效绝缘长度应满足相应电压等级规定的要求，其组合间隙一般应比相应电压等级的单间隙大20%左右。

43 等电位作业的基本原理是什么?

答:由电造成人体有麻电感甚至死亡的原因，不在于人体所处电位的高低，而取决于流经人体的电流的大小。根据欧姆定律，当人体不同时接触有电位差的物体时，人体中就没有电流通过。从理论上讲，与带电体等电位的作业人员全身是同一电位，流经人体的电流为零，所以等电位作业是安全的。

采用等电位作业时，作业人员进入等电位和脱离等电位都应动作迅速，因此，等电位过渡的时间是非常短的，当人手与导线握紧之后，大约经过零点几微秒，冲击电流就衰减到最大值的1%以下，等电位进入稳态阶段。当人体与带电体等电位后，即使人体有两点与该带电导线接触，由于两点之间的电压降很小，流过人体的电流是微安级的水平，人体无任何不适感。因此，等电位作业是安全的。

44 采用等电位作业时， 应注意什么事项?

答:（1）作业人员借助某一绝缘工具（硬梯、软梯、吊篮、吊杆等）进入高电位时，该绝缘工具应性能良好且保持与相应电压等级相适应的有效绝缘长度，使通过人体的泄漏电流控制在微安级的水平。

（2）其组合间隙的长度必须满足相关规程及标准的规定，使放电概率控制在10^{-5}以下。

（3）在进入或脱离等电位时，要防止暂态冲击电流对人体的影响。因此，在等电位作业中，作业人员必须穿戴全套屏蔽用具，实施安全防护。

45 采用等电位方式或作业人员直接短接方式检修，均存在着安全隐患，原因是什么?

答:（1）相间短路。配电网络导线间、导线对装置构件间的空间距离小，配电设施密集，使带电作业的作业范围狭小。采用等电位方式身穿屏蔽服的作业人员在相间作业（如修补导线）时，当带电体遮蔽不全和作业人员动作幅度大时，就可能同时接触两相带电体，屏蔽服的金属网会导致相间短路，较大的相间短路电流将通过屏蔽服，不仅造成设备短路，而且会因短路电流超过屏蔽服通流容量，直接造成人员伤亡事故。

（2）相对地短路。作业人员采用穿着屏蔽服在线路杆塔上采用等电位作业方式进行更换绝缘子、横担等作业时，若身体的不同部位有可能同时接触带电体和接地体，形成单相接地。尽管 10kV 配电系统大多采用中性点不接地或经消弧线圈接地的运行方式，但若线路较长或接有一定长度的电缆，三相电容电流也会超过屏蔽服的通流容量，造成人员伤亡事故。

46 配电线路带电作业分为哪些基本方式?

答：作业时，按工具受力形式和作用不同可以归纳为“支、拉、紧、吊”四种方式。

（1）支。用绝缘工具支承带电体。常用各种具有一定抗压、抗弯强度的绝缘支杆，把带电体向上或斜、侧方向支开，用刚性支杆将其固定在某个位置。更换导线、杆塔、横担等需要采用这种方法，托瓶架也可看成“支”的形式。

（2）拉。常用绝缘绳索、滑车组等软性工具，把带电体向侧面成其他方面拉开，以增大作业人员对带电体的安全距离。这类工具应当有好的抗拉强度。

（3）紧。沿带电体原来受力的方向收紧。例如要更换耐张绝缘子，带电调整导线弛度等都要采用这种作业形式。对这类工具要求抗拉强度特别好，如更换耐张绝缘子的绝缘拉杆设计时，各部分尺寸的机械强度均应验算，并经过整组机械试验合格。收紧张力可使用丝杆、液压紧线器、扁带紧线器、绝缘滑车组等工具。

（4）吊。原带电体是用悬吊的方式支承时，如直线杆悬垂绝缘子串支持导线的形式，带电作业时常采取绝缘绳索及挂钩将其吊住，使其保持在某个合适位置不下落。

第二节　带电作业工器具及安全防护用具

47 为什么要提高绝缘材料的耐热性？ 绝缘材料的耐热等级分哪几级?

答：当温度很高时，绝缘材料的性能恶化，绝缘电阻降低，耐热及机械强度降低，介质损耗、应力变形增大。因此，提高绝缘材料的耐热性能对保证工器具安全使用延长使用寿命有重要意义。为保证绝缘材料安全和长久地可靠工作，规定了各种材料的最高允许温度。耐热性能可分为 Y、A、E、B、F、H、C 七个等级。各级的最高允许温度分别为：90、105、120、130、155、180℃及 180℃以上。

48 带电作业中所使用的绝缘材料有哪些类型?

答：（1）绝缘板，包括硬板和软板。其材质有层压制品类和 3240 环氧酚醛玻璃布板和工程塑料中的聚氯乙烯板、聚乙烯板等。

(2) 绝缘管，包括硬管（空管和填充管）和软管。其材质有层压制品类如3640环氧酚醛玻璃布管和工程塑料中的聚氯乙烯、聚苯乙烯、聚碳酸酯管等。

(3) 薄膜，如聚丙烯、聚乙烯、聚氯乙烯、聚酯等塑料薄膜。

(4) 绳索，如尼龙绳、蚕丝绳（分生蚕丝绳和熟蚕丝绳两种）。

(5) 绝缘油和绝缘漆。

49 绝缘材料的电气性能指标有哪些?

答：绝缘材料的电气性能指标有介质损耗、绝缘电阻和绝缘强度三个指标。

50 何谓绝缘材料的介质损耗?

答：介质损耗是指绝缘材料在电场作用下，由于介质电导和介质极化的滞后效应，在其内部引起的能量损耗，也叫介质损失，简称介损。在交变电场作用下，电介质内流过的电流相量和电压相量之间的夹角（功率因数角φ）的余角δ称为介质损耗角。介质损耗是由于泄漏电流流经绝缘体时所产生的功率损耗。因此，介质损耗也反映了绝缘材料的绝缘性能。

51 何谓绝缘材料的绝缘电阻?

答：一般情况下，绝缘材料在恒定的电压作用下，总有微小的泄漏电流流过。把所加恒定电压与泄漏电流的比值称为绝缘材料的绝缘电阻。绝缘电阻的数值与所加电压的时间有关。通常把持续加压60s时的绝缘电阻作为绝缘材料的绝缘电阻值。为了保证安全，一般要求绝缘材料有很大的绝缘电阻。

52 何谓绝缘材料的绝缘强度?

答：材料的绝缘强度指的是绝缘本身耐受电压的能力。作用在绝缘上的电压超过某临界值时，绝缘将损坏而失去绝缘作用。绝缘材料在电场作用下，由于极化、泄漏电流及高电场区局部放电所产生的热量的作用下，当电场强度超过某数值时，就会在绝缘材料中形成导电通道使绝缘破坏，这种现象称为绝缘击穿。绝缘被击穿瞬间所施加的最高电压，称为绝缘材料的击穿电压。绝缘材料抵抗电击穿的能力称为击穿强度或绝缘强度。

通常，电力设备的绝缘强度用击穿电压表示；而绝缘材料的绝缘强度则用平均击穿电场强度，简称击穿场强来表示。绝缘强度通常以试验来确定。绝缘强度随绝缘的种类不同而有本质上的差别。

53 何谓绝缘材料的闪络电压和耐受电压?

答：绝缘材料在电场作用下尚未发生绝缘结构的击穿，而在其表面或与电极接触的空气中发生了放电现象，这种放电现象称为绝缘材料的闪络，此时的电压称为表面放电电压或闪络电压。

在规定的时间内，绝缘材料上施加一定的电压，绝缘层没有发生击穿现象的电压值称为耐受电压。

54 何谓绝缘材料的机械性能？

答：绝缘材料（绝缘工器具）在承受机械负荷的作用时所表现出的抵抗能力，总称为机械性能。带电作业所使用的各类绝缘工器具在受到剪切、拉、压、弯曲、扭转等力的作用时，都将会使其产生变形、磨损，甚至断裂。故用于制作各类带电作业工器具的绝缘材料，必须具有足够的抗拉、抗压、抗弯曲、抗剪切、抗冲击的强度和一定的硬度与塑性，特别是抗弯和抗拉性能，在带电作业工具中要求更高。

55 何谓绝缘材料的工艺性能？

答：绝缘材料的工艺性能主要是指绝缘材料的机械加工性能，如钻孔、锯割、抛光、车丝等。我国目前所使用的各类带电作业绝缘工器具没有统一标准，多数为自制或根据现场需要研制的。所以，制作带电作业工器具所使用的绝缘材料必须具有良好的机械加工性能。

56 何谓绝缘材料的吸湿性能？

答：水能透入各种绝缘材料的裂纹、毛细孔，因此，绝缘材料的内部和表面都有水分，水分的存在将恶化绝缘材料的绝缘性能。因此，绝缘材料的吸湿性应引起足够的重视。

一般用吸水率表示材料吸水性高低，吸水率表示将绝缘材料放在（20±5）℃的蒸馏水中，24h 后绝缘材料质量增加的百分数。

57 何谓绝缘材料的吸水性及表面憎水性？

答：绝缘材料的吸水性表示绝缘材料放在温度（20±5）℃的蒸馏水中，经过若干时间（一般为 24h）后材料质量增加的百分数。绝缘材料吸收水分后绝缘强度降低、电阻降低、介质损耗增大。绝缘材料的吸水性越小越好，否则会影响其绝缘能力。通常将试样在一定标准条件下，浸在水中经一定时间后测定其质量的增加。要使用专用库房及运输设备，严禁受潮后使用。如若受潮，则必须重新作耐压试验及拉力试验。绝缘材料的受潮大多是吸收了空气中的水分所致。

绝缘材料的表面憎水性能即为各类固体绝缘材料在受到环境中的水分作用时，在其表面产生或凝结成许多小水珠，而不被材料内部吸收的能力。

58 如何进行带电作业用承力工具的选材？

答：（1）用于承力工具的绝缘材料，应具有较好的纵向机械加工和接续性能，在连接方式确定后，材料应具有相应的抗剪、抗挤压及抗冲击强度。

（2）用于承力工具层压绝缘材料的纵向和横向都应具有较高的抗张强度，但横向强度可略低于纵向，两者之比可控制在 1.5∶1 以内。

（3）用于承力工具的金属材料，除高强度铝合金外，不允许使用其他脆性金属材料。

（4）绝缘承力部件只能选用纵向有纤维骨架（玻璃纤维或其他高强度不导电纤维）的层压及模压、卷制及引拔工艺生产的环氧树脂复合材料。严禁使用无纤维骨架的纯合成树脂材料制作承力部件。

59 如何进行带电作业用载人器具的选材？

答：（1）承受垂直荷重的部件（例挂梯、软梯、蜈蚣梯）应选用有较高抗张强度（抗压强度）的绝缘材料制作，承受水平荷重的横置梁型部件（例如水平梯、转臂梯）则应选用具有较高抗弯强度的绝缘材料制作。

（2）软质载人工具及其配套索具，推荐采用具有一定阻燃性、防水性的蚕桑绳索、锦纶绳索及锦纶帆布制作。

（3）硬质载人工具推荐采用环氧树脂玻璃布层压板、矩形管及其他模压成形材料制作，严禁使用无纤维骨架的绝缘材料制作载人工具。

（4）斗臂车的绝缘臂应选择绝缘性能优良、吸水性低的整体玻璃钢管（圆形或矩形）制作；在高原地区使用的斗臂车，海拔每增加1000m，整体绝缘水平应相应增加10%。

（5）载人工具的承力金属部件也应按用于承力工具的金属材料要求选材。

60 如何进行带电作业用牵引机具的选材？

答：（1）金属机具的承力部件（例如丝杆的螺旋体和螺线、液压工具的活塞杆）应选用抗张强度高，有一定冲击韧性及耐磨性的优质结构钢制作，其他非承力部件（例如外壳、手柄），可选用较轻便的铝合金制作。

（2）绝缘机具应按其承力方式（例如杠杆装置、扁带收紧装置、滑车组），选用有相应机械强度的绝缘材料制作主要承力部件（例如滑车的承力板及带环板应用3240绝缘板制作）。

61 带电作业用固定器具（卡具）的选材原则是什么？

答：（1）凡具有双翼力臂的卡具，除个别荷载较小的允许使用绝缘材料制作外，一般都应选用高强度铝合金或结构钢制作。

（2）由塔上电工和等电位电工安装使用的卡具，应优先选用轻合金材料（例如高强度铝合金）制作。

（3）无强力臂作用或塔下电工安装使用的各类固定器，可选用一般金属材料制作，但不允许使用铸铁等脆性材料（可锻铸铁除外）。

62 如何进行带电作业用绝缘操作杆（含绝缘夹钳）的选材？

答：（1）较长的操作杆可选用不等径锥型连接方式的环氧树脂玻璃布空心管及泡沫填充管制作，短的操作杆则可用等径圆管制作。

（2）绝缘操作杆的接头及堵头应尽可能使用绝缘材料（例如环氧树脂玻璃布棒）制作。一般也允许使用金属制作活动接头，其选材应注重耐磨性及防锈蚀性。

（3）10kV 及以下的手持操作杆应考虑全部使用绝缘材料制作（销钉等较小部件除外）。

63 如何进行带电作业用通用小工具的选材？

答：一般小工具应根据工具的功能选用金属或绝缘材料制作。有冲击性操作的小工具（例如开口销拔出器）应选用优质结构钢制作。10kV 及以下通用小工具应尽可能使用绝缘材料或者采用金属骨架外包绝缘护套的复合材料制作。

64 如何进行带电作业用载流工具的选材？

答：接触线夹应按其接触导线的材质分别采用铸造铝合金或铸造铜基合金制作，接触线夹的螺栓部件可选用防腐蚀性较好的结构钢制作。

载流导体通常选用编织型软铜线或多股挠性裸铜线制作，10kV 及以下载流引线应使用有绝缘外皮的多股软铜线制作。

65 带电作业用消弧工具的选材原则是什么？

答：消弧绳一般选用具有阻燃性、防潮性的蚕桑或锦纶绳制作，其引流段应选用编织软铜线制作，导电滑车应全部选用导电性良好的金属材料制作。

自产气消弧棒的产气管体一般选用有机玻璃管或其他产气管（例如刚纸管）制作。依靠外加压缩空气消弧者，应采用耐内压强度高的绝缘管材制作绝缘储气缸。

66 如何进行带电作业用索具的选材？

答：作主绝缘的索具应选用蚕丝或锦纶丝绳索制作，专用绝缘滑车套推荐选用编织定型网绳制作。地面使用的围栏绳可采用塑料绳或其他绳索。

67 带电作业用雨天作业工具的选材原则是什么？

答：一般选用憎水性好的工程塑料（例如聚碳酸酯塑料）制作工具主体，也可使用玻璃纤维引拔棒与硅橡胶复合型绝缘管制作工具主体，主体工具上的防雨罩可选用聚乙烯或硅橡胶等材料制作。

68 如何进行带电作业用绝缘遮蔽用具的选材？

答：（1）硬质绝缘隔板推荐采用环氧树脂玻璃布层压板及玻璃纤维模压定型板制作。

（2）软质绝缘隔板、罩及覆盖物，推荐采用绝缘性能良好、非脆性、耐老化的工程塑料模压件或橡胶制作。低压隔离套可用一般绝缘橡胶制作，包裹导电体的不规则覆盖物，可采用聚乙烯、聚丙烯、聚氯乙烯等塑料软板或薄膜制作。

69 绝缘工具如何分类？

答：带电作业绝缘工具可分为硬质绝缘工具、软质绝缘工具（绝缘绳、绝缘软梯、绝缘绳索类工具)、绝缘斗臂车等。

70 绝缘杆如何分类？ 绝缘杆的制造方法有哪些？

答： 按照不同用途，经常把绝缘杆分为操作杆、支杆和拉（吊）杆三类。

(1) 操作杆。在带电作业时，作业人员手持其末端，用前端接触带电体进行操作的绝缘工具。

(2) 支杆。在带电作业中，其两端分别固定在带电体和接地体（或构架、杆塔）上，以安全可靠地支撑带电体荷重的绝缘工具。

(3) 拉（吊）杆。在带电作业中，与牵引工具连接并安全可靠地承受带电体荷重的绝缘工具。

绝缘杆的制造方法主要有湿卷法、干卷法、缠绕法、挤拉法和真空浸胶法等。

71 在带电作业中，常用的绝缘管（棒、板）有哪几种？

答： 在带电作业中，常用的绝缘管（棒、板）有 3640 型环氧酚醛玻璃布管，3840、3721 型环氧酚醛玻璃布棒，M2-2 型绝缘管，3240 型环氧酚醛玻璃布板，3640 型泡沫塑料填充管等。

72 如何规定绝缘杆最小有效长度？

答： 绝缘杆的最小有效绝缘长度是按绝缘配合的要求规定的。10kV 电压等级的操作杆的最小有效长度为 0.7m，支杆、吊（拉）杆的最小有效长度为 0.4m。

73 制造绝缘绳的材料有哪些？

答： 绝缘绳主要可用作运载工具、攀登工具、吊拉绳、连接套和保险绳等。其制造材料主要有天然蚕丝和锦纶丝、聚乙烯、聚丙烯等合成纤维。

74 绝缘绳的结构与编织方法有哪几种？

答： 绝缘绳的结构有绞制圆绳、编织圆绳、编织扁绳、环形绳及搭扣带等。

绳索的捻制方法可分为顺捻和反捻两种。顺捻是指按反时针方向螺旋前进的方式捻，一般称为 S 捻；反捻是指按顺时针方向螺旋前进的方式捻，一般称为 Z 捻。为了防止绳索松散，通常对绳索的捻制总是按 ZSZ 方式进行，即将纤维捻成单丝时，按 Z 方式；纱线捻成股线时，按 S 方式；最后将股线捻成绳索时，又按 Z 方式。

75 对绝缘杆的尺寸与外径有何要求？

答： 制作绝缘杆的绝缘材料可分为三类。Ⅰ类为实心棒，标称外径为 10、16、24、30mm；Ⅱ类为空心管；Ⅲ类为泡沫填充管。Ⅱ类、Ⅲ类的标称外径为 18、20、22、24、26、28、30、32、36、40、44、50、60、70mm。三类绝缘杆的密度均不应小于 1.75kg/cm^3，吸水率不大于 0.3%。

76 对绝缘杆的电气性能有何要求?

答: (1) 受潮前和受潮后的电气性能要求。绝缘杆的绝缘材料应进行 300mm 长试品的 1min 工频耐压试验，包括干试验和受潮后的试验。

(2) 绝缘耐受性能要求。绝缘杆能耐受相隔 300mm 的两电极间 1min 工频电压试验。试品在 100kV 工频电压下无闪络、无击穿、表面无可见漏电腐蚀痕迹、无可察觉的温升等要求。

(3) 湿态绝缘性能要求。绝缘杆的绝缘材料应进行 1200mm 长试品的 1h 淋雨试验。试品在 100kV 工频电压下应满足无闪络、无击穿、表面无可见漏电腐蚀痕迹、无可察觉的温升等要求。

77 对绝缘杆的机械性能有什么要求? 有哪些绝缘杆的试验内容?

答: 绝缘杆应具有一定的机械抗弯、抗扭特性及耐挤压、耐机械老化性能。其试验内容如下。

(1) 绝缘材料吸水率试验。

(2) 绝缘材料密度试验。

(3) 绝缘材料 50Hz 介质损耗角正切试验。

(4) 外观检查。用肉眼 (手摸) 从外观检查，检查试品是否光滑，有无气泡、皱纹或裂开，玻璃纤维与树脂间黏结是否完好，杆段间连接是否牢固等。

(5) 渗透试验。

(6) 尺寸检查。

(7) 受潮前和受潮后的绝缘试验。

(8) 绝缘湿试验 (淋雨试验)。

(9) 绝缘耐压试验。绝缘试验时在绝缘管或棒上相隔 300mm 的两电极间施加交流工频电压 100kV (有效值) 1min。

(10) 机械试验。包括弯曲试验、扭力试验、管材挤压试验、机械老化试验。

78 对操作杆结构的一般要求是什么?

答: (1) 固定在操作杆上的接头宜采用强度高的材料制成，金属接头的长度不应超过 100mm，端部和边缘应加工成圆弧形。

(2) 操作杆的总长度由最短有效绝缘长度、端部金属接头长度和手持部分长度的总和决定，10kV 电压等级的绝缘操作杆最短有效绝缘长度为 0.7m、端部金属接头长度不大于 0.1m、手持部分长度不大于 0.6m。

(3) 操作杆的接头可采用固定式或拆卸式接头，但连接应紧密牢固。

(4) 用空心管制造的操作杆的内、外表面及端部必须进行防潮处理，可采用泡沫对空心管进行填充，以防止内表面受潮和脏污。

79 对操作杆的电气性能及外观检查要求分别是什么？

答：10kV 电压等级操作杆的电气性能要求是，试验电极间距离为 0.4m，1min 工频耐受电压为 100kV，工频闪络击穿电压不小于 120kV。

用肉眼从外观进行检查，检查操作杆应光滑，无气泡、皱纹或开裂，玻纤布与树脂间黏结完好，杆段间连接牢固等。

80 如何进行操作杆的工频耐压试验？ 操作杆的工频闪络击穿电压试验如何进行？

答：（1）试验布置。用直径不小于 30mm 的单导线作模拟导线，模拟导线两端应设置均压球（或均压环），其直径不小于 200mm，均压球距试品不小于 1.5m。试品垂直悬挂。

试品的高压试验电极布置于试品绝缘部分的最上端，也可用试品顶端的金具作高压试验电极。10kV 电压等级操作杆的高压试验电极和接地极间的距离（试验长度）满足 0.4m 的要求，如在两试验电极间有金属部件时，其两试验电极间的距离还应在此数值上再加上金属部件的总长度。接地极的对地距离应不小于 1m。接地极和高压试验电极（无金具时）以宽 50mm 的金属箔或导线包绕。

（2）耐压试验操作。对多个试品同时进行试验时，试品间距离应不小于 500mm。

10kV 电压等级的绝缘杆，在两电极间施加工频耐受电压为 100kV，加压时间为 1min，试验中各试品应不发生闪络或击穿，试验后试品应无放电、灼伤痕迹，应不发热。

（3）工频闪络击穿电压试验操作。试验时，先缓慢升压至试验电压值的 75%，此后以每秒 2%的升压速率继续升压至试品发生闪络或击穿，记录下此时的试验电压值。每一试品的该闪络击穿电压值应满足不小于 120kV 的规定。

81 对吊、拉、支杆结构的一般要求及电气性能要求分别是什么？

答：（1）一般要求。

1）支杆的总长度由最短有效绝缘长度、固定部分长度和活动部分长度的总和决定。拉（吊）杆的总长度由最短有效绝缘长度和固定部分长度的总和决定。

2）支杆、拉（吊）杆上的金属配件与空心管、填充管、绝缘板的连接应牢固，使用时应灵活方便。

（2）电气性能要求。

1）10kV 电压等级的支杆、拉（吊）杆的电气性能应符合：试验电极间的距离为 0.4m、工频闪络击穿电压不小于 120kV，1min 工频耐受电压为 100kV。

2）10kV 电压等级的支杆和拉（吊）杆的最短有效绝缘长度为 0.4m、固定部分支杆为 0.6m、拉（吊）杆为 0.2m、支杆活动部分为 0.5m。

82 对支杆机械性能的要求是什么？

答：支杆按其允许受压荷载分为 1、3、5kN 三个等级，其机械性能应符合 1kN 级的允许荷载为 1kN、破坏荷载不小于 3kN；3kN 级的允许荷载为 3kN、破坏荷载不小于

9kN；5kN 级的允许荷载为 5kN、破坏荷载不小于 15kN。

83 对拉（吊）杆机械性能的要求是什么？

答：拉（吊）杆按其允许拉力荷载分为 10、30、50kN 三个等级，其机械性能应符合 10kN 级的允许荷载为 10kN、破坏荷载不小于 30kN；30kN 级的允许荷载为 30kN、破坏荷载不小于 90kN；50kN 级的允许荷载为 50kN、破坏荷载不小于 150kN。

84 对支、拉（吊）杆的外观有什么要求？ 如何对其进行电气试验、机械试验？

答：(1) 外观要求。用肉眼（手摸）从外观进行检查，试品应光滑，无气泡、皱纹或开裂，玻纤布与树脂间黏结完好，杆段间连接牢固等。

(2) 支、拉（吊）杆的电气试验的试验方法同操作杆的电气试验方法。

(3) 机械试验。对支杆应作压缩试验，对拉（吊）杆应作拉伸试验。试验时，在试品绝缘部分的顶端和距其 2m 处的另一端用夹具进行两端固定，并与牵引机具和测试设备串成一直线，随后施加拉力直至“拉（吊）杆机械性能”规定值或直至破坏。

对支杆进行压缩试验的试品长为 2.0m，试验时，将支杆固定牢固，在支杆的自由端沿轴向加荷载至“支杆机械性能”规定值或直至破坏。

85 对支、拉（吊）杆的预防性试验有什么要求？

答：支、拉（吊）杆预防性试验包括工频耐压试验、外观及尺寸检查和操作冲击耐压试验，试验周期为每年一次。

86 绝缘绳索不能受潮的原因是什么？

答：绝缘绳索在受潮以后，其湿闪电压大幅度降低，泄漏电流将显著增加，受潮后绝缘绳索的泄漏电流较干燥时在同等试验电压和同样长度下增大 10~14 倍，湿闪电压蚕丝绳下降 26%、锦纶绳下降 33.5%，受潮后的绝缘绳索因泄漏电流增大，导致绝缘绳发热而被熔断。因此，受潮绝缘绳索不但不能使用于非等电位状态，即使将其处于等电位状态下也是不安全的。

87 对绝缘绳索类工具的材料要求是什么？

答：消弧绳、绝缘测距绳、绝缘保险绳应采用桑蚕丝为原料，绳套宜采用锦纶长丝为原料。所有材料应满足相对应规格的绝缘绳的技术要求。

吊钩的材料应符合 GB/T 13034—2008《带电作业用绝缘滑车》中的要求。

扁钢保险钩或其他保险钩的材料应符合 GB 6095—2009《安全带》的要求。

消弧绳软铜线应符合 GB/T 3953—2009《电工圆铜线》的要求。规格为 TR 软圆铜线 0.1~0.2mm。

88 对绝缘绳索类工具的技术要求是什么？

答：(1) 人身绝缘保险绳、导线绝缘保险绳以及绳套的整体机械拉伸性能应满足人身绝缘保险绳的试验静拉力为4.4kN，试验时间为5min的要求。

（2）人身绝缘保险绳应按不同绳长整体做冲击试验，以100kg质量作自由坠落应无破断。当人身绝缘保险绳的长度超过3m时应加缓冲器。缓冲器应满足GB 6095—2009《安全带》中的规定。

（3）带电作业用绝缘绳索类工具的电气绝缘性能应满足相关的要求。

（4）消弧绳端部软铜线与绝缘绳的结合部分长度应不大于200mm，绝缘部分与导线部分的分界处要有明显标志，消弧绳的端部要有防止铜线散股的措施。

（5）绝缘保险绳的吊钩、扁钢保险钩等应有防止脱钩的保险装置，保险应可靠，操作应灵活。

（6）绝缘测距绳的缠绕器应灵活轻巧，便于携带和储藏。缠绕器不宜密封，以便散潮烘干。绝缘测距绳标定刻度标志时，应在本产品配备的重锤悬空吊持状态下进行。

89 绝缘绳索类工具的工艺应满足什么要求？ 预防性试验包括哪些？ 试验周期如何规定？

答：绝缘绳索部分的工艺应满足GB 6095—2009《安全带》中的有关规定。吊钩的工艺应满足GB/T 13035—2008《带电作业用绝缘绳索》中的要求。

绝缘绳索类工具预防性试验包括外观检查、电气试验和静拉力试验，试验周期为每年一次。

90 绝缘绳索类工具的电气试验方法是什么？

答：试验时，在两根直径为20mm，长度适当的金属棒上缠绕悬挂绝缘软梯或绝缘绳索，其中一根金属棒为高压端，通过绝缘子水平悬挂于空中。另一根金属棒同时悬挂于空中，并接地。两根金属棒之间的距离等于最高使用电压下的最短有效绝缘长度0.5m，要求加压100kV时泄漏电流不大于500μA，工频干闪电压不小于170kV。

91 人身、导线绝缘保险绳及绝缘绳套的机械拉力试验如何进行？

答：人身、导线绝缘保险绳及绝缘绳套的机械拉力试验宜在拉力试验机上进行。试验应包括扁钢保险钩、吊钩等整体一起进行。试品两端应采用卸扣连接，卸扣的允许负荷应与试品的破坏强度同等级。试验方法同绝缘绳的试验方法。

人身绝缘保险绳的冲击试验应按GB/T 6096—2009《安全带测试方法》中的方法进行。

人身、导线绝缘保险绳的电气试验方法同绝缘绳的试验方法，试验结果应满足相关要求。

92 带电作业工具的保管有什么规定？

答：（1）带电作业工具应存放于通风良好，清洁干燥的专用工具房内。工具房门窗应密闭严实，地面、墙面及顶面应采用不起尘、阻燃材料制作。室内的相对湿度应保持在50%~70%。室内温度应略高于室外，且不宜低于0℃。

（2）带电作业工具房进行室内通风时，必须在干燥的天气进行，并且室外的相对湿度不得高于75%。通风结束后，应立即检查室内的相对湿度，并加以调控。

（3）带电作业工具房应配备湿度计、温度计、抽湿机（数量以满足要求为准）、辐射均匀的加热器，足够的工具摆放架、吊架和灭火器等。

（4）带电作业工具应统一编号、专人保管、登记造册，并建立试验、检修、使用记录。

（5）有缺陷的带电作业工具应及时修复，不合格的应及时报废，严禁继续使用。

（6）高架绝缘斗臂车应存放在干燥通风的车库内，其绝缘部分应有防潮措施。

93 带电作业工具的使用有什么要求？

答：（1）带电作业工具应绝缘良好、连接牢固、转动灵活，并按厂家使用说明书、现场操作规程正确使用。

（2）带电作业工具使用前应根据工作负荷校核是否满足规定安全系数。

（3）在运输过程中，带电绝缘工具应装在专用工具袋、工具箱或专用工具车内，以防受潮和损伤。发现绝缘工具受潮或表面损伤、脏污时，应及时处理并经试验或检测合格后方可使用。

（4）进入作业现场应将使用的带电作业工具放置在防潮的帆布或绝缘垫上，防止绝缘工具在使用中脏污和受潮。

（5）带电作业工具使用前，仔细检查确认没有损坏、受潮、变形、失灵，否则禁止使用。使用2500V及以上绝缘电阻表或绝缘检测仪进行分段绝缘检测（电极宽2cm，极间宽2cm），阻值应不低于700MΩ。操作绝缘工具时应戴清洁、干燥的手套。

94 带电作业安全防护用具如何分类？

答：带电作业安全防护用具主要分为绝缘防护用具［绝缘手套、绝缘袖套、绝缘服（披肩）、绝缘鞋（靴）、防机械穿刺手套、绝缘安全帽］，绝缘遮蔽工具（硬质遮蔽罩、导线软质遮蔽罩、绝缘毯、绝缘垫），屏蔽用具（屏蔽服）。

95 加装绝缘隔离作为防护措施的原理是什么？

答：在人体与带电体之间，加装有一定绝缘强度的挡板、卷筒护套等固体绝缘设备来弥补空气间隙不足的做法，称为绝缘隔离法。

在无绝缘隔离情况下，空气间隙的放电电压较小，当加入绝缘隔离后，由于固体绝缘的击穿强度一般都比空气高得多，这时空气间隙的有效长度将加长，放电电压就可提高，因此，只要适当选择绝缘板的厚度与面积，就能达到提高绝缘水平的目的。

由于用该方法受设备的体积形状等限制，提高放电电压的幅度是有限的，故一般只在10kV及以下设备上采用。

96 简述绝缘遮蔽用具（罩）的适用范围。

答：（1）绝缘遮蔽用具（罩）只限于10kV及以下电力设备的带电作业。

(2) 绝缘遮蔽用具（罩）不起主绝缘作用，但允许偶尔短时“擦过接触”，要保证安全，同时还要限制人体的活动范围。

(3) 遮藏罩应与人体安全防护用具并用。

97 根据用途不同，绝缘遮蔽罩如何分类?

答：(1) 导线遮蔽罩。用于对裸导线或绝缘导线进行绝缘遮蔽的套管式护罩。

(2) 耐张装置遮蔽罩。用于对耐张绝缘子、线夹或接板等金具进行绝缘遮蔽的护罩。

(3) 针式绝缘子遮蔽罩。用于对针式绝缘子，包括棒式绝缘子进行绝缘遮蔽的护罩。

(4) 横担遮蔽罩。用于对铁横担、木横担进行绝缘遮蔽的护罩。

(5) 电杆遮蔽罩。用于对电杆或其头部进行绝缘遮蔽的护罩。

(6) 套管遮蔽罩。用于对断路器（或负荷开关）或变压器等设备的套管进行绝缘遮蔽的护罩。

(7) 跌落式熔断器遮蔽罩。用于对跌落式熔断器进行绝缘遮蔽的护罩。

(8) 隔板。用以隔离带电部件，限制带电作业人员活动范围的绝缘平板。

(9) 绝缘毯。用于包缠各类带电或不带电导体部件的软形绝缘毯。

(10) 特殊遮蔽罩。用于某些特殊绝缘遮蔽用途而专门设计制作的护罩。

98 硬质遮蔽罩的类别有哪些?

答：硬质遮蔽罩按电气性能分为 0、1、2、3 四级。对应的适用电压等级分别为 380、3000、10000V 或 6000、20000V。

具有特殊性能的硬质遮蔽罩分为 A、H、C、W 和 P 五种类型，分别具有耐酸、耐油、耐低温、耐高温和耐潮等特殊性能。

99 导线软质遮蔽罩的类别有哪些?

答：导线软质遮蔽罩按电气性能分为 0、1、2、3 四级，对应的适用电压等级分别为交流 380、3000、10000V 或 6000、20000V。

具有特殊性能的导线软质遮蔽罩分为 A、H、C、W、Z 和 P 六种类型，分别具有耐酸、耐油、耐低温、耐高温、耐臭氧和耐潮等特殊性能。

100 绝缘毯的类别有哪些?

答：按电气性能绝缘毯可以分为 0、1、2、3 四级，对应的适用电压等级分别为交流 380、3000、10000V 或 6000、20000V。

绝缘毯分为 A、C、H、Z、M 和 S 六种类型，分别具有耐酸、耐低温、耐油、耐臭氧、耐机械穿刺、耐油和臭氧等特殊性能。

101 如何进行硬质遮蔽罩、导线软质遮蔽罩、绝缘毯的试验?

答：导线软质遮蔽罩、硬质遮蔽罩、绝缘毯在进行耐压试验时，将试品水平放置在绝缘支撑平台上，同时在被试物的两侧用锡箔作电极，上下均用连接片和泡沫塑料压紧，以保证其接触良好。然后将上面极板接电源，下面极板接地。此外，试验时被试品应按使用电压要求留足边缘宽度。

102 对绝缘遮蔽罩的制作工艺有何要求?

答：（1）在遮蔽罩的外表面上，应标记出清晰的保护区范围。

（2）遮蔽罩的主体表面应光滑，其外部和内部在加工上应避免粗糙、诸如小孔、接缝裂纹、破口、不明杂物、磨损擦伤、明显的机械加工痕迹等。

（3）为便于现场安装使用，其长度不超过1.5m，在保证电气性能的前提下，其余尺寸也应减小到最小。

（4）每个遮蔽罩的端部应根据需要，考虑与其他遮蔽罩相连接，且便于进行组装，连接处应不出现间隙，并能承受所要求的电气试验。

（5）遮蔽罩上应有一个或多个闭锁部件，防止在使用中或在外力作用下突然滑落。闭锁部件应便于闭锁和开启，而且能用操作杆进行操作。如无闭锁部件，也可采用绝缘夹夹紧。

（6）用于间接作业用的遮蔽罩均应考虑现场用操作杆进行安装，所以遮蔽罩在结构上应有提环、筒子眼、挂钩等部件。

103 绝缘袖套的式样有哪几种?

答：绝缘袖套按外形分为直筒式（式样A）和曲肘式（式样B）两种。

104 带电作业用绝缘袖套按电气性能要求分为哪几种?

答：（1）绝缘袖套按电气性能分为0、1、2、3四级，对应的适用电压等级分别为交流380、3000、10000V或6000、20000V。

（2）具有特殊性能的绝缘袖套分A、H、Z、S和C类袖套，分别具有耐酸、耐油、耐臭氧、耐油和臭氧、耐低温性能。

105 对带电作业用绝缘袖套的厚度有何要求?

答：绝缘袖套应具有足够的弹性，表面橡胶最大厚度必须符合相关标准的规定。0、1、2、3级的最大厚度分别为1.0、1.5、2.5、2.9mm。

106 对带电作业用绝缘袖套的制作工艺有何要求?

答：（1）袖套应采用无缝制作方式，袖套上为连接所留的小孔必须用非金属加固边缘，直径为8mm。

（2）袖套内、外表面应不存在有害的不规则性，有害的不规则性是指破其均匀性、损坏表面光滑轮廓的缺陷。无害的不规则性是指在生产过程中造成的表面不规则性。如果其不规则性属于以下状况，则是可以接受的。

1）凹陷的直径不大于1.5mm，边缘光滑，当凹陷点的反面包敷于拇指扩展时，正面可不见痕迹。

2）袖套上的凹陷在5个以下，且任意两个凹陷之间的距离大于15mm。

3）当拉伸该材料时，凹槽、突起部分或模型标志趋向于平滑的平面。

107 对带电作业用绝缘袖套的电气性能试验的环境要求是什么？

答：绝缘袖套试验应在环境温度（23±2）℃的环境下进行，对于型式试验和抽样试验，试品应浸入水中预湿（16±0.5）h，对于例行试验，则不用预湿。

108 带电作业用绝缘袖套的电气性能试验时，对电极间隙有什么要求？

答：电极间隙是指袖套的电气性能试验时两电极间的最短的路径，允许误差为25mm。若环境温度不能满足试验要求时，最大可增加50mm，不同级别的袖套的电极间隙如下。

（1）直流耐压试验时，0、1、2、3四级对应的电极间隙分别为80、100、150、200mm。

（2）交流耐压试验时，0、1、2、3四级对应的电极间隙分别为80、80、130、180mm。

109 如何进行带电作业用绝缘袖套的交流耐压试验？

答：试验电压应从较低值开始上升，并以大约1000V/s的速度逐渐升压，直至达到规定的试验电压值或袖套发生击穿。试验时间从达到规定试验电压的时刻开始计算。对于型式试验和抽样试验，电压持续时间为3min；对于出厂例行试验，电压持续时间为1min。如试品无闪络、无击穿、无明显发热。

0、1、2、3级绝缘袖套的交流耐压试验的试验电压值分别为5000、10000、20000、30000V。

110 如何进行带电作业用绝缘袖套的直流耐压试验？

答：试验电压应从较低值开始上升，以大约3000V/s的速度逐渐升压，直至达到规定的试验电压值或袖套发生击穿。试验时间从达到规定的试验电压的时刻开始计算。对于型式试验和抽样试验，电压持续时间为3min；对于出厂例行试验，电压持续时间为1min。如试品无闪络、无击穿、无明显发热。

0、1、2、3级绝缘袖套的直流耐压试验的试验电压值分别为10000、20000、30000、40000V。

111 如何进行带电作业用绝缘袖套的预防性试验？

答：绝缘袖套的预防性试验须逐只进行，试验项目包括标志检查、交流耐压试验或直流耐压试验，试验周期为每半年一次。

112 绝缘手套的型号分为哪几种？

答：绝缘手套型号可分为1、2两种型号。1型适用于6kV以下电器设备上工作；2

型适用于 10kV 及以下电器设备上工作，手套的总长度分别为 360mm 和 410mm。

113 简述绝缘手套的电气性能。

答：绝缘手套的电气性能见表 5-2。

表 5-2　　绝缘手套的电气性能

型号	标准电压（kV）	交流耐压试验					直流试验	
		验证试验电压（kV）	最低耐受电压（kV）	泄漏电流（μA）			验证试验电压（kV）	最低耐受电压（kV）
1	6	10	20	14	16	18	20	40
2	10	20	30	14	16	18	30	60

114 对绝缘手套的外观、厚度的检查有何要求？

答：绝缘手套的外观、厚度检查以目测为主，并用量具测定缺陷程度，长度用精度为 1mm 的钢直尺测量，厚度用精度为 0. 02mm 的游标卡尺测量。尺寸要求见表 5-3。

表 5-3　　绝缘手套的尺寸要求

型号	总长度（mm）	拇指基准线到中指尖长度（mm）	手掌宽度（mm）	手指厚度（cm）	手掌厚度（cm）
1	360±10. 0	115±5. 0	110±5. 0	1. 5±0. 3	1. 4±0. 3
2	410±10. 0	115±5. 0	110±5. 0	2. 3±0. 3	2. 2±0. 3

115 绝缘手套的电气性能试验类型和对环境的要求分别是什么？

答：绝缘手套的电气性能试验包括交流验证电压试验、交流耐受电压试验、泄漏电流试验、直流验证电压试验和直流耐受电压试验。

试验应在环境温度为（23±2）℃的条件下进行。进行型式试验和抽样试验时，手套应浸入水中进行预湿，预湿后不应离水放置。

116 如何进行绝缘手套的电气性能试验？

答：（1）交流耐受电压试验。按照规定施加交流试验电压，直至达到试验规程所规定的最低耐受电压值，不应发生电气击穿。在试验结束时立即降低所加电压，并断开试验回路。

（2）交流验证电压试验。对手套进行交流验证试验时，交流电压应从较低值开始，约 1000V/s 的恒定速度逐渐升压，直至达到试验规程所规定的验证电压值，所施电压应保持 1min，不应发生电气击穿。在试验结束断开回路前，所加电压必须降低一半。

（3）直流耐受电压试验。按照直流验证电压试验同样方式施加直流试验电压，直至达到试验规程所规定的最低耐受电压值，不应发生电气击穿。在试验结束时立即降低所加电压，并断开试验回路。

（4）直流验证电压试验。对手套进行直流验证电压试验时，直流电压应从较低值开始，以大约3000V/s的恒定速度逐渐加压，直至达到试验规程所规定的耐受电压值。对常规试验，所施电压应保持1min，施压时间从达到规定值的瞬间开始计算，不应发生电气击穿。在试验结束断开回路前，所加电压必须降低一半。

（5）泄漏电流试验。在按试验规程施加所规定的交流验证电压下测量泄漏电流，其值应不大于试验规程规定值。

117 如何进行绝缘手套的预防性试验？

答：绝缘手套的预防性试验包括交流验证电压试验、泄漏电流试验、直流验证电压试验，试验应逐只进行，试验周期为每半年一次。

118 对绝缘安全帽的技术要求有哪些？

答：（1）质量。一顶完整的安全帽，质量不应超过400g。

（2）水平间距。按规定条件测量，其值应在5~20mm之间。

（3）佩戴高度。按规定条件测量，其值应在80~90mm之间。

（4）通气孔。安全帽两侧可设通气孔。

（5）垂直间距。按规定条件测量，其值应在25~50mm之间。

（6）帽檐尺寸。最小10mm，最大35mm。帽檐倾斜度以20°~60°为宜。

（7）帽箍尺寸。分为三个号码（小号51~56mm，中号57~60mm，大号61~64mm）。

（8）帽舌。最小10mm，最大55mm。

（9）颜色。安全帽的颜色一般以浅色或醒目为宜，如白色、浅黄色等。

119 如何进行绝缘安全帽的电气试验？

答：将没有开孔的安全帽壳顶朝下，置于盛有水的试验槽内，然后向帽壳内注水，到水面距帽边30mm为止。将试验变压器的两端分别接到水槽内和帽壳内的水中，试验电压应从较低值开始上升，并以大约1000V/s的速度逐渐升压至20kV，保持1min。试验中无闪络、无发热、无击穿为合格。

120 如何进行绝缘安全帽的预防性试验？

答：绝缘安全帽的预防性试验为电气绝缘性能试验，试验周期为每半年一次。

121 对绝缘服（披肩）的技术要求有哪些？

答：绝缘服外表层材料应具有憎水性强、防潮性能好、沿面闪络电压高、泄漏电流小的特点，还应具有一定的机械强度、耐磨、耐撕裂性能。内衬材料应具有高绝缘强度，能起到主绝缘的作用，且憎水、柔软性好，层向击穿电压高。

在10kV配电网带电作业的应用中，绝缘服整衣的电气和机械性能应达到击穿电压大于40kV；20kV层向耐压3min应无发热、无击穿、无闪络；当电极距离为0.4m时，100kV沿面工频耐压1min应无发热、无闪络。

内、外层衣料的断裂强度及断裂伸长率应满足经向断裂伸长率10%，纬向断裂伸长率10%；经向断裂强度343N，纬向断裂强度294N。

122 如何进行绝缘服（披肩）的电气试验？

答：进行绝缘服（披肩）的层向工频耐压试验时的电极由海绵或其他吸水材料制成的湿电极组成，内外电极形状与绝缘服内外形状相符。将绝缘服平整布置于内外电极之间，不应强行拽拉。电极设计及加工应使电极之间的电场均匀且无电晕发生。电极边缘距绝缘服边缘的间距为65mm。为防止沿绝缘服边缘发生沿面闪络，应注意高压引线距绝缘服边缘的距离或采用套管引入高压的方式。

整衣层向工频耐压试验。对绝缘服进行层向耐压试验时应注意，绝缘上衣的前胸、后背、左袖、右袖及绝缘裤的左右腿的上下方都要进行试验。

试验电压应从较低值开始上升，并以大约1000V/s的速度逐渐升压，直至20kV或绝缘服发生击穿。试验时间从达到规定的试验电压值开始计时，对于型式试验和抽样试验，电压持续时间为3min；对于预防性试验，电压持续时间为1min。如试验无闪络、无击穿、无明显发热。

123 对绝缘服（披肩）的预防性试验有哪些要求？

答：绝缘服的预防性试验应逐件进行，需要进行整衣层向工频耐压试验，试验周期为每半年一次。

124 对绝缘鞋（靴）的电气性能要求是什么？

答：绝缘鞋（靴）的电气性能见表5-4。

表5-4 绝缘鞋（靴）的电气性能

序号	项目	出厂试验	预防性试验
1	工频电压（kV）	20	15
2	泄漏电流不大于（μA）	10	7.5
3	试验时间（min）	2.0	1.0
4	检查周期		半年一次

125 知何布置绝缘鞋（靴）的电气性能试验？

答：（1）方法一。试样内电极为金属鞋楦（其规格应与试样鞋号一致）或铺满鞋底布的直径不大于4mm的金属粒；外电极为置于金属器皿的浸水泡沫塑料或电阻率不大于750Ω·cm的水。

（2）方法二。试样内电极为水（电阻率不大于750Ω·cm），外电极为置于金属器皿中的水（电阻率不大于750Ω·cm）。试验时，绝缘鞋内外水平面呈相同高度，试验电压为20kV以下时，绝缘鞋试样内、外水位应距靴口65mm。

126 如何进行绝缘鞋（靴）的电气性能试验？

答：绝缘鞋（靴）试验时电压应从较低值开始上升，并以大约1000V/s的速度逐渐升压至试验电压值的75%，此后以每秒2%的升压速度至规定试验值或绝缘鞋发生闪络或击穿。试验时间从达到规定的试验电压值开始计时，对于出厂试验，电压持续3min；对于预防性试验，电压持续时间为1min。到达规定时间后测量并记录泄漏电流值，然后迅速降压至零值。

如试验无闪络、无击穿、无明显发热且符合相关的规定，则试验合格。

127 对绝缘鞋（靴）的预防性试验有什么规定?

答： 绝缘鞋（靴）的预防性试验应逐只进行，试验周期为每半年一次。

128 静电感应的人体安全防护可采用哪些措施?

答：（1）吊起的金属物体应接地，保持等电位。塔上作业时，被绝缘的金属物体与塔体等电位，即可防止静电感应。

（2）防止作业人员受到静电感应，应穿屏蔽服，限制流过人体电流，以保证作业安全。

129 何谓屏蔽服？ 屏蔽服的防护原理是什么?

答： 屏蔽服防护人体的基本原理是利用金属导体在电场中的静电屏蔽效应。

屏蔽服是用均匀分布的导电材料和纤维等制成的服装，穿戴后使处在高电场中的人体外表各部位形成一个等电位屏蔽面，防护人体免受高压电场及电磁波的影响。

130 屏蔽服有哪些防护功能?

答：（1）屏蔽电场。在人体接近超高压导线或与超高压导线等电位时，会出现较高的体表场强，而且由于人体形状复杂及人体各部分与带电体的方位距离不同，若不采用屏蔽措施，会使作业人员皮肤感到麻、刺激。屏蔽服能有效地屏蔽高压电场。

（2）代替电位转移线。穿上屏蔽服后，手套和衣服连为一体，代替了电位转移线，等电位作业人员可以直接接触带电导线和脱离导线，省去了电位转移的操作步骤，简化了作业程序。

（3）旁路电流。在人体接触和脱离具有不同电位物体的瞬间会发生充放电暂态过程，穿上屏蔽服以后，由于屏蔽服电阻小，旁路了大部分暂态放电电流，对于人体与屏蔽服组成的并联回路，流过屏蔽服的电流约为总电流的99%。

131 请列出配电线路带电作业绝缘防护用具的试验周期、交流耐压值及加压时间。

答： 配电线路带电作业绝缘防护用具的试验周期、交流耐压值及加压时间见表5-5。

表5-5　配电线路带电作业绝缘防护用具的试验周期、交流耐压值及加压时间

序号	名称	周期	交流耐压值（kV）	加压时间（min）
1	绝缘手套	半年	8	1
2	绝缘靴	半年	15	1

续表

序号	名称	周期	交流耐压值（kV）	加压时间（min）
3	绝缘衣、裤	半年	15	3
4	绝缘肩套	半年	15	3
5	绝缘披肩	半年	15	3
6	绝缘网衣	半年	15	3
7	绝缘毯	半年	15	3
8	绝缘包毯	半年	15	3
9	防护管	半年	20	3
10	跳线管	半年	20	3
11	绝缘升降板	半年	105/0. 5m	1
12	绝缘安全带	半年	105/0. 5m	1

132 何谓带电作业用绝缘斗臂车？

答：带电作业用绝缘斗臂车通常指能在10kV及以上线路上进行带电高空作业，其工作斗、工作臂、控制油路和线路、斗臂结合部都能满足一定的绝缘性能指标，并带有接地线的斗臂车。只采用工作斗绝缘的高空作业车一般不列入绝缘斗臂车范围。

133 绝缘斗臂车如何分类？

答：（1）由工作臂的形式，可分为折叠臂式、直伸臂式、多关节臂式、垂直升降式和混合式。

（2）绝缘斗臂车根据作业线路电压等级，可分为10、35、46、63（66）、110、220、330、345、500、750kV等。

（3）绝缘斗臂车按高度，一般可分为6、8、10、12、16、20、25、30、35、40、50、60、70m等。

134 绝缘斗臂车作业前的检查内容有哪些？

答：（1）首先应擦掉活塞杆上涂的防锈油。

（2）作业人员环绕车辆进行目测检查，看有无漏油、标牌及车体损坏的情况。标牌损坏及污损会影响到正确的使用，要先清除污损，换上新的标牌。

1）仔细检查工作斗有无破损、变形，检查工作斗（工作斗内衬）、副吊臂、临时横杆等有无损伤、污垢及积水。

2）操作人员启动发动机，产生油压，操作垂直支腿伸出，用于检查在保管中有无油缸漏油。在取力器切换后，检查传动轴等方面有无出现异响。如果垂直支腿伸出后出现自然回落的现象，须进行检修。

3）仔细检查液压油的油量。

4）在以下状态下进行检查：车辆水平设置、水平支腿全收回、工作斗摆动在中间收回状态、工作斗电源关闭、油门低速、慢操作、工作斗零负荷、性能开关切换至小臂。

5）检查并确认安全装置正确动作。

6）检查操作杆和开关，检查各部分动作是否正常，有无异常声响。

7）收回各液压装置至原始位置，关闭取力器及总电源，检查各部件有无漏油现象。

8）在工作斗内操纵各操作杆，检查各部分动作是否正常，有无异常声响。

9）检查安全带挂钩的绳索有无磨损。

10）检查工作斗的平衡，重复几次上臂及下臂的操作，检查工作斗是否保持在水平状态。

135 绝缘斗臂车在作业前应注意哪些事项？

答：（1）应注意加强绝缘斗臂车的保养管理工作，加强安全作业的意识。确定作业指挥员，并遵从指挥员的指示进行作业。天气情况恶劣、下雨及绝缘工作斗等部件潮湿时，应停止使用绝缘斗臂车。

（2）操作员必须经过专业的技术培训，并且由接受任务的操作员来进行操作。作业时，必须佩戴安全用具，正确穿着服装。在带电线路上及带电线路附近作业时，一定要使用规定的绝缘防护用具。破损的绝缘用具有触电的危险，绝对不允许使用。过度疲劳和饮酒后不得驾驶绝缘斗臂车。

（3）在夜间作业时，应确保作业现场的亮度，操作装置部分更要明亮些，以防止误操作。

（4）进行带电作业及接近带电线路作业时，车辆必须作好接地工作。

（5）若灰尘及水分附着在工作斗、工作斗内衬、绝缘工作臂上时，会使绝缘性能下降，作业前，必须使用柔软干燥的布擦净。如发现有裂纹、破损处时，应立即到指定的维修点进行修理，当工作斗有潮湿、水分、污垢等情况时，不能完全确保其绝缘性能。